动画转动特效

商品列表

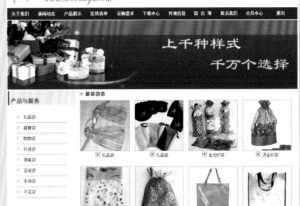

注册页面

散文页面

散文随笔

网页相册

中文时间脚本

翔宇后台管理系统

案例欣赏

健康网页内容

布局产品信息网页

销售网络页

宠物之家网页

节日简介页面

在线调查表

图像对齐与环绕

诗歌目录

学生信息数据库

数学试题

网页设计与网站组建

标准教程

（2018—2020版）

杨继萍　编著

清华大学出版社

北京

内 容 简 介

本书系统全面地介绍了网页设计与网站组建的知识和技能。本书共分为 11 章，内容涉及网页基础知识、创建 Web 站点、网页文件、网页基础元素、网页链接和多媒体、网页表单、CSS 基础、网页表格和 Div 标签、网页高级设计、网页交互行为、ASP 及数据库基础等。本书各章注重实例间的联系和功能间的难易层次，并对软件应用过程中可能出现的问题、难点和重点给予了详细讲解和特别提示。本书结构编排合理，实例丰富，适合作为高等院校相关专业教材，也可以作为网页设计的自学参考用书。

图书在版编目（CIP）数据

网页设计与网站组建标准教程（2018—2020 版）/杨继萍编著. —北京：清华大学出版社，2018
（清华电脑学堂）
ISBN 978-7-302-47598-9

Ⅰ. ①网… Ⅱ. ①杨… Ⅲ. ①网页制作工具-教材　②网站-建设-教材 Ⅳ. ①TP393.092

中国版本图书馆 CIP 数据核字（2017）第 153461 号

责任编辑：冯志强　薛　阳
封面设计：杨玉芳
责任校对：徐俊伟
责任印制：宋　林

出版发行：清华大学出版社
　　　网　　　址：http://www.tup.com.cn, http://www.wqbook.com
　　　地　　　址：北京清华大学学研大厦 A 座　　　邮　　编：100084
　　　社 总 机：010-62770175　　　　　　　　　　邮　　购：010-62786544
　　　投稿与读者服务：010-62776969, c-service@tup.tsinghua.edu.cn
　　　质量反馈：010-62772015, zhiliang@tup.tsinghua.edu.cn
印 装 者：北京国马印刷厂
经　销：全国新华书店
开　本：185mm×260mm　　印　张：21　　插　页：1　　字　数：498 千字
版　次：2018 年 1 月第 1 版　　　　　　　　　　　印　次：2018 年 1 月第 1 次印刷
印　数：1～3000
定　价：59.80 元

产品编号：070265-01

前　言

Dreamweaver 是 Adobe 公司推出的一款集网页制作和网站管理于一身的所见即所得网页编辑器，不仅可以帮助不同层次的用户快速设计网页，还可以借助其内置的功能使用 ASP、JSP、PHP、ASP.NET 和 CFML 等服务器语言为网站服务，深受网页开发设计人员的青睐。

本书以 Dreamweaver CC 2015 为基本工具，详细介绍如何通过 Dreamweaver 设计网站的界面和图形，以及 ASP 基础编程技术和以 Access 为主的数据库技术。

1．本书内容介绍

全书系统全面地介绍网页制作与网站组建的应用知识，每章都提供了课堂练习，用来巩固所学知识。本书共分为 11 章，内容概括如下：

第 1 章：全面介绍了网页基础，包括网页的构成、静态网页、动态网页、数据库、W3C 概述、XHTML 概述、网站开发流程等基础知识。

第 2 章：全面介绍了创建 Web 站点，包括站点概述、安装 IIS 服务器、建立虚拟目录、配置 IIS 服务器、创建站点、编辑站点、导入/导出站点设置、测试站点等基础知识。

第 3 章：全面介绍了网页文件，包括创建网页文档、设置页面属性、设置文件头标签、【文件】面板、操作文件和文件夹、查找和定位文件、遮盖文件和文件夹、存回和取出文件、同步文件等基础知识。

第 4 章：全面介绍了网页基础元素，包括设置文本属性、插入特殊文本、应用项目列表与编号、嵌套项目列表、设置 HTML 样式、设置段落样式、创建网页图像、设置图像属性、使用图像热点等基础知识。

第 5 章：全面介绍了网页链接和多媒体，包括创建文本链接、创建图像链接、创建锚记链接、创建脚本链接、创建电子邮件链接、插入 Flash 动画、插入 Flash 视频、插入 HTML 媒体等基础知识。

第 6 章：全面介绍了网页表单，包括表单概述、插入表单、添加文本元素、添加网页元素、添加月和周元素、添加日期时间元素、添加选择元素、添加按钮元素等基础知识。

第 7 章：全面介绍了 CSS 基础，包括 CSS 样式、使用【CSS 设计器】面板、CSS 选择器、CSS 选择方法、设置布局样式、设置边框样式、设置背景样式、使用 CSS 过渡效果等基础知识。

第 8 章：全面介绍了网页表格和 Div 标签，包括插入 Div 标签、编辑 Div 标签、CSS 控制页面元素样式、插入表格、嵌套表格、操作单元格、排序数据、导入/导出表格数据等基础知识。

第 9 章：全面介绍了网页高级设计，包括创建模板、编辑模板、创建库项目、应用库项目、流动布局、浮动布局、绝对定位布局、插入 IFrame 框架、链接 IFrame 框架页面等基础知识。

第 10 章：全面介绍了网页交互行为，包括设置文本信息行为、设置窗口信息行为、设置图像信息行为、设置跳转信息行为、设置效果行为、JavaScript 概述、JavaScript 基础知识、JavaScript 语句等基础知识。

第 11 章：全面介绍了 ASP 及数据库基础，包括 ASP 基础、ASP 语法介绍、ASP 控制语句、ASP 内置对象、ADO 概述、ADO 对象、连接数据库等基础知识。

2．本书主要特色

❑ **系统全面**　本书提供了 20 个应用案例，通过实例分析、设计过程讲解网页设计与网站组建的应用知识，涵盖了 Dreamweaver 中的各个模板和功能。

❑ **课堂练习**　本书各章都安排了课堂练习，全部围绕实例讲解相关内容，灵活生动地展示了网页制作和网站组建各模板的功能。课堂练习体现本书实例的丰富性，方便读者组织学习。每章后面还提供了思考与练习，用来测试读者对本章内容的掌握程度。

❑ **全程图解**　各章内容全部采用图解方式，图像均做了大量的裁切、拼合、加工，信息丰富，效果精美，阅读体验轻松，上手容易。

3．本书使用对象

本书从网页设计与网站组建的基础知识入手，全面介绍了 Dreamweaver CC 2015 面向应用的知识体系。本书可供高职高专院校学生学习使用，也可作为个人用户深入学习 Dreamweaver CC 2015 的参考资料。

参与本书编写的人员除了封面署名人员之外，还有于伟伟、王翠敏、张慧、冉洪艳、夏丽华、谢金玲、张振、吕咏、王修红、扈亚臣、刘红娟、程博文等人。由于水平有限，疏漏之处在所难免，欢迎读者朋友登录清华大学出版社的网站 www.tup.com.cn 与我们联系，帮助我们改进提高。

编　者
2017 年 4 月

目　　录

第1章

网页基础

随着互联网的发展和普及，越来越多的个人与企业建立了网站，将互联网技术应用到生产、经营、娱乐等活动中。互联网已经深入千家万户，在潜移默化中影响着各个领域，不断改变着人类的生活方式。

互联网的各种应用，都是基于网站进行的，而网站又是由各种网页组成。网站必须通过网页传递信息，网页是浏览器与网站开发人员沟通交流的窗口。一个美观且易于与用户交互的图形化网页，除了方便用户浏览网页内容和使用各种网页功能之外，还可以为用户提供一种美的视觉享受。

本章主要介绍网页标准化体系、网页的构成、数据库等基础知识，以及 XHTML 的基础知识。

本章学习内容：

- ➢ 网页构成
- ➢ 数据库
- ➢ 静态网页
- ➢ 动态网页
- ➢ W3C 概述
- ➢ XHTML 概述

1.1　初始网页

网页（Web Page）是网站中的一个页面，是构成网站的基本元素，通常是 HTML 格式（文件扩展名为.html、.htm、.asp、.aspx、.php 或者.jsp 等）。文字和图片是构成网页的两个最基本的元素，并通过网页浏览器来阅读。

1.1.1 网页的构成

Internet 中的网页内容各异，然而多数网页都是由一些基本的版块组成的，包括 Logo、导航条、Banner、内容版块、版尾和版权等。

1. Logo 图标

Logo 是企业或网站的标志，是徽标或者商标的英文说法，起到对徽标拥有公司的识别和推广的作用，通过形象的 Logo 可以让消费者记住公司主体和品牌文化。网络中的 Logo 徽标主要是各个网站用来与其他网站链接的图形标志，代表一个网站或网站的一个版块。例如，微软的 Logo，如图 1-1 所示。

图 1-1　Logo 图标

2. 导航条

导航条是网站的重要组成标签。合理安排的导航条可以帮助浏览者迅速查找需要的信息。例如，新浪网的导航条，如图 1-2 所示。

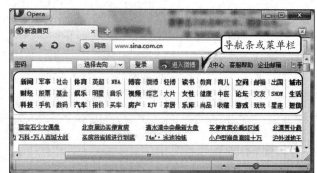

图 1-2　导航条

3. Banner

Banner 的中文直译为旗帜、网幅或横幅，意译则为网页中的广告。多数 Banner 都以 JavaScript 技术或 Flash 技术制作，通过一些动画效果，展示更多的内容，并吸引用户观看，如图 1-3 所示。

4. 内容版块

网页的内容版块通常是网页的主体部分。这一版块可以包含各种文本、图像、动画、超链接等。例如，蔡司光学网站的内容版块，如图 1-4 所示。

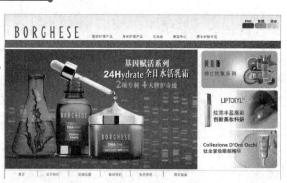

图 1-3　Banner

5. 版尾版块

版尾是网页页面最底端版块，通常放置网站的联系方式、友情链接和版权信息等内容，如图 1-5 所示。

1.1.2 静态网页

网页可以从技术上分为静态网页或者动态网页。静态网页是指网站的网页内容"固

定不变"，当用户浏览器通过互联
网的 HTTP (HyperText Transport
Protocol) 协议向 Web 服务器请求
提供网页内容时，服务器仅仅是将
原已设计好的静态 HTML 文档传
送给用户浏览器，如图 1-6 所示。

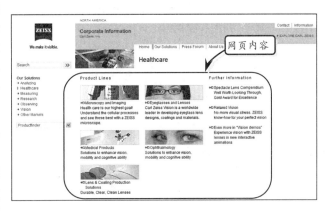

随着技术的发展，在 HTML
页面中添加样式表、客户端脚本、
Flash 动画、Java Applet 小程序和
ActiveX 控件等，使页面的显示效
果更加美观和生动。但是，这只不
过是视觉动态效果而已，它仍然不

图 1-4　内容版块

具备与客户端进行交互的功能。常见的静态页面以.html 或者.htm 为扩展名，如图 1-7 所示。

图 1-5　版尾版块

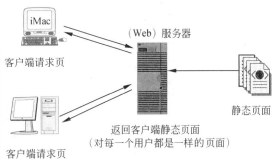

图 1-6　工作流程

1.1.3　动态网页

这里说的动态网页，与网页上的各
种动画、滚动字幕等视觉上的"动态效
果"没有直接关系，动态网页可以是纯
文字内容，也可以是包含各种动画的内
容，这些只是网页具体内容的表现形
式，无论网页是否具有动态效果，采用
动态网站技术生成的网页都称为动态
网页。

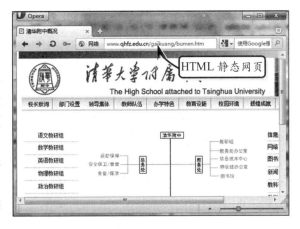

图 1-7　静态页面

动态网页在于可以根据先前所制
定好的程序页面，根据用户的不同请求从而返回其相应的数据。动态页面常见的扩展名
有.asp、.php、.jsp、.cgi 等。

动态网面的优点是效率高、更新快、移植性强，从而快速地达到所见即所得的目的，
但是它的优点同样也是它的缺点，其工作流程如图 1-8 所示。

动态页面通常可以通过网站后台管理系统对网站的内容进行更新管理，而前端显示

的内容可以随着后台数据更改而改变，如发布新闻、发布公司产品、交流互动、博客、学校网页等，如图1-9所示。

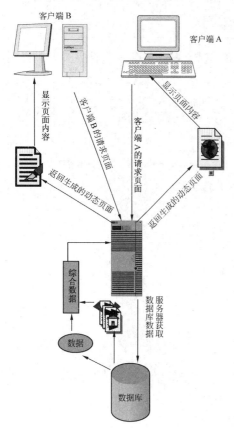

图1-8　工作流程

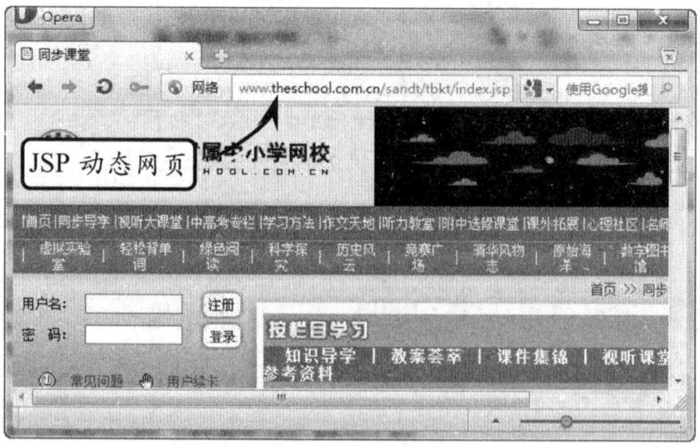

图1-9　动态网页

下面就常见的几种动态网页技术来做简单的介绍。

1. ASP 技术

ASP（Active Server Pages，动态服务网页）是微软公司开发的一种由 VBScript 脚本语言或 JavaScript 脚本语言调用 FSO（File System Object，文件系统对象）组件实现的动态网页技术。

ASP 技术必须通过 Windows 的 ODBC 与后台数据库通信，因此只能应用于 Windows 服务器中。ASP 技术的解释器包括两种，即 Windows 9X 系统的 PWS 和 Windows NT 系统的 IIS，如图1-10 所示。

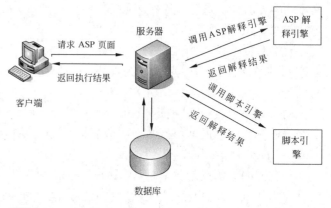

图1-10　ASP 技术

2. ASP.NET 技术

ASP.NET 是由微软公司开发的ASP后续技术，其可由C#、VB.NET、Perl及Python等编程语言编写，通过调用 System.Web 命名空间实现各种网页信息处理工作。

ASP.NET 技术主要应用于Windows NT系统中，需要IIS及.NET Framework的支持。通过Mono平台，ASP.NET 也可以运行于其他非Windows系统中，如图1-11所示。

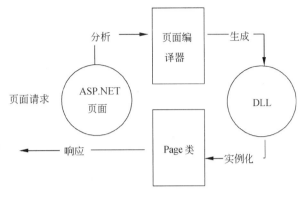

图1-11 ASP.NET 技术

提 示

虽然 ASP.NET 程序可以由多种语言开发，但是最适合编写 ASP.NET 程序的语言仍然是 C#语言。

3. JSP 技术

JSP（JavaServer Pages，Java 服务网页）是由太阳计算机系统公司开发的，用 Java 编写，动态生成 HTML、XML 或其他格式文档的技术。

JSP 技术可应用于多种平台，包括Windows、Linux、UNIX及Solaris。JSP技术的特点在于，如果客户端第一次访问JSP页面，服务器将现解释源程序的Java代码，然后执行页面的内容，因此速度较慢。如果客户端是第二次访问，则服务器将直接调用Servlet，无须再对代码进行解析，因此速度较快，如图1-12所示。

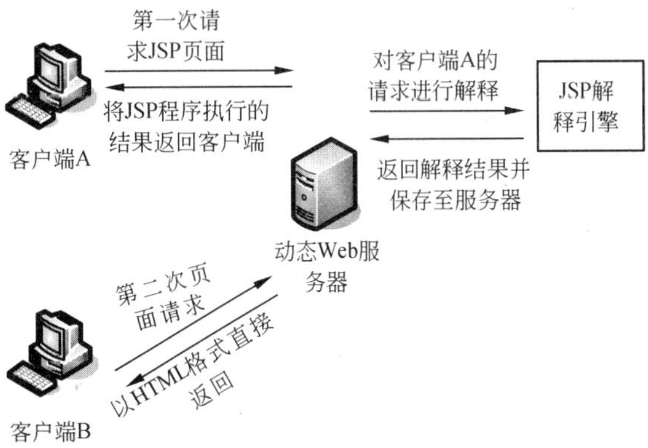

图1-12 JSP 技术

4. PHP 技术

PHP（Personal Home Page，个人主页）也是一种跨平台的网页后台技术，最早由丹麦人 Rasmus Lerdorf 开发，并由 PHP Group 和开放源代码社群维护，是一种免费的网页脚本语言。

PHP 是一种应用广泛的语言，其多在服务器端执行，通过 PHP 代码产生网页并提供对数据库的读取。

1.1.4 数据库

数据库是“按照数据结构来组织、存储和管理数据的仓库”。在日常工作中，常常需要把某些相关的数据放进"仓库",并根据管理的需要进行相应的处理。

大家知道数据库是用于存储数据内容的,而对生活中一个事件或者一类问题,如何将它们存储到数据库中呢?在学习数据库之前,先来了解一下数据库的概念。下面来介绍一下数据库的一些基本概念,有助于更好地了解数据库。

1. 数据与信息

为了了解世界、交流信息,人们需要描述事物。在日常生活中,可以直接用自然语言(如汉语)来描述。如果需要将这些事物记录下来,即将事物变成信息进行存储。而信息是对客观事物属性的反映,也是经过加工处理并对人类客观行为产生影响的数据表现形式。

例如,在计算机中,为了存储和处理这些事物,需要抽象地描述这些事物的特征,而这些特征,正是在数据库中所存储的数据。数据是描述事物的符号记录,描述事物的符号可以是数字,也可以是文字、图形、图像、声音、语言等多种表现形式。

下面以"学生信息表"为例,通过学号、姓名、性别、年龄、系别、专业和年级等内容,来描述学生在校的特征。

(08060126   王海平   男   21   科学与技术   计算机教育   一年级)

在这里的学生记录就是信息。在数据库中,记录与事物的属性是对应的关系,其表现如图 1-13 所示。

特征(属性) →	学号	姓名	性别	年龄	系别	专业	年级
记录(信息) →	08060126	王海平	男	21	科学与技术	计算机教育	一年级

图 1-13 记录信息

可以把数据库理解为存储在一起的相互有联系的数据集合,数据被分门别类、有条不紊地保存。而应用于网站时,则需要注意一些细节问题,即这些特征需要用字母(英文或者拼音)来表示,避免不兼容性问题的发生。例如,对于描述用户注册信息,如图 1-14 所示。

ID	User	Pwd	Sex	FaceImg	QQ	Email	Page
2	admin	123	girl	face/girl/2.jpg	34567892	34567892@qq.com	Http:// kb.com

图 1-14 网站中数据存储

其中,每个特征中字母所代表的含义如表 1-1 所示。

表 1-1 字段特征的含义

特 征	含 义
ID	用于自动产生的编号。该编号将从 1 开始进行累加,每条记录加 1
User	代表"用户名"。用于记录用户的名称,可以包含中文或者英文,也称为"昵称"
Pwd	代表"用户密码"。用于记录用户登录时所使用的密码信息
Sex	代表"性别"。记录用户的性别,如"男"或者"女",这里用 girl 或 boy 表示
FaceImg	代表"头像地址"。存储一个图像所在的文件地址

网页设计与网站组建标准教程(2018—2020 版)

特　征	含　义
QQ	代表"QQ 号码"。存储用户聊天所使用的 QQ 号码
Email	代表"电子邮箱"。存储用户常用的电子邮箱地址
Page	代表"个人主页"。用于存储用户的个人主页地址

2．数据库

综上所述，数据库（DataBase，DB）是存储在一起的相关数据的集合，这些数据是结构化的，无有害的或不必要的冗余，并为多种应用服务；数据的存储独立于使用它的程序；对数据库插入新数据，修改和检索原有数据均能按一种公用的和可控制的方式进行。当某个系统中存在结构上完全分开的若干个数据库时，则该系统包含一个"数据库集合"。这是 J.Martin 给数据库下的一个比较完整的定义。

因此，以 Access 数据库为例，可以将这个"数据仓库"以表的形式表现出来。其中，每条记录中存储的内容即所指的信息。例如，在"学生信息表"表中，显示了每位学员的数据存储到表的情况，如图 1-15 所示。

学号	姓名	性别	出生年月	专业编号	年
0411002	郑晓明	女	1985-02-05	052	04专
0412001	周晓彬	女	1983-06-04	032	04专
0426001	虫虫	男	1982-04-26	012	04本
0426002	史艳娇	女	1985-05-08	021	06本
0502001	刘同斌	男	1984-11-11	031	05本
0502002	吴兆玉	女	1983-01-07	031	05本
0503001	何利	女	1987-08-05	042	05本
0504001	柳叶	女	1981-11-12	021	05本
0504002	孙明	女	1982-05-12	022	05本
0601001	史观田	男	1985-04-13	051	06本
0601002	贾庆华	男	1986-11-25	053	06本
0603001	黎明	女	1985-08-07	041	06本

记录：第 19 项共 23 项　无筛选器　搜索

3．数据库管理系统

数据库管理系统（DataBase Management System，DBMS）是

■ 图1-15　存储信息

一种操纵和管理数据库的大型软件，是用于建立、使用和维护数据库的。它对数据库进行统一的管理和控制，以保证数据库的安全性和完整性。

用户通过 DBMS 访问数据库中的数据，数据库管理员也通过 DBMS 进行数据库的维护工作。DBMS 提供多种功能，可使多个应用程序和用户用不同的方法在同时或不同时刻去建立、修改和询问数据库。主要包括以下几方面的功能。

1）数据定义功能

DBMS 提供数据定义语言（Data Definition Language，DDL），用户通过它可以方便地对数据库中的数据对象进行定义。例如，在 Access 数据表中，可以定义数据的类型、数据的属性（如字段大小、格式）等，如图 1-16 所示。

2）数据操纵功能

DBMS 还提供数据操纵语言（Data Manipulation Language，

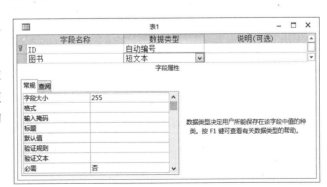

■ 图1-16　定义数据

DML），用户可以使用 DML 操纵数据，实现对数据库的基本操作，如查询、插入、删除

和修改等。例如，在"学生信息表"表中，右击任意记录，执行【删除记录】命令，即可删除数据内容，如图 1-17 所示。

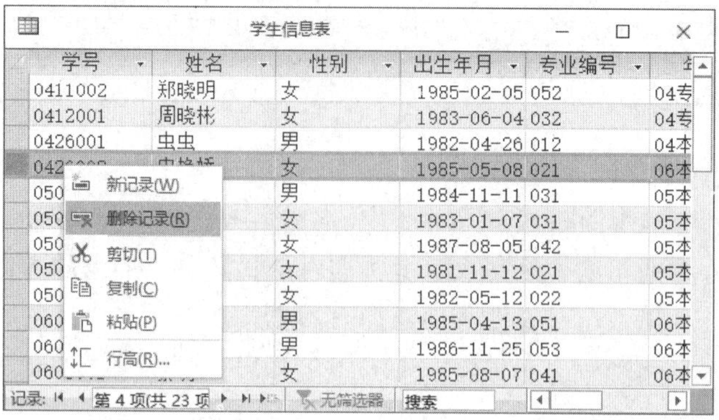

图 1-17　删除记录

3）数据库的运行管理

数据库在建立、运用和维护时，由数据库管理系统统一管理、控制，以保证数据的安全性、完整性。

4）数据库的建立和维护功能

它包括数据库初始数据的输入、转换功能；数据库的转储、恢复功能；数据库的管理重组功能和性能监视、分析功能等。这些功能通常是由一些实用程序完成的。

提　示

在网站中，一般完成数据库系统的操作，都需要通过网站编程语句进行。例如，对动态 ASP 网站来说，一般在 ASP 脚本语言中执行 SQL 语句命令即可完成。

4．数据库的作用

在动态网站建设中，数据库发挥着不可替代的作用。它用于存储网站中的信息，可以包含静止的和经常需要更换的内容。通过对数据库中相应部分内容的调整，可以使网站的内容更加灵活，并且对这些信息进行更新和维护也更加方便、快捷。

1）新闻系统

如果要在网站中放置新闻，其更新的频率往往比较大，而通过数据库功能可以快速地发布信息，而且很容易存储以前的新闻，便于网站浏览者和管理者查阅，同时也避免了直接修改主要页面，以保持网站的稳定性，如图 1-18 所示。

2）产品管理

产品管理是网站数据库的重要应用，如果网站中有大量的产品需要展示和买卖，那么使用数据库可以方便地进行分类，把产品更有条理、更清晰地展示给客户，并且方便日后的维护、检索与储存，如图 1-19 所示。

3）收集信息

普通的静态页面是无法收集浏览者的信息的，而管理者为了加强网站的营销效果，往往需要搜集大量潜在客户的信息，或者要求来访者成为会员，从而提供更多的服务，如图 1-20 所示。

■ 图1-18　新闻系统

■ 图1-19　产品管理

4）搜索功能

如果站内提供有大量的信息而没有搜索功能，浏览者只能依靠清晰的导航系统，而对于一个新手往往要花些时间搜索网页，有时候甚至无法达到目的。此时，提供方便的站内搜索不仅可以使网站结构清晰，而且有利于需求信息的查找，节省浏览者的时间，如图1-21所示。

5）BBS论坛

BBS对于企业而言，不仅可以增加与访问者的互动，更重要的是可以加强售前、售后服务和增加新产品开发的途径。利用BBS可以收集客户反馈信息，对新产品以及企业发展的看法、投诉等，增强企业与消费者的互动，提高客户服务质量和效率，如图1-22所示。

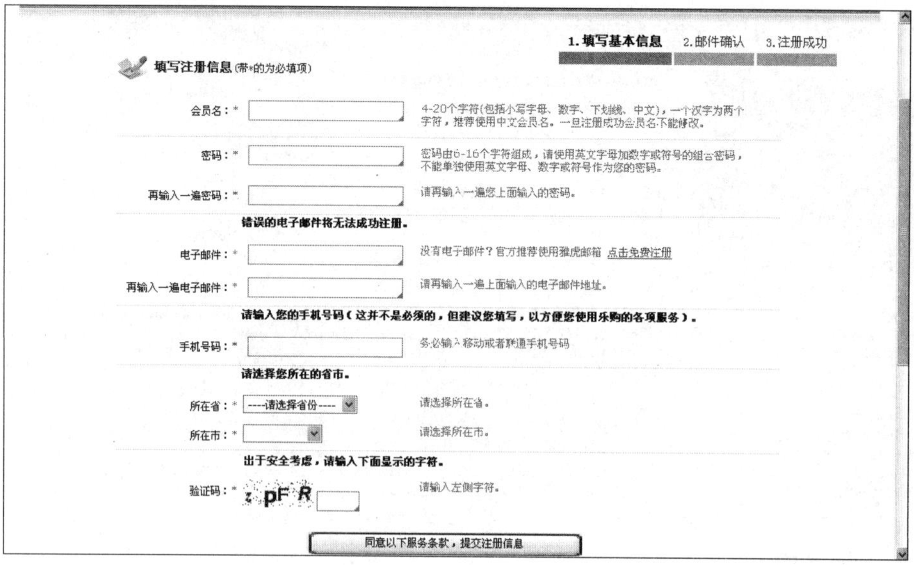

填写注册信息 (带*的为必填项)

会员名：*		4-20个字符(包括小写字母、数字、下划线、中文)，一个汉字为两个字符，推荐使用中文会员名。一旦注册成功会员名不能修改。
密码：*		密码由6-16个字符组成，请使用英文字母加数字或符号的组合密码，不能单独使用英文字母、数字或符号作为您的密码。
再输入一遍密码：*		请再输入一遍上面输入的密码。

错误的电子邮件将无法成功注册。

电子邮件：*		没有电子邮件？官方推荐使用雅虎邮箱 点击免费注册
再输入一遍电子邮件：*		请再输入一遍上面输入的电子邮件地址。

请输入您的手机号码(这并不是必须的，但建议您填写，以便捷使用乐购的各项服务)。

手机号码：*		务必输入移动或者联通手机号码

请选择您所在的省市。

所在省：*	---请选择省份----	请选择所在省。
所在市：*		请选择所在市。

出于安全考虑，请输入下面显示的字符。

验证码：*	pFR	请输入左侧字符。

[同意以下服务条款，提交注册信息]

图 1-20 收集信息

图 1-21 搜索信息

图 1-22 BBS 论坛

1.2　W3C 概述

网页标准化体系（W3C）是由万维网联盟（World Wide Web Consortium）建立的一种规范网页设计的标准集。

基于网页标准化体系，网页的设计者可以通过简单的代码，在多种不同的浏览器平台中显示一个统一的页面。该体系的建立，大大提高了设计人员开发网页的效率，减轻了网页设计工作的复杂性，免去了人们编写兼容性代码的麻烦。

1.2.1　了解 W3C

网页标准化是针对网页代码开发提出的一种具体的标准规范。自从世界上第一个网页浏览器 World Wide Web 在 1990 年诞生以来，网页代码的编写长期没有一个统一的规范，而是依靠一种只包含少量标签的 HTML（HyperText Markup Language，超文本标记语言）作为基本的编写语言。

1993 年，第一款针对个人用户的网页浏览器 Mosaic 出现，极大地引发了互联网的热潮，受到了很多用户的欢迎。Mosaic 也是第一种支持网页图像的浏览器，在 Mosaic 浏览器中，开发者为 HTML 定义了<img>标签，以方便地显示图像，如图 1-23 所示。

早期的 HTML 语法被定义为松散的规则，因此诞生了众多的版本，既包括 1982 年开发的原始版本，又包括大量增强的版本。版本的混乱使得很多网页只能在某一种特定的浏览器下才被正常浏览。为了保证网页在尽可能多的用户浏览器中正常显示，网页设计者必须耗费更多的精力。

1994 年网景公司的 NetScape Navigator 浏览器诞生。几乎与此同时，微软公司通过收购的方式发行了 Internet Explorer 浏览器。自此，网景公司和微软公司在争夺网页浏览器市场时进行了一场为时 3 年的"浏览器大战"。在这场竞争中，双方都为浏览器添加了一些独有的标签。这一举动又造成了大量互不兼容的网页产生，使设计兼容多种浏览器的网页变得非常困难。

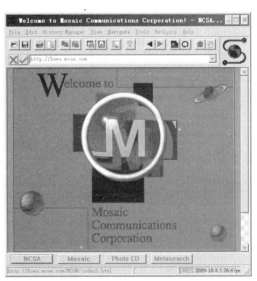

图 1-23　**Mosaic 3.0 for Windows**

1995 年，人们为避免因浏览器竞争而导致的开发困难，提出了建立一种统一的 HTML 标准，以适应所有浏览器平台。这一标准最初被称为 HTML+计划，后被命名为 HTML 2.0。由于缺乏浏览器的支持，HTML 2.0 并未成为实际的标准。

1996 年，刚成立的 W3C 继承了 HTML 2.0 的思路，提出了 HTML 3.0 标准，并根据该标准提供了更多新的特性与功能，加入了很多特定浏览器的元素与属性。1996 年 1 月，

W3C 公布了 HTML 3.2 标准，并正式成为大多数网页浏览器支持的标准。自此，网页标准化开始为绝大多数网页设计者所重视。

随着多媒体技术的发展与个人计算机性能的快速提高，简单的文字与图像已经不能满足用户的需求，因此，W3C 逐渐为网页标准化添加了更多元素。其将 HTML 标准定义为网页标准化结构语言，并增加了网页标准化表现语言——CSS（Cascading Style Sheets，层叠样式表）技术以及符合 ECMA（ECMA 国际，一个国际信息与电信标准化组织，前身为欧洲电气工业协会)标准的网页标准化行为语言——ECMAScript 脚本语言。

2000 年 1 月，W3C 发布了结合 XML（eXtensible Markup Language，可扩展的标记语言）技术和 HTML 的新标记语言 XHTML（eXtensible HyperText Markup Language，可扩展的超文本标记语言），并将其作为新的网页标准化结构语言。

目前，XHTML 语言已经成为网页编写的首选结构语言，其不仅应用在普通的计算机中，还被广泛应用于智能手机、PDA、机顶盒以及各种数字家电等。由 XHTML 延伸出的多种标准，为各种数字设备所支持。

1.2.2　W3C 的结构

作为整个网页标准化体系的支撑，网页结构语言经历了从传统混合了描述与结构的 HTML 语言到如今结构化的 XHTML 语言，其间发生了巨大的变化。

1. 传统 HTML 结构语言

传统 HTML 结构语言是指基于 HTML 3.2 及之前版本的 HTML 语言。早期的 HTML 结构语言只能够描述简单的网页结构，包括网页的头部、主体以及段落、列表等。随着人们对网页美观化的要求越来越高，HTML 被人们添加了很多扩展功能。例如，可表示文本的颜色、字体的样式等。

功能的逐渐增多，使得 HTML 成为了一种混合结构性语句与描述性语句的复杂语言。例如，在 HTML 3.2 中，既包含了表示结构的<head>、<title>和<body>等标签，也包含了描述性的<b>、<font>等标签。

大量复杂的描述性标签使得网页更加美观，但同时也导致了网页设计的困难。例如，在进行一个简单的、内容非常少的网页设计时，可以通过 HTML 3.2 中的<font>标签对网页中的文本进行描述，代码如下。

```
<font size=3 color=blue>这是一段蓝色 3 号文字。</font>
```

然而，在对大量不同样式的文本进行描述时，HTML 3.2 版本就显得力不从心了。网页的设计者不得不在每一句文字上添加<font>标签，并书写大量的代码。这些相同的标签除了给书写造成麻烦以外，还容易发生嵌套错误，给浏览器的解析带来困难，造成网页文档的臃肿。

因此，随着网页信息内容的不断丰富以及互联网的不断发展，传统的 HTML 结构语言已不堪重负，人们迫切需要一种新的、简便的方式来实现网页的模块化，降低网页开发的难度和成本。

2. XHTML 结构语言

XHTML 结构语言是一种基于 HTML 4.01 与 XML 的新结构化语言。其既可以看作是 HTML 4.01 的发展和延伸，又可以看作是 XML 语言的一个子集。

在 XHTML 结构语言中，摒弃了所有描述性的 HTML 标签，仅保留了结构化的标签，以减小文件内容对结构的影响，同时减少网页设计人员输入代码的工作量。

提 示

在 XHTML 标准化的文档中，XHTML 只负责表示文档的结构，而文档中内容的描述通常可交给 CSS 样式表来进行。关于样式表的内容，请参考以后相关章节的内容。

W3C 对 XHTML 标签、属性、属性值等内容的书写格式做了严格规范，以提高代码在各种平台下的解析效率。无论是在计算机中，还是在智能手机、PDA 手持计算机、机顶盒数字设备中，XHTML 文档都可以被方便地浏览和解析。

提 示

严格的书写规范可以极大地降低代码被浏览器误读的可能性，同时提高文档被浏览器解析的速度，提高搜索引擎索引网页内容的概率。关于 XHTML 的书写规范，请参考下一章中的内容。

1.2.3 W3C 的表现

网页的标准化不仅需要结构的标准化，还需要表现的标准化。早期的网页完全依靠 HTML 中的描述性标签来实现网页的表现化，设置网页中各种元素的样式。随着 HTML 3.2 被大多数网站停止使用，以及 HTML 4.01 和 XHTML 的不断普及，人们迫切地需要一种新的方式来定义网页中各种元素的样式。

在之前的章节中，已经介绍了 HTML 3.2 在描述大量文本的样式时暴露的问题。为了解决这一问题，人们从面向对象的编程语言中引入了类库的概念，通过在网页标签中添加对类库样式的引用，实现样式描述的可重用性，提高代码的效率。这些类库的集合，就被称作 CSS 层叠样式表（简称 CSS 样式表或 CSS）。

1. CSS 样式表

CSS 样式表是一种列表，其中可以包含多种定义网页标签的样式。每一条 CSS 的样式都包含 3 个部分，其规范写法如下所示。

```
Selector { Property : value }
```

在上面的伪代码中，各关键词的含义如下。

❑ **Selector** 选择器，相当于表格表头的名称。选择器提供了一个对网页标签的接口，供网页标签调用。

❑ **Property** 属性，是描述网页标签的关键词。根据属性的类型，可对网页标签的多种不同属性进行定义。

❑ **value** 属性值，是描述网页标签不同属性的具体值。

在 CSS 中，允许为某一个选择器设置多个属性值，但需要将这些属性以半角分号";"隔开，其写法如下所示。

```
Selector { Property1 : value1 ; Property2 : value }
```

同时，CSS 还允许对同一个选择器的相同属性进行重复描述。由于各种浏览器在解析 CSS 代码时使用逐行解析的方式，因此这种重复描述将以最后一次进行的描述内容为准。例如，一个名为 simpleClass 的类中先描述，所有文本的颜色为红色（#FF0000），然后再描述该类中所有文本的颜色为绿色（#00FF00），如下所示。

```
simpleClass { color : #ff0000 }
simpleClass { color : #00ff00 }
```

在上面的代码中，对 simpleClass 中的内容进行了重复描述，根据逐行解析的规则，最终显示的这些文本颜色将为绿色。用户也可将这两个重复的样式写在同一个选择器中，代码如下所示。

```
simpleClass { color : #ff0000 ; color : #00ff00 }
```

2．CSS 的颜色规范

网页标签的样式包含多种类型，其中，最常见的就是颜色。CSS 允许用户使用多种方式描述网页标签的样式，包括十六进制数值、三原色百分比、三原色比例值和颜色的英文名称 4 种方法。

1）十六进制数值

十六进制数值是最常用的颜色表示方法，其将颜色拆分为红、绿、蓝三原色的色度，然后通过 6 位十六进制数字表示。其中，前两位表示红色的色度，中间两位表示绿色的色度，后两位表示蓝色的色度，并在十六进制数字前加"#"号以方便识别。

提 示

色度是描述色彩纯度的一种色彩属性，又被称作饱和度或彩度。在纯色中，色度越高则表示其越接近原色。

例如，以十六进制数值分别表示红色、绿色、蓝色和黑色、白色等颜色，如表 1-2 所示。

表1-2　三原色与黑色、白色的十六进制数值

颜　　色	十六进制数值	颜　　色	十六进制数值
红色	#FF0000	黑色	#000000
绿色	#00FF00	白色	#FFFFFF
蓝色	#0000FF		

2）三原色百分比

三原色百分比也是一种 CSS 色彩表示方法。在三原色百分比的表示方法中，将三原色的色度转换为百分比值，其中，最大值为 100%，最小值为 0%。例如，表示白色的方法如下。

网页设计与网站组建标准教程（2018—2020 版）

```
rgb(100%,100%,100%)
```

其中，第一个百分比值表示红色，第二个百分比值表示绿色，第三个百分比值表示蓝色。

3）三原色比例值

三原色比例值是将十六进制的三原色色度转换为 3 个十进制数字，然后再进行表示的方法。其中，第一个数字表示红色，第二个数字表示绿色，第三个数字表示蓝色。每一个比例数值最大值为 255，最小值为 0。例如，表示黄色（#FFFF00），如下所示。

```
rgb(255,255,0)
```

4）颜色的英文名称

除了以上几种根据颜色的色度表示色彩的方式以外，CSS 还支持 XHTML 允许使用的 16 种颜色英文名称来表示颜色。这 16 种颜色英文名称如表 1-3 所示。

表1-3　16 种颜色的英文名称表

颜 色 名	颜 色 值	英 文 名 称	颜 色 名	颜 色 值	英 文 名 称
纯黑	#000000	black	浅灰	#c0c0c0	gray
深蓝	#000080	navy	浅蓝	#0000ff	blue
深绿	#008000	green	浅绿	#00ff00	lime
靛青	#008080	teal	水绿色	#00ffff	aqua
深红	#800000	maroon	大红	#ff0000	red
深紫	#800080	purple	品红	#ff00ff	fuchsia
褐黄	#808000	olive	明黄	#ffff00	yellow
深灰	#808080	gray	白色	#ffffff	white

3. CSS 长度单位

在度量网页中各种对象时，需要使用多种单位，包括绝对单位和相对单位。绝对单位是指网页对象的物理长度单位，而相对单位则是根据显示器分辨率大小、可视区域、对象的父容器大小而定义的单位。CSS 的可用长度单位主要包括以下几种。

❏ **in**　英寸，是在欧美国家使用最广泛的英制绝对长度单位。

❏ **cm**　厘米，国际标准单位制中的基本绝对长度单位。

❏ **mm**　毫米，在科技领域最常用的绝对长度单位。

❏ **pt**　磅，在印刷领域广泛使用的绝对长度单位，也称点，约等于 1/72 英寸。

❏ **pica**　派卡，在印刷领域广泛使用的绝对长度单位，又被缩写为 pc，约等于 1/6 英寸。

❏ **em**　CSS 相对单位，相当于在当前字体大小下大写字母 M 的高度，约等于当前字体大小。

❏ **ex**　CSS 相对单位，相当于在当前字体大小下小写字母 x 的高度，约等于当前字体大小的 1/2。在实际浏览器解析中，1ex 等于 1/2em。

❏ **px**　计算机通用的相对单位，根据屏幕的像素点大小而定义的字体单位。通常在 Windows 操作系统下，1px 等于 1/96 英寸。而在 Mac 操作系统下，1px 等于 1/72 英寸。

❑ **百分比**　百分比也是 CSS 允许使用的相对单位值。其往往根据父容器的相同属性来进行计算。例如，在一个表格中，表格的宽度为 100px，而其单元格宽度为 50px，可将该单元格的宽度设置为 50%。

提示

对于没有父容器的网页对象，其百分比单位的参考对象往往为整个网页，即<body>标签。

1.2.4　W3C 的行为

XHTML 仅仅是一种结构化的语言，即使将其与 CSS 技术结合，也只能制作出静态的、无法进行改变的网页页面。如果需要网页具备交互的行为，还需要为网页引入一种新的概念，即浏览器脚本语言。在 W3C 的网页标准化体系中，网页标准化行为的语言为 ECMAScript 脚本语言，及为 ECMAScript 提供支持的 DOM 模型等。

1. 脚本语言

脚本语言是有别于高级编程语言的一种编程语言，其通常为缩短传统的程序开发过程而创建，具有短小精悍、简单易学等特性，可帮助程序员快速完成程序的编写工作。

脚本语言被应用于多个领域，包括各种工业控制、计算机任务批处理、简单应用程序编写等，也被广泛应用于互联网中。根据应用于互联网的脚本语言解释器位置，可以将其分为服务器端脚本语言和浏览器脚本语言两种。

1）服务器端脚本语言

服务器端脚本语言主要应用于各种动态网页技术，用于编写实现动态网页的网络应用程序。对于网页的浏览者而言，大多数服务器端脚本语言是不可见的，用户只能看到服务器端脚本语言生成的 HTML/XHTML 代码。

服务器端脚本语言必须依赖服务器端的软件执行。常见的服务器端脚本语言包括应用于 ASP 技术的 VBScript、JScript、PHP、JSP、Perl、CFML 等。

2）浏览器脚本语言

浏览器脚本语言区别于服务器端脚本语言，是直接插入到网页中执行的脚本语言。网页的浏览者可以通过浏览器的查看源代码功能，查看所有浏览器脚本语言的代码。

浏览器脚本语言不需要任何服务器端软件支持，任何一种当前流行的浏览器都可以直接解析浏览器脚本语言。目前应用最广泛的浏览器脚本语言包括 JavaScript、JScript 以及 VBScript 等。其中，JavaScript 和 JScript 分别为 Netscape 公司和微软公司开发的 ECMAScript 标准的实例化子集，语法和用法非常类似，因此往往统一被称为 JavaScript 脚本。

2. 标准化的 ECMAScript

ECMAScript 是 W3C 根据 Netscape 公司的 JavaScript 脚本语言制订的、关于网页行为的脚本语言标准。根据该标准制订出了多种脚本语言，包括应用于微软 Internet Explorer 浏览器的 JScript 和用 Flash 脚本编写的 ActionScript 等。

网页设计与网站组建标准教程（2018—2020 版）

ECMAScript 具有基于面向对象的方式开发、语句简单、快速响应交互、安全性好和跨平台等优点。目前绝大多数的网站都应用了 ECMAScript 技术。

3．标准化的文档对象模型

文档对象模型（Document Object Model，DOM）是根据 W3C DOM 规范而定义的一系列文档对象接口。文档对象模型将整个网页文档视为一个主体，文档中包含的每一个标签或内容都被其视为对象，并提供了一系列调用这些对象的方法。

通过文档对象模型，各种浏览器脚本语言可以方便地调用网页中的标签，并实现网页的快速交互。

1.3 XHTML 概述

XHTML 由 HTML 发展而来的一种 Web 网页设计语言，其目的是基于 XML 的应用。所以，从本质上来说，XHTML 是一个过渡技术，结合了部分 XML 的强大功能和大多数 HTML 的简单特性。

1.3.1 XHTML 文档

与普通的 HTML 文档相比，在 XHTML 文档的第一行中增加了<!DOCTYPE>元素，该元素用来定义网页文档的类型。DOCTYPE 是 Document Type（文档类型）的缩写，用来定义 XHTML 文档的版本，使用时应该注意以下两点。

❑ 该元素的名称和属性必须是大写。

❑ DTD（例如 xhtml1-transitional.dtd）用于表示文档的类型定义，其包含有文档的规则，网页浏览器会根据预定义的 DTD 来解析网页元素，并显示这些元素所构成的网页。

对于创建标准化的 XHTML 文档，声明 DOCTYPE 是必不可少的关键组成部分。就目前而言，XHTML 1.0 提供了 3 种 DTD 文档类型，并且都可以在 Dreamweaver 中直接创建。

1．过渡型

过渡型 DTD 的 XHTML 文档在书写规则上较为宽松，它允许用户使用 HTML 的元素，但是一定要符合 XHTML 的语法要求。

在 Dreamweaver 中，执行【文件】|【新建】命令，打开【新建文档】对话框。然后，在该对话框右侧的【文件类型】下拉列表中选择【XHTML 1.0 Transitional】选项，即可创建过渡型 DTD 的 XHTML 文档，如图 1-24 所示。

定义过渡型 XHTML 文档的完整代码如下。

```
<!DOCTYPE html PUBLIC "-//W3C//DTD XHTML 1.0 Transitional//EN"
"http://www.w3.org/TR/xhtml1/DTD/xhtml1-transitional.dtd">
```

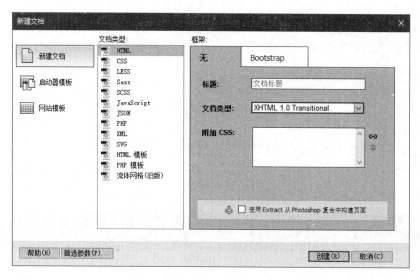

图 1-24 创建过渡型 **DTD** 的 **XHTML** 文档

提 示

对于大多数标准网页设计者来说，过渡型 DTD（XHTML 1.0 Transitional）是比较理想的选择。因为这种 DTD 允许使用描述性的元素和属性，也比较容易通过 W3C 的代码校验。

2．严格型

严格型 DTD 的 XHTML 文档在书写规则上较为严格，它不允许用户使用任何描述性的元素和属性，需要完全按照 XHTML 的标准化规则来设计网页。

创建严格型 DTD 的 XHTML 文档，在【新建文档】对话框的【文档类型】下拉列表中选择 XHTML 1.0 Strict 选项即可，如图 1-25 所示。

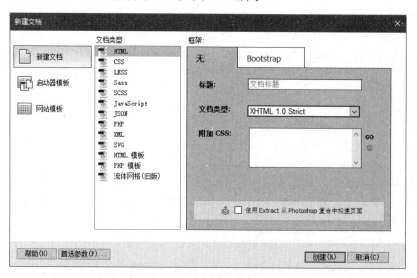

图 1-25 创建严格型 **DTD** 的 **XHTML** 文档

定义严格型 XHTML 文档的完整代码如下。

网页设计与网站组建标准教程（2018—2020 版）

```
<!DOCTYPE html PUBLIC "-//W3C//DTD XHTML 1.0 Strict//EN"
"http://www.w3.org/TR/xhtml1/DTD/xhtml1-strict.dtd">
```

注 意

对于严格型 DTD 的 XHTML 文档来说，网页设计者不能使用任何表现层的标识和属性。

3. 框架型

框架型 DTD 是专门针对框架网页所设计的，也就是说，如果所要设计的网页中包含有框架，那么就需要使用这种类型的 DTD。在最新版本的 Dreamweaver CC 2015 版本中没有了框架型文件的创建选项，如想创建该类型的 DTD，需要使用 CC 以下版本。例如，使用 Dreamweaver CS 5.5 版本创建 DTD，其具体操作方法如下所述。

创建框架型 DTD 的 XHTML 文档，首先选择【新建文档】对话框中的【示例中的页】选项，在显示的【示例文件夹】选项列表中选择【框架页】选项。然后，在【示例页】选项列表中选择要创建网页的框架类型，如图 1-26 所示。

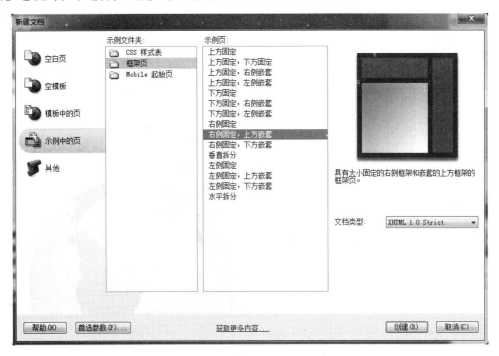

图 1-26 创建框架型 **DTD** 的 **XHTML** 文档

定义框架型 XHTML 文档的完整代码如下。

```
<!DOCTYPE html PUBLIC "-//W3C//DTD XHTML 1.0 Frameset//EN" "http:
//www.w3.org/TR/xhtml1/DTD/xhtml1-frameset.dtd">
```

注 意

创建框架网页时，可以在【文档类型】下拉列表中定义 XHTML 的文档类型，该类型将会应用于框架网页中包含的所有子网页。

1.3.2　XHTML 的基本语法结构

XHTML 是由 XML 语法演化而成的，因此它遵循 XML 的文档规范。在某些浏览器（例如 Internet Explorer 浏览器）中虽然可以正常解析一些错误的代码，但仍然推荐使用规范的语法编写 XHTML 文档。

1．文档格式规范

在创建 XHTML 文档时，尽量使用规范的文档格式，这样有利于网页浏览器对文档内容的解析，因此，可以大大提高网页的浏览速度。下面介绍一些常见的文档格式规范。

1）定义文档的 DTD 类型

在 XHTML 文档的开头应该定义该文档的 DTD 类型，这样可以使网页浏览器根据预定义的 DTD 类型来解析文档中的元素。

过渡型 DTD：

```
<!DOCTYPE html PUBLIC "-//W3C//DTD XHTML 1.0 Transitional//EN"
"http://www.w3.org/TR/xhtml1/DTD/xhtml1-transitional.dtd">
```

严格型 DTD：

```
<!DOCTYPE html PUBLIC "-//W3C//DTD XHTML 1.0 Strict//EN"
"http://www.w3.org/TR/xhtml1/DTD/xhtml1-strict.dtd">
```

框架型 DTD：

```
<!DOCTYPE html PUBLIC "-//W3C//DTD XHTML 1.0 Frameset//EN"
"http://www.w3.org/TR/xhtml1/DTD/xhtml1-frameset.dtd">
```

2）声明命名空间

在 XHTML 文档的根元素<html>中应该定义命名空间，即定义 xmlns 属性，代码如下所示。

```
<html xmlns="http://www.w3.org/1999/xhtml">
```

3）区分大小写

XHTML 对大小写是敏感的。在 XTHML 文档中，使用相同字母大写和小写所定义的元素是不同的。例如，<h>和<H>表示的是不同的元素。

```
<h>这里是小写 h 元素</h>
<H>这里是大写 H 元素</H>
```

> **提　示**
>
> 在 XHTML 中，规定要使用小写字母来定义页面中所有的元素和属性，包括 CSS 样式表中的属性等也要使用小写字母。

4）不要在注释内容中使用"--"

"--"只能出现在 XHTML 注释的开头和结束，也就是说，在内容中它们不再有效。

例如下面的代码是无效的。

```
<!–注释----------------------------注释-->
```

在注释中可以用等号（=）或者空格代替内部出现的虚线，如下所示。

```
<!–注释===============注释-->
```

2. 标签语法规范

在 XHTML 语言中，每一种元素都是由一个或一对标签表示。正是由于这些标签，可以为 XHTML 文档添加指定的元素。然而，对于规范严格的 XHTML，在使用这些标签时应该注意以下几点。

1）闭合所有标签

在 HTML 中，通常习惯使用一些独立的标签，例如<p>、<li>等，而不会使用相对应的</p>和</li>标签来关闭它们。但在 XHTML 文档中，这样做是不符合语法规范的。

```
<p>这是一个文字段落。
```

上面的代码中，必须在段落的末尾使用闭合标签将其关闭。

```
<p>这是一个文字段落。</p>
```

XHTML 要求有严谨的结构，所有标签必须闭合。如果是单独不成对的标签，应该在标签的最后添加一个 "/" 来关闭它。

```
<img weight="600" height="450" alt="马尔代夫" src="/images/pic.jpg" />
```

注　意

有些版本的浏览器不能识别类似
的标记，但在"/>"前加个空格就能识别了，所以应写为
。

2）所有特殊符号用编码表示

在 XHTML 中，必须使用编码来表示特殊符号。例如，小于号（<）不是标签的一部分，必须被编码为 "<"；大于号（>）也不是标签的一部分，必须被编码为 ">"；与号（&）不是实体的一部分，必须被编码为 "&amp"。在 HTML 文档中，可以使用下面的代码。

```
<img src="pic.jpg" width="200" height="200" alt="abc & def">
```

但是，在 XHTML 文档中，必须将 "&" 更改为 "&amp"，如下所示。

```
<img src="pic.jpg" width="200" height="200" alt="abc &amp def">
```

3）图片标签必须有说明文字

每一个图片标签都必须有 ALT 说明文字，如下所示。

```
<img width = "1024" height = "768" src = "/images/sky.jpg" alt="天空">
```

4）正确嵌套所有标签

在 XHTML 中，当标签进行嵌套时，必须按照打开标签的顺序进行关闭。正确嵌套标签的代码示例如下。

```
<i><b>为文字应用斜体和粗体</b></i>
```

错误嵌套标签的代码示例如下。

```
<i><b>为文字应用斜体和粗体</i></b>
```

在 XHTML 文档中，还有一些严格强制执行的嵌套限制，这些限制包括以下几点。

❏ \<a>元素中不能包含其他的\<a>元素。

❏ \<pre>元素中不能包含\<object>、\<big>、\<img>、\<small>、\<sub>或\<sup>元素。

❏ \<button>元素中不能包含\<input>、\<textarea>、\<label>、\<select>、\<button>、\<form>、\<iframe>、\<fieldset>或\<isindex>元素。

❏ \<label>元素中不能包含其他的\<label>元素。

❏ \<form>元素中不能包含其他的\<form>元素。

3．属性语法规范

无论是 HTML 还是 XHTML，每一个元素都具有各自的属性，这些属性可以指定元素的大小、初始值、动作等。在 XHTML 中使用这些属性时，应该注意相应的语法规范。

1）所有标签和属性必须小写

XHTML 要求所有的标签和属性的名称都必须使用小写。例如，\<BODY>必须写成\<body>。大小写夹杂也是不被认可的，通常 Dreamweaver 自动生成的属性名称 onMouseOver 也必须修改成 onmouseover。

```
<img src = "button.jpg" width = "100" height = "25" onmouseover =
"Index()"/>
```

2）所有属性都必须被赋值

在 HTML 中，允许没有属性值的属性存在，例如\<td nowrop>。但在 XHTML 中，这种情况是不允许的，它规定每一个属性都必须有一个值。如果属性没有值，则必须使用自身的名称作为值。

```
<td nowrop = "nowrop">
```

3）使用 id 属性作为统一的名称

XHTML 规范废除了 name 属性，而使用 id 属性作为统一的名称。在 IE 4.0 及以下版本中应该保留 name 属性，使用时可以同时使用 name 和 id 属性。

```
<input id = "User" name = "User" width = "200" value = "请输入用户名" />
```

4）所有属性必须用引号括起来

在 HTML 中，可以不需要为属性值加引号，但是在 XHTML 中则必须加引号。例如，定义表格标签\<table>的宽度为 100%。

```
<table width = "100%"></table>
```

在某些特殊情况下，需要在属性值中使用双引号（"）或者单引号（'），也就是通常

网页设计与网站组建标准教程（2018—2020 版）

所说的引号的嵌套。这样，如果使用单引号直接输入单引号（'），而使用双引号需要输入"""。

```
<img width = "600" height = "450" src = "/images/pic.jpg" alt = "say&quot;
hello&quot;" />
```

1.3.3　XHTML 常用标签

XHTML 文档具有固定的结构，其中包括定义文档类型、根元素（html）、头部元素（head）和主体元素（body）4 个部分。前面已经介绍了定义文档类型，在本节中将详细介绍 XHTML 文档的根元素、头部元素和主体元素。

1. 根元素

html 是 XHTML 文档中必须使用的元素，用于确定文档的开始和结束，所有的文档内容（包括文档头部和文档主体内容）都包含在 html 元素之中。html 元素的语法结构如下。

```
<html>文档内容部分</html>
```

命名空间是 html 元素的一个属性，由 xmlns 表示，位于 html 元素的起始标签中，用来定义识别页面标签的网址。其在页面中的相应代码如下所示。

```
<html xmlns="http://www.w3.org/1999/xhtml">
```

但是，即使 XHTML 文档中的 html 元素没有使用此属性，W3C 的验证器也不会报错。这是因为"xmlns = http://www.w3.org/1999/xhtml"是一个固定值，即使没有包含它，此值也会被添加在<html>标签中。

除此之外，html 元素还具有其他属性，其详细介绍如下。

❑ **class**　用于显示元素的类。
❑ **dir**　设置文本的方向。
❑ **id**　标签的唯一字母数字标记符，用这个 ID 来引用此标签。
❑ **lang**　用于声明此文档的国家语言代码。
❑ **xml:lang**　在文档被解释为 XML 文档时保存本元素的基本语言。

2. 头部元素

网页头部元素（head）也是 XHTML 文档中必须使用的元素，其作用是定义文档的相关信息，可以包含 title 元素、meta 元素等。head 元素的语法结构如下。

```
<head>头部内容部分</head>
```

profile 是 head 元素的一个可选属性，其可存放包含与此页面有关的元数据的 URL 的列表，元数据将与 meta 标签一起返回。元数据可以包含网页文档的作者、版权、描述、关键字等信息。

在 head 元素中还可以包含 base、link、title 等其他元素，这些元素的详细介绍如下。

1）base

可以指定页面中所有链接的基准 URL。基准 URL 相当于一个根目录，它会自动添加到各个用相对地址定义的链接的 URL 前面，这其中包含<a>、<img>、<link>和<form>标签中的 URL。

```
<base href = "http://127.0.0.1/" target="_blank" />
```

2）link

定义文档与外部资源的关系，最常见的用途就是链接外部的 CSS 样式表。link 元素是空元素，它仅包含属性。在用于样式表时，<link>标签得到了几乎所有浏览器的支持，但是几乎没有浏览器支持其他方面的用途。

```
<link rel="stylesheet" type="text/css" href="theme.css" />
```

3）meta

用于提供有关页面的元信息，例如针对搜索引擎和更新频度的描述和关键词。<meta>标签中不包含任何内容，该标签的属性定义了与文档相关联的名称/值对。

```
<meta name="keywords" content="网页制作,XHTML 语言,HTML 标签" />
<meta http-equiv="Content-Type" content="text/html; charset=gb2312" />
```

4）script

用于定义客户端脚本，例如 JavaScript。script 元素既可以包含脚本语句，也可以通过 src 属性指向外部脚本支持。在 XHTML 1.0 Strict DTD 中，script 元素的 language 属性不被支持。

网页设计与网站组建标准教程（2018—2020 版）

```
<script type="text/javascript">
document.write("Hello World!");
</script>
<script type="text/javascript" src="time.js"></script>
```

注　意

如果 script 元素内部的代码没有位于某个函数中，那么这些代码会在页面被加载时被立即执行，<frameset> 标签之后的脚本会被忽略。

5）style

用于定义页面内部的 CSS 样式表。<style>标签的 type 属性是必需的，定义 style 元素的内容，唯一可能的值是"text/css"。

```
<style type="text/css">
p {color:blue};
h1 {color:red};
</style>
```

提　示

<style>标签定义的 CSS 样式表只能应用于本页面，如果想要引用外部的样式文件，需要使用<link>标签。

6）title

用于定义网页文档的标题。文档标题是显示在浏览器标题栏中的文本。<title>标签是<head>标签中唯一要求包含的元素。

```
<title>标题名称</title>
```

提　示

浏览器会以特殊的方式来使用标题，并且通常把它放置在浏览器的标题栏上。同样，当把文档加入用户的链接列表、收藏夹或者书签列表时，标题将成为该文档链接的默认名称。

3．主体元素

网页主体元素（body）用来定义文档的主体内容，也就是要展示给用户的部分，包括文本、超链接、图片、表格、列表、音频和视频等。在 body 元素中，可以包含所有的页面元素，其语法结构如下所示。

```
<body>文档主体部分</body>
```

在设计页面时，经常需要在 body 元素中定义相关属性，用来控制页面的显示效果。在 HTML 中，body 元素的所有"呈现属性"均不被赞成使用；在 XHTML 1.0 Strict DTD 中，所有"呈现属性"均不被支持。

❑ **bgcolor**　指定文档的背景颜色。不赞成使用，请使用样式取代它。

❑ **background**　指定文档的背景图片。不赞成使用，请使用样式取代它。

❑ **text**　指定文档中文字的颜色。不赞成使用，请使用样式取代它。

❏ **link** 指定文档中链接的颜色。不赞成使用，请使用样式取代它。

❏ **alink** 指定文档中活动链接的颜色。不赞成使用，请使用样式取代它。

❏ **vlink** 指定文档中访问过的链接颜色。不赞成使用，请使用样式取代它。

❏ **topmargin** 设置文档上边的空白大小，单位是像素。不赞成使用，请使用样式取代它。

❏ **leftmargin** 设置文档左边的空白大小，单位是像素。不赞成使用，请使用样式取代它。

❏ **rightmargin** 设置文档右边的空白大小，单位是像素。不赞成使用，请使用样式取代它。

❏ **bottommargin** 设置文档下边的空白大小，单位是像素。不赞成使用，请使用样式取代它。

在<body>标签中，除了可以使用上述的属性外，还可以为其指定事件属性。这些事件属性使页面在触发某一动作时执行指定的脚本或函数，以完成相应任务。<body>标签的事件属性介绍如下。

❏ **onload** 当文档被载入时执行脚本。

❏ **onunload** 当文档被卸下时执行脚本。

❏ **onclick** 当鼠标被单击时执行脚本。

❏ **ondblclick** 当鼠标被双击时执行脚本。

❏ **onmousedown** 当鼠标按钮被按下时执行脚本。

❏ **onmouseup** 当鼠标按钮被松开时执行脚本。

❏ **onmouseover** 当鼠标指针悬停于某元素之上时执行脚本。

❏ **onmousemove** 当鼠标指针移动时执行脚本。

❏ **onmouseout** 当鼠标指针移出某元素时执行脚本。

❏ **onkeypress** 当键盘被按下后又松开时执行脚本。

❏ **onkeydown** 当键盘被按下时执行脚本。

❏ **onkeyup** 当键盘被松开时执行脚本。

定义了以上几个元素后，便构成了一个完整的 XHTML 页面，而且以上所有元素都是 XHTML 页面所必须具有的基本元素。一个简单的 XHTML 页面代码示例如下。

```
<!DOCTYPE html PUBLIC "-//W3C//DTD XHTML 1.0 Transitional//EN"
"http://www.w3.org/TR/xhtml1/DTD/xhtml1-transitional.dtd">
<html xmlns="http://www.w3.org/1999/xhtml">
<head>
<meta http-equiv="Content-Type" content="text/html; charset=utf-8" />
<title>文档标题</title>
</head>
<body >
<!--文档主体内容-->
</body>
</html>
```

1.4 网站开发流程

随着计算机技术的发展，网页的设计以及网站的开发已经越来越像一个系统的软件开发工程，从前期的策划、工程案例的实施到最后的维护和更新，都需要辅以各种专业的知识。了解这些专业知识，可以帮助用户开发出高质量的网站，同时提高网站开发的效率。

1.4.1 网站策划

网站建设是一项由多种专业人员分工协作的工作，因此，在进行网站建设之前，首先应对网站的内容进行策划。

在进行任何商业策划时，都需要以实际的数据作为策划的基础。然后才能根据这些数据进行具体的策划活动。

1. 前期调研

在建立网站之前，首先应通过各种调查活动，确定网站的整体规划，并对网站所需要添加的内容进行基本的归纳。

网站策划的调查活动应围绕 3 个主要方面进行，即用户需求调查、竞争对手情况调查以及企业自身情况调查。

1）用户需求调查

用户需求是企业发布网站服务的核心。企业的一切经营行为都应该围绕用户切实的需求来进行。因此，在网站建设之前，了解用户的需求，根据用户需求确定网站服务内容是必须的。

2）竞争对手情况调查

竞争对手是指与企业所服务的用户群体、服务的项目有交集的其他企业。在企业进行网站服务时，了解竞争对手的状态甚至未来的营销策略，将对企业规划网站服务有很大的帮助。

3）企业自身情况调查

"知己知彼，百战不殆"，企业在进行网上商业活动时，除了需要了解对手的情况外，还应了解企业自身的情况，包括企业的实际技术水平、资金状况等信息，根据企业自身情况来确定网站服务的规模和项目，做到"量体裁衣"。

2. 网站策划

在调查活动完成后，企业还需要对调查的结果进行数据整合与分析，整理所获得的数据，将数据转换为实际的结果，从而定位网站的内容、划分网站的栏目等。同时，还应根据企业自身的技术状况，确定网站所使用的技术方案。

网站的栏目结构划分标准，应尽量符合大多数人理解的习惯。例如，一个典型的企业网站栏目，通常包括企业的简介、新闻、产品、用户的反馈以及联系方式等。产品栏目还可以再划分子栏目，如图 1-27 所示。

1.4.2 创建 XHTML 文档

网站的制作过程主要包括网站的前台界面设计、页面代码编写和后台程序开发 3 个部分。

1. 前台界面设计

前台设计工作的作用是设计网站的整体色彩风格，绘制网站所使用的图标、按钮、导航等用户界面元素。同时，还要为网站的页面布局，设计网站的整体效果等。

前台界面是直接面向用户的接口，其设计直接决定了网站页面的界面友好程度，决定用户是否能够获得较好的体验，如图 1-28 所示。

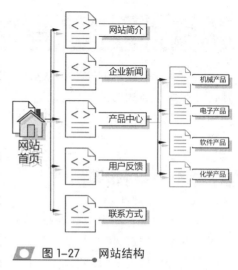

图 1-27　网站结构

图 1-28　必应界面

图 1-28 为微软公司所开发的必应搜索引擎的界面。相比传统的百度等搜索引擎界面，必应的界面创新地使用了每日更换的精美背景图像，为用户搜索时提供了完美的视觉享受。

除此之外，在必应搜索引擎的页面中，用户可以通过鼠标滑过的方式，查看默认处于隐藏状态的图像介绍信息，使网页的界面更具趣味性。在用户单击右下角的箭头后，还可以更换这些背景图像。

2. 页面代码编写

在设计完成网站的界面后，还需要将界面应用到实际的网页中。具体到网站开发中，

网页设计与网站组建标准教程（2018—2020 版）

就是将使用 Photoshop 或 Fireworks 设计的图像转换为网页浏览器可识别的各种代码。

3．后台程序开发

网站的运营以及为用户进行各种服务，依赖于一个运行稳定、高效的后台程序，以及一个结构合理的数据库系统。

后台程序开发的工作，就是根据前台界面的需求，通过程序代码动态地提供各种服务信息。除此之外，还应提供一个简洁的管理界面，为后期网站的维护打下基础。

网站建设的技术发展十分迅速，企业在建设网站时，往往具有多种技术方案可供选择。例如 Windows Server 操作系统+SQL Server 数据库+ASP.NET 技术，或 Linux 操作系统+MySQL 数据库+PHP 技术等。

常用的后台程序开发语言主要包括 ASP、C#、Java、Perl、PHP 这 5 种。其中，C# 语言主要用于微软公司 Windows 服务器系统的 ASP.NET 后台程序中；Java 可用于多种服务器操作系统的 JSP 后台程序中；Perl 可用于多种服务器操作系统的 CGI 以及 Fast CGI（CGI 的改编版本）后台程序中；PHP 可用于多种服务器操作系统的 PHP 后台程序中。

1.4.3 网站维护

在完成网站的前台界面设计和后台程序开发后，还应对网站进行测试、发布和维护等工作，进一步完善网站的内容。

1．网站测试

严格的网站测试可以尽可能地避免网站在运营时出现种种问题。这些测试包括测试网站页面链接的有效性，网站文档的完整性、正确性以及后台程序和数据库的稳定性等项目。

2．网站发布

在完成测试后，即可通过 FTP、SFTP 或 SSH 等文件传输方式，将制作完成的网站上传到服务器中，并开通服务器的网络，使其能够进行各种对外服务。

网站的发布还包括网站的宣传和推广等工作。使用各种搜索引擎优化工具对网站的内容进行优化，可以提高网站被用户检索的概率，提高网站的访问量。对于绝大多数商业网站而言，访问量就是生命线。

3．网站维护

网站的维护是一项长期而艰巨的工作，包括对服务器的软件、硬件维护，系统升级，数据库优化和更新网站内容等。

用户往往不希望访问更新缓慢的网站，因此，网站的内容要不断地更新。定期对网站界面进行改版也是一种维系用户忠诚度的办法。让用户看得到网站的新内容，可以吸引用户继续对网站保持信任和关注。

1.5 思考与练习

一、填空题

1. _____是针对网页代码开发提出的一种具体的标准规范。

2. 第一款针对个人用户的网页浏览器是_____。

3. _____是一种基于 HTML 4.01 与 XML 的新结构化语言。它既可以被看作是 HTML 4.01 的发展和延伸，又可以被看作是_____的一个子集。

4. _____是网站中的一个页面，通常是_____格式。

5. 网页版块组成包括_____、_____、_____、内容版块、版尾和版权等。

6. 动态网页的优点是效率高、_____、移植性强。

7. 与普通的 HTML 文档相比，在 XHTML 文档的第一行增加了_____元素，该元素用来定义网页文档的类型。

8. 网站策划的调查活动应围绕 3 个主要方面进行，即_____、_____以及企业自身情况调查。

二、选择题

1. CSS 样式表是一种列表，其中可以包含多种定义_____的样式。
   A. 网页标签
   B. 网页
   C. W3C
   D. HTML

2. 2000 年 1 月，W3C 发布了结合 XML 技术和 HTML 的新标记语言_____，并将其作为新的网页标准化结构语言。
   A. DIV
   B. CSS
   C. XHTML
   D. AVI

3. 数据库是存储在一起的相关数据的_____，这些数据是结构化的，并为多种应用服务。
   A. 目录
   B. 表
   C. 记录
   D. 集合

4. XHTML 是由_____语法简化而成的，因此它遵循 XML 的文档规范。
   A. HTML
   B. XML
   C. CSS
   D. W3C

5. 常用的后台程序开发语言中_____主要用于微软公司 Windows 服务器系统的 ASP.NET 后台程序中。
   A. ASP
   B. C#
   C. Java
   D. PHP

三、简答题

1. 简单介绍 W3C 的产生。
2. 概述 W3C 的组成。
3. 简单介绍数据库的概念。
4. 简单介绍网页的构成。
5. 简单介绍 XHTML 文档的创建。

第 2 章

创建 Web 站点

在 Internet 中，根据一定规则，将展示特定内容的相关网页集合在一起，就组成了站点。Dreamweaver 中的本地站点就是放置在本地磁盘上的网站，而远程站点则是处于 Web 服务器中的网站。另外，站点是 Dreamweaver 内置的一项功能，可以与 IIS 服务器进行连接，实现 Dreamweaver 与服务器的集成；而在创建站点后，用户可以随时在保存文件后传输更新的文件来对站点进行维护。

在本章中，将主要介绍 IIS 服务器的安装与配置和 Web 站点的创建及管理等内容。通过本章的学习，帮助用户更好地了解 Web 站点的创建及管理过程。

本章学习内容：

➢ 站点概述
➢ 安装与配置 IIS 服务器
➢ 创建站点
➢ 管理站点

2.1 站点概述

站点是制作网站的首要工作，是理清网络结构脉络的重要工作之一。不管是网页制作新手还是专业网页设计师，都必须从构建站点开始。而 Dreamweaver 中的本地站点则为一个本地文件夹，若要向 Web 服务器传输文件或开发 Web 应用程序，则必须添加远程站点和测试服务器信息。因此，在创建网站之前，用户需要先来了解一下 Dreamweaver 站点。

2.1.1 什么是站点

Dreamweaver 中的站点是指属于某个 Web 站点的文档的本地或远程存储位置。运用

Dreamweaver 站点可以组织和管理所有的 Web 文档，并将本地站点上传到 Web 服务器，用以跟踪和维护站点链接以及管理和共享文件。

Dreamweaver 站点由本地根文件夹、远程文件夹、测试服务器文件夹 3 部分组成，其具体内容如下所述。

1．本地根文件夹

本地根文件夹又称为"本地站点"，主要用于存储正在处理的文件，通常位于本地计算机上，但也可能位于网络服务器上。

2．远程文件夹

远程文件夹又称为"远程站点"，主要存储用于测试、生产和协作等用途的文件，通常位于运行 Web 服务器的计算机上，包含了用户从 Internet 中访问的文件。通过远程和本地文件夹，用户可以实现本地硬盘和 Web 服务器之间的文件传输功能，以帮助用户轻松地管理 Dreamweaver 站点中的文件。

3．测试服务器文件夹

测试服务器文件夹是 Dreamweaver 用来处理动态页的文件夹。

2.1.2　站点结构

创建站点之后，用户还需要通过指定远程文件夹来链接本地和远程站点。而在远程文件夹，则可以像本地文件夹一样随意命名。一般情况下，Internet 服务提供商（ISP）通常会将各个用户账户的顶级远程文件夹命名为 public_html、pub_html 或者与此类似的其他名称；当用户不满足于 Internet 服务提供商所命名的文件夹名称时，则可以像本地文件夹那样随意命名具有标记性的名称。但是，为了区分和传输更新文件夹，建议用户将远程文件夹的名称命名为本地根文件夹的名称。

提　示

用户可以在【站点设置】对话框中的【服务器】选项卡中，指定远程文件夹，以便进行链接。而所指定的远程文件夹需要对应本地根文件夹。

例如，图 2-1 中的左侧为一个本地根文件夹，而右侧则为一个远程文件夹。其中，本地计算机上的本地根文件夹直接映射到 Web 服务器上的远程文件夹，而不是映射到远程文件夹的任何子文件夹或目录结构中位于远程文件夹之上的文件夹。

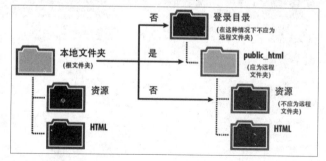

图 2-1　站点结构

当用户需要在本地计算机上维护多个站点时，其远程服务器上则需要使用等量个数的远程文件夹。此时，图 2-1 便

网页设计与网站组建标准教程（2018—2020 版）

不再适用了，用户应该在 public_html 文件夹中再创建不同的远程文件夹，并将它们映射到本地计算机上各自对应的本地根文件夹上。

另外，远程文件夹应始终与本地根文件夹具有相同的目录结构，当两者的目录结构不匹配时，其 Dreamweaver 则会将文件上传到错误的位置，此时站点访问者可能无法查看到相匹配的文件。

2.2 安装与配置 IIS 服务器

在建设网站之前，大多数设计者首先应调试本地计算机，将其设置为服务器，使本地计算机可以对外发布网页，以及支持各种动态网页程序。这就需要在本地计算机中安装 Web 发布服务程序，以及为本地计算机设置各种权限。

2.2.1 安装 IIS 服务器

IIS（Internet Information Services，互联网信息服务）是微软公司开发的一款用于服务器对外发布网站的软件。该软件可以实现创建网站、配制和管理对外发布的网站以及实现站点的 ASP 网页程序的支持功能。下面将以 Windows 10 系统为基础，介绍安装 IIS 服务器的操作方法。

1 右击【开始】按钮，选择【控制面板】选项，打开【控制面板】窗口，并选择【程序和功能】选项，如图 2-2 所示。

图 2-2 【控制面板】窗口

2 在弹出的【程序和功能】窗口中，选择左侧的【启用或关闭 Windows 功能】选项，如图 2-3 所示。

3 在弹出的【Windows 功能】对话框中，展开 Internet Information Services 选项，并启用【Web 管理工具】选项，如图 2-4 所示。

4 继续展开【Web 管理工具】选项的树形列表，启用【IIS 管理服务】、【IIS 管理脚本和工具】和【IIS 管理控制台】3 个项目，如图

2-5 所示。

图 2-3 【程序和功能】窗口

图 2-4 添加 Web 管理工具

图 2-5 　添加 IIS 管理服务

5 依次展开【万维网服务】|【安全性】选项的树形列表，启用【请求筛选】选项，如图 2-6 所示。

图 2-6 　添加安全性

6 使用同样的方式，启用【常见 HTTP 功能】选项及其下面的所有选项，如图 2-7 所示。

图 2-7 　添加常见 HTTP 功能

7 启用【万维网服务】|【性能功能】选项下面的所有选项，如图 2-8 所示。

图 2-8 　添加性能功能

8 展开【应用程序开发功能】选项的树形列表，并启用除 CGI 和【服务器端包含】选项之外的所有选项，如图 2-9 所示。

图 2-9 　添加应用程序开发功能

9 展开【运行状况和诊断】选项的树形列表，启用【HTTP 日志】、【ODBC 日志记录】和【跟踪】选项，如图 2-10 所示。

10 继续展开【.NET Framework 3.5（包含.NET 2.0 和 3.0）】选项的树形列表，启用其中的所有选项，如图 2-11 所示。

11 单击【确定】按钮，系统开始安装 IIS 服务器，并显示安装进度条，如图 2-12 所示。

图 2-10 添加运行状况和诊断

图 2-11 添加 .NET 功能

图 2-12 安装 IIS 服务器

12 安装完成后，用户通过【管理工具】窗口，可以查看【Internet Information Services（IIS）管理器】选项，表示已经安装成功，如图 2-13 所示。

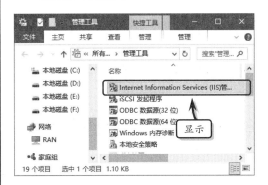

图 2-13 查看 IIS 服务器

2.2.2 建立虚拟目录

顾名思义，虚拟目录并非实际存在的目录结构。每个 Internet 服务都可以从多个目录中发布。虚拟目录也是管理网站中文件的目录。安装好 IIS 服务器之后，可以建立一个目录，并将其设置为 IIS 服务器的虚拟目录。

首先，在本地磁盘中创建一个名为 site 的文件夹。然后，右击桌面中的【此电脑】图标，执行【管理】命令。在弹出的【计算机管理】窗口中，展开左侧【服务和应用程序】目录，选择 Internet Information Services 选项。同时，展开左侧第 2 列中的目录，右击 Default Web Site，执行【添加虚拟目录】命令，如图 2-14 所示。

在【添加虚拟目录】对话框中，在【别名】文本框中输入虚拟目录名称，并在【物理路径】文本框中输入或选项目录路径，单击【确定】按钮即可，如图 2-15 所示。

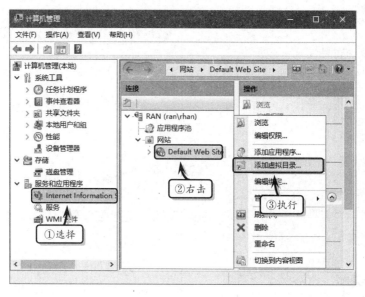

图 2-14 【计算机管理】窗口

网
页
设
计
与
网
站
组
建
标
准
教
程
（
2018
—
2020
版
）

技 巧

将网页直接拷贝到 IIS 的安装目录中，即可直接通过 IE 浏览器访问该网页。

2.2.3 配置 IIS 服务器

安装好 IIS 服务后，Windows 系统即可支持 ASP 动态网页交互程序。但如果想让 IIS 服务以及 ASP 程序安全、稳定地运行，还需要进行一系列配置。例如，修改 IIS 的 Web 发布目录，以及开启 Windows 防火墙对外发布权限等。

1. 修改 IIS 发布目录

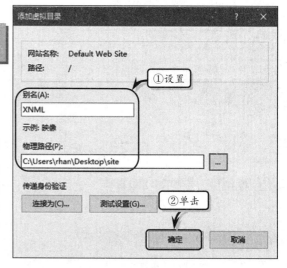

图 2-15 添加虚拟目录

在默认情况下，IIS 的 Web 发布目录存放于 Windows 的 "C:\Inetpub\wwwroot" 目录中。为保证系统盘的安全性，首先应将其转移到其他磁盘中。

右击桌面中的【此电脑】图标，执行【管理】命令。在弹出的【计算机管理】窗口中，展开左侧【服务和应用程序】目录，选择 Internet Information Services 选项。同时，展开左侧第 2 列中的目录，右击 Default Web Site，执行【管理网站】|【高级设置】命令，如图 2-16 所示。

然后，在弹出的【高级设置】对话框中，单击【物理路径】选项右侧的【浏览】按钮。在弹出的【浏览文件夹】对话框中，选择新的物理路径，并依次单击【确定】按钮，如图 2-17 所示。

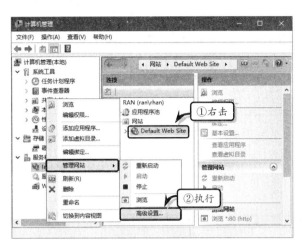

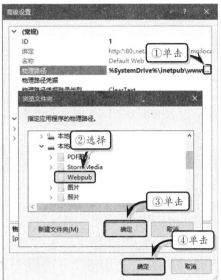

图 2-16　【计算机管理】窗口　　　　　　　　图 2-17　修改 IIS 发布目录

2. 设置 Windows 防火墙端口

某些 Windows 系统为了保障系统安全，用系统内置的防火墙关闭了所有可能发生危险的端口，其中包括 IIS 服务使用的 80 端口。为使 Web 正常发布，还需要将该端口打开。

1　右击【开始】图标，执行【控制面板】命令，在【控制面板】窗口中选择【Windows 防火墙】选项，如图 2-18 所示。

图 2-19　选择【高级设置】选项

图 2-18　【控制面板】窗口

2　在【Windows 防火墙】窗口中，选择【高级设置】选项，如图 2-19 所示。

3　在弹出的【高级安全 Windows 防火墙】对话框中，选择左侧的【入站规则】选项，同时选择右侧的【新建规则】选项，如图 2-20 所示。

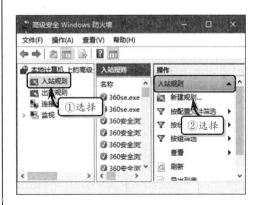

图 2-20　选择规则类型

提示

Windows 10 中防火墙的出站规则和入站规则的设置方法一样，在此不再做详细介绍。

4 在弹出的【新建入站规则向导】对话框中的【规则类型】选项卡中，选中【端口】选项，并单击【下一步】按钮，如图 2-21 所示。

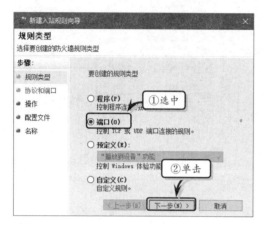

图 2-21　新建入站规则

5 在【协议和端口】选项卡中，选中 TCP 和【特定本地端口】选项，输入本地端口，并单击【下一步】按钮，如图 2-22 所示。

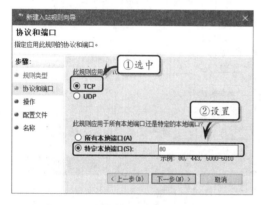

图 2-22　设置协议和端口

6 在【操作】选项卡中，选中【允许连接】选项，并单击【下一步】按钮，如图 2-23 所示。

7 在【配置文件】选项卡中，启用所有复选框，

并单击【下一步】按钮，如图 2-24 所示。

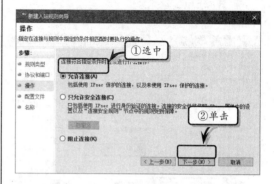

图 2-23　设置操作条件

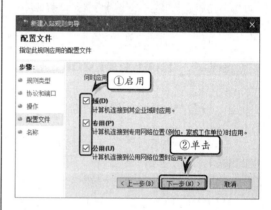

图 2-24　设置配置文件

8 在【名称】选项卡中，输入规则名称和描述文本，单击【完成】按钮即可，如图 2-25 所示。

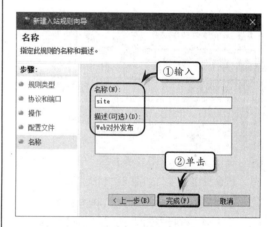

图 2-25　设置名称和描述内容

2.3 创建站点

了解了 Dreamweaver 站点之后，用户便可以着手创建站点了，以方便用户在设计网页时随时通过 Dreamweaver 调用本地计算机的 Web 浏览器，浏览设计效果。

2.3.1 创建本地站点

在 Dreamweaver 中，执行【站点】|【新建站点】命令，弹出【站点设置对象 未命名站点 2】对话框。激活【站点】选项卡，在【站点名称】文本框中输入站点名称，同时单击【本地站点文件夹】选项右侧的【浏览文件夹】按钮，如图 2-26 所示。

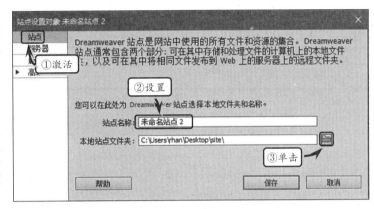

◉ 图 2-26 设置站点名称

提 示

该处所设置的站点名称并不会显示在浏览器中，只会显示在【文件】面板和【管理站点】对话框中。

然后，在弹出的【选择根文件夹】对话框中，选择站点文件夹位置，并单击【选择文件夹】按钮，如图 2-27 所示。

最后，在【站点设置对象 未命名站点 2】对话框中，单击【保存】按钮即可。

2.3.2 设置站点服务器

在【站点设置对象 未命名站点 2】对话框中，激活【服务器】选项卡。在该选项卡中，主要用于指定远程服务器和测试服务器。默认情况下，该选项卡中不存在服务器设置，用户需要单击列表框下方的 ✚ 按钮，来添加服务器，如图 2-28 所示。

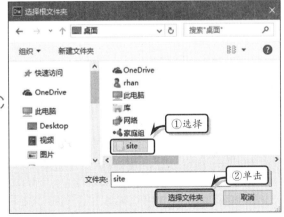

◉ 图 2-27 选择根文件夹

然后，用户可在弹出的对话框中设置服务器的【基本】和【高级】选项。

1. FTP 连接下的【基本】选项卡

在弹出的对话框中，激活【基本】选项卡，将【连接方法】选项设置为 FTP，并设置相应选项，如图 2-29 所示。

其中，在默认连接方法为 FTP 状态下，【基本】选项卡中各选项的具体含义，如下所述。

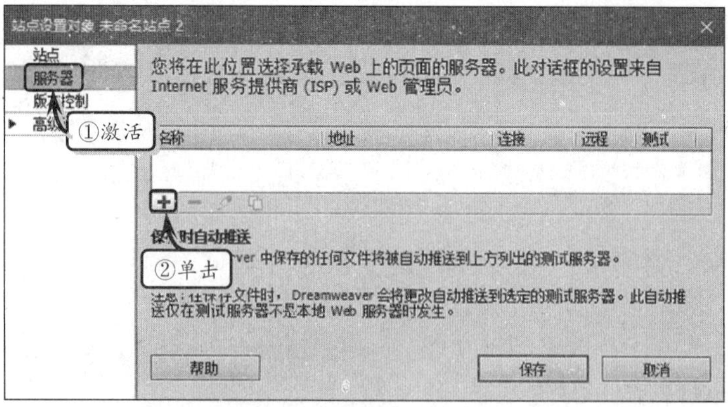

❏ **服务器名称** 用于指定服务器的名称。

❏ **连接方法** 用于设置服务器的连接方法，包括 FTP、SFTP、FTP over SSL/TLS（隐式加密）、FTP over SSL/TLS（显式加密）、本地/网络、WebDAV 和 RDS 等选项。

❏ **FTP 地址** 用于输入 FTP 服务器的地址，其 FTP 地址是计算机系统完整的 Internet 名称；其右侧的【端口】是 FTP 连接的默认端口"21"。

❏ **用户名** 用于设置连接 FTP 所需使用的用户名。

❏ **密码** 用于设置连接 FTP 所需使用的密码，当禁用【保存】复选框时，在每次连接远程服务器时，系统都会提示输入密码。

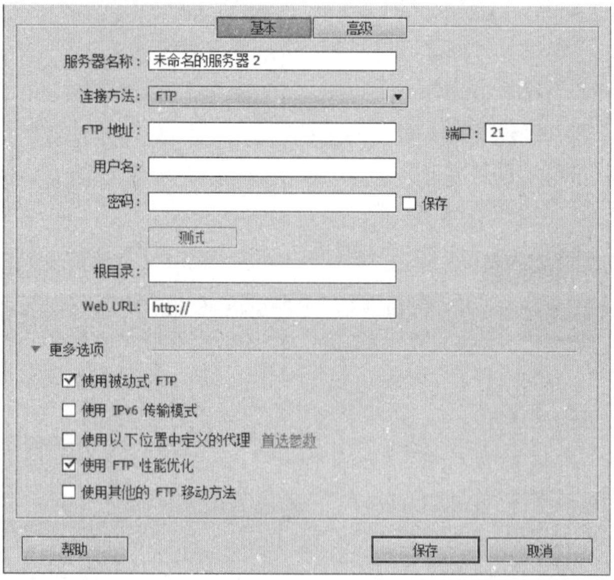

图 2-28 设置站点服务器

图 2-29 FTP 连接方法

❏ **测试** 单击该按钮，可以测试所设置的 FTP 地址、用户名和密码。

❏ **根目录** 用于输入远程服务器上用于存储公开显示的文档的目录（文件夹）。

❏ **Web URL** 用于输入 Web 站点的 URL。

❏ **使用被动式 FTP** 启用该复选框，可以使本地软件建立 FTP 连接，而非请求远程服务器来建立 FTP 连接。

❏ **使用 IPv6 传输模式** 启用该复选框，可以启用支持 IPv6 的 FTP 服务器。

❏ **使用以下位置中定义的代理** 启用该复选框，可以使用【首选项】对话框中所设置的代理主机或代理端口。

❏ **使用 FTP 性能优化** 启用该复选框，可以对所连接的 FTP 服务器的性能进行优化操作。

❑ **使用其他的 FTP 移动方法**　启用该复选框，可以使用其他 FTP 中移动文件的方法。

2．SFTP 连接下的【基本】选项卡

SFTP 使用加密密钥和标识密钥来保证指向远程服务器连接的安全。当服务器或防火墙的配置要求使用安全的 FTP 时，则需要将【连接方法】选项设置为 SFTP，并设置相应选项，如图 2-30 所示。

在该连接方法中，其设置选项类似于 FTP 连接方法，但多出一个【验证】选项。在【验证】选项中又分为下列两种验证方法。

❑ **用户名和密码**　该方法适合在没有密钥的情况下使用，其验证方式类似于 FTP 连接方式，主要通过用户名和密码进行。

图 2-30　SFTP 连接方法

❑ **私钥文件**　该方法适合使用用户名和身份文件组合验证，选中该选项之后，系统将自动显示【用户名】、【标识文件】和【密码】3 个选项，输入相应内容之后即可。

3．本地/网络连接下的【基本】选项卡

当用户需要运行测试服务器或在本地计算机或连接到的网络文件夹上存储文件时，则需要将【连接方法】选项设置为【本地/网络】，并设置相应选项，如图 2-31 所示。

在该连接方法下，主要包括下列 3 个选项。

❑ **服务器名称**　用于设置服务器的名称。

图 2-31　本地/网络连接方法

❑ **服务器文件夹**　用于设置存储站点文件的文件夹。

❑ **Web URL**　用于输入 Web 站点的 URL。

4．RDS 连接下的【基本】选项卡

当用户需要使用远程开发服务（RDS）连接到 Web 服务器时，则需要使用 RDS 连

接方法。在对话框中，将【连接方法】选项设置为 RDS，并单击【设置】按钮，如图 2-32 所示。

　　然后，在弹出的【配置 RDS 服务器】对话框中，设置配置选项，单击【确定】按钮即可，如图 2-33 所示。

　　图 2-32　RDS 连接方法　　　　　　　　图 2-33　配置 RDS 服务器

　　在【配置 RDS 服务器】对话框中，主要包括下列几个选项。

- ❑ **主机名**　用于设置安装 Web 服务器的主机名称。
- ❑ **端口**　用于设置连接的端口号。
- ❑ **完整的主机目录**　用于设置作为主机目录的远程文件夹。
- ❑ **用户名和密码**　用于设置 RDS 的用户名和密码，启用【保存】复选框则可以使系统记住用户名和密码。

提　示

WebDAV 连接方法适用于基于 Web 的分布式创作和版本控制（WebDAV）协议连接到 Web 服务器。

5. 设置【高级】选项卡

　　在对话框中激活【高级】选项卡，该选项卡中的内容不会随着【连接方式】选项的改变而改变，它的选项是固定不变的，如图 2-34 所示。

　　在【高级】选项卡中，主要包括下列几个选项。

- ❑ **维护同步信息**　启用该复选框，可以自动同步本地和远程文件。

　　图 2-34　【高级】选项卡

- ❑ **保存时自动将文件上传到服务器**　启用该复选框，在保存文件时 Dreamweaver 会自动将文件上传到远程站点。
- ❑ **启用文件取出功能**　启用该复选框，可以激活"存回/取出"系统，同时激活【打开文件之前取出】、【取出名称】和【电子邮件地址】选项。
- ❑ **服务器模型**　用于设置测试服务器类型，包括 JSP、PHP MySQL、ASP VBScript 等 8 种类型。

2.3.3 设置版本控制

在【站点设置对象 未命名站点2】对话框中，激活【版本控制】选项卡。在该选项卡中，主要用于设置 Subversion 访问类型下获取和存回文件选项。

在该选项卡中，单击【访问】下拉按钮，在其列表中只有 Subversion 一种选项，该选项可以协作用户编辑和管理 Web 服务器中的文件，如图 2-35 所示。

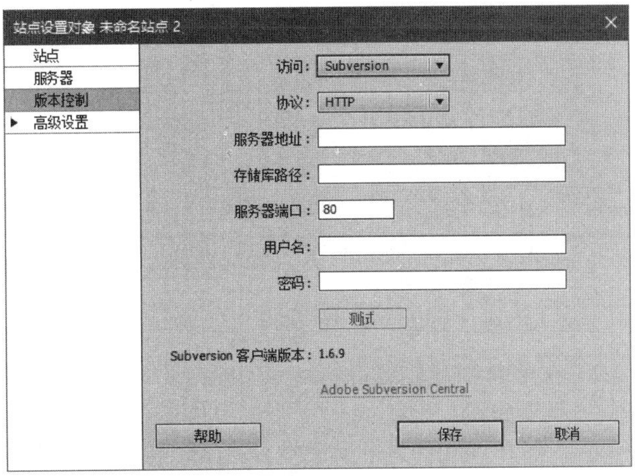

除了【访问】选项之外，【版本控制】选项卡还包括下列几种选项。

❑ **协议** 用于设置 Subversion 协议类型，包括 HTTP、HTTPS、SVN、SVN+SSH 类型。

❑ **服务器地址** 用于设置 Subversion 服务器地址，其表现形式为"服务器名称.域.com"。

图 2-35 设置版本控制选项

❑ **存储库路径** 用于设置 Subversion 服务器存储库的路径。

❑ **服务器端口** 用于设置 Subversion 服务器的端口号。

❑ **用户名** 用于输入 Subversion 服务器的用户名。

❑ **密码** 用于输入 Subversion 服务器的密码。

❑ **测试** 用于测试与 Subversion 服务器的连接状态。

2.3.4 高级设置

在【站点设置对象 未命名站点2】对话框中，激活【高级设置】选项卡。在该选项卡中，主要包括【本地信息】、【遮盖】、【设计备注】、【文件视图列】等9种选项组。

1．本地信息

在【高级设置】选项卡中，选择【本地信息】选项组，在右侧展开的列表中设置各项选项，如图 2-36 所示。

在【本地信息】选项组中，主要包括下列一些选项。

❑ **默认图像文件夹** 用于设置存储站点图像的文件夹，用户既可以直接输入文件夹地址，又可以通过单击右侧的【浏览文件夹】按钮来选择文件夹。

❑ **链接相对于** 用于在站点中创建指向其他资源或页面的链接类型，包括【文档】和【站点根目录】两种类型。

❑ **Web URL** 用于设置 Web 站点的 URL。

❑ **区分大小写的链接检查** 启用该复选框,当 Dreamweaver 检查链接时,将会检查链接与文件名大小写的匹配性。该选项一般用于文件名区分大小写的 UNIX 系统。

❑ **启用缓存** 启用该复选框,可以指定创建本地缓存以提高链接和站点管理

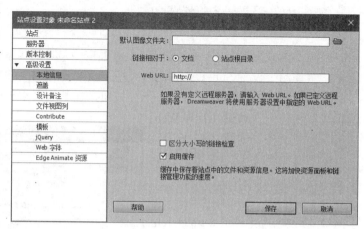

图 2-36 设置本地信息

任务的速度。如禁用该复选框,系统则会在创建站点前弹出提示框,以询问用户是否创建缓存。

2. 遮盖

使用站点遮盖功能,既可以从"获取"或"上传"等操作中排除某些文件和文件夹,又可以从站点操作中遮盖特定类型的文件,例如 JPEG、FLV、XML 文件等。在【高级设置】选项卡中,选择【遮盖】选项组,在右侧展开的列表中启用或禁用遮盖功能,如图 2-37 所示。

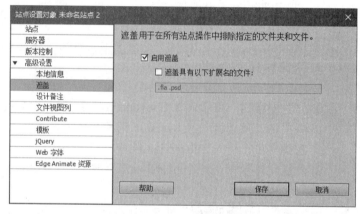

图 2-37 设置遮盖

在该选项组中,主要包括下列两个选项。

❑ **启用遮盖** 启用该复选框,即可启用文件遮盖功能。

❑ **遮盖具有以下扩展名的文件** 启用该复选框,可以在其下方的文本框中指定所需遮盖的文件类型。

> **提 示**
>
> Dreamweaver 仅可以从"获取"和"上传"操作中排除遮盖的模板和库项目。

3. 设计备注

设计备注是用户为文件创建的备注,一般存储在单独的文件中,并与所描述的文件相关联。在【高级设置】选项卡中,选择【设计备注】选项组,在右侧展开的列表中设置相关选项即可,如图 2-38 所示。

在【设计备注】选项卡中，包含了下列3种选项。

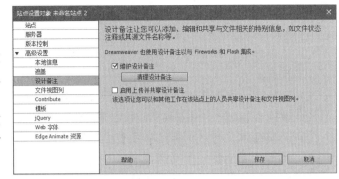

图 2-38　设置设计备注

❑ **维护设计备注**　启用该选项，可启用设计备注功能。

❑ **清理设计备注**　单击该按钮，在弹出的提示对话框中单击【是】按钮，即可删除站点的所有本地设计备注文件。

❑ **启用上传并共享设计备注**　启用该选项时，在上传或获取某个文件时，系统会自动上传或获取关联的设计备注文件，以方便用户和小组成员共享设计备注。

提　示

【清理设计备注】按钮只能删除 MNO（设计备注）文件，而不会删除_notes 文件夹或_notes 文件中的 dwsync.xml 文件。

4．文件视图列

在【高级设置】选项卡中，选择【文件视图列】选项组，在右侧展开的列表中显示了文件和文件夹信息，如图 2-39 所示。

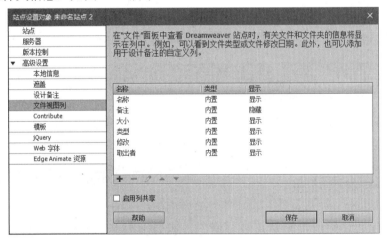

图 2-39　设置文件视图列

其列表框中各信息的具体描述内容，如下所述。

❑ **名称**　用于显示文件名称。

❑ **备注**　用于显示设计备注。

❑ **大小**　用于显示文件大小。

❑ **类型**　用于显示文件类型。

❑ **修改**　用于显示修改时间。

❑ **取出者**　用于显示文件被打开和阅读的用户名称。

而在列表框下方，则为用户提供了编辑文件视图信息的操作按钮和选项，其具体含义和作用如下所述：

- **添加新列**　单击【添加新列】按钮**＋**，可在弹出的对话框中设置所添加的新列信息。
- **删除列**　单击【删除列】按钮**－**，可删除列表框中所选列。
- **编辑现有列**　单击【编辑现有列】按钮**✎**，可在弹出的对话框中编辑现有列选项。
- **调整顺序**　用户可通过单击【在列表中上移项】按钮**▲**和【在列表中下移项】按钮**▼**，来调整列信息的显示位置。
- **启用列共享**　启用该复选框，可以启用列共享。

另外，当用户单击【添加新列】按钮后，在弹出的对话框中，可设置【列名称】、【与设计备注关联】、【对齐】等选项，如图2-40所示。

在弹出的对话框中，主要包括下列4个选项：

- **列名称**　用于输入新列的名称。

◐ **图2-40**　添加新列

- **与设计备注关联**　用于设置需要与设计备注所关联的值或选项，包括【状态】、【已分配】、【到期】、【优先级】4个选项。
- **对齐**　用于设置文本的对齐方式，包括【左】、【右】和【居中】3个选项。
- **选项**　启用【显示】复选框，可显示列，否则将隐藏列；启用【与该站点所有用户共享】复选框，可与连接到该远程站点的所有用户共享该列。

2.4　管理站点

Dreamweaver内置了站点管理功能，用户可以通过编辑站点、导入和导出站点设置、测试站点等一系列操作，对静态和动态站点进行管理。

●-- 2.4.1　编辑站点 --

编辑站点是对所创建的站点进行修改、切换、复制、删除等一系列的操作，使站点更符合网页制作所需。

1．编辑站点信息

执行【站点】|【管理站点】命令，在弹出的【管理站点】对话框中，选中需要编辑的站点，并单击【编辑当前选定的站点】按钮，如图2-41所示。

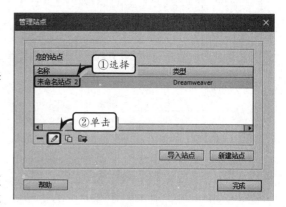

◐ **图2-41**　选择站点

　　然后，在弹出的【站点设置对象 未命名站点 2】对话框中修改站点信息，单击【保存】按钮即可，如图 2-42 所示。

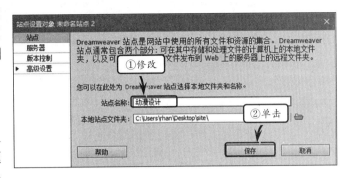

图 2-42　编辑站点

2．切换站点

　　当用户创建多个站点之后，可在【管理站点】对话框中的【您的站点】列表框中选择所需切换的站点名称，单击【完成】按钮，即可切换到所选站点中，如图 2-43 所示。

3．复制站点

　　当用户需要创建一个与当前站点设置基本相同的新站点时，则需要使用"复制"功能进行创建。

　　首先，在【管理站点】对话框中的【您的站点】列表框中选择所需复制的站点，并单击【复制当前选定站点】按钮，此时在所选站点下方将出现所复制的站点，如图 2-44 所示。

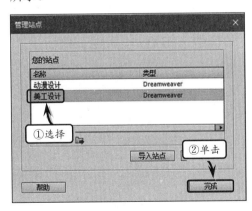

图 2-43　切换站点

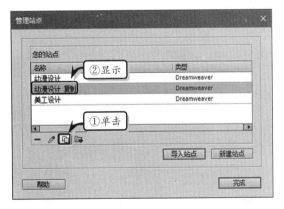

图 2-44　复制站点

然后，单击【编辑当前选定的站点】按钮，在弹出的【站点设置对象 动漫设计 复制】对话框中修改站点信息，单击【保存】按钮即可，如图2-45所示。

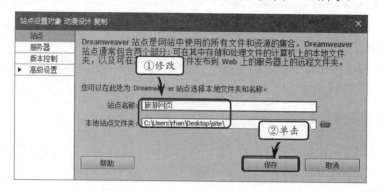

■ 图2-45 修改站点

2.4.2 导入/导出站点设置

Dreamweaver为用户提供了导出和导入站点设置功能，以方便用户在多台计算机中进行同一网站的开发。

1. 导出站点设置

执行【站点】|【管理站点】命令，在弹出的【管理站点】对话框中选择需要备份的站点，单击【导出当前选定的站点】按钮，如图2-46所示。

提示

在【管理站点】对话框中，用户可通过按住Ctrl键和Shift键的方法，同时选择多个站点。

此时，系统会自动弹出【导出站点】对话框，在该对话框中设置保存位置，单击【保存】按钮，即可将站点设置保存为带有.ste扩展名的XML文件格式，如图2-47所示。

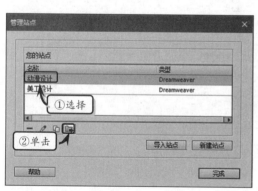

■ 图2-46 选择站点

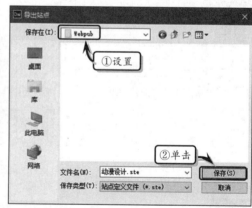

■ 图2-47 选择保存位置

2. 导入站点设置

执行【站点】|【管理站点】命令，在弹出的【管理站点】对话框中单击【导入站点】按钮，如图 2-48 所示。

在弹出的【导入站点】对话框中，选择需要导入的备份文件，并单击【打开】按钮即可，如图 2-49 所示。

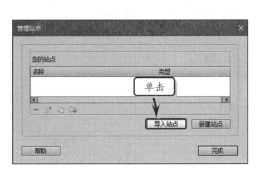

图 2-48　导入站点

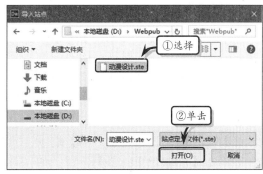

图 2-49　选择导入站点

2.4.3　测试站点

创建站点之后，用户可对工作流程或 HTML 属性运行站点报告，来检查站点中的链接，以改进 Web 小组各成员之间的协作问题。在进行站点报告之前，用户还需要设置一个测试服务器，并需要指定一个 Web URL 才可以显示网站数据并链接到数据库。

1. 测试服务器概述

一般情况下，测试服务器的 Web URL 是由域名和网站主目录的任意子目录或虚拟目录组成。其中，主目录是服务器上映射到用户的站点域名的文件夹。例如，在此定义主目录的文件夹地址为 d:\sites\company，其 Web URL 的前缀为 http://www.mystartup.com/。

提　示

> Microsoft IIS 中所使用的术语会根据服务器的改变而改变，但其相同的概念适用于大多 Web 服务器。

但是，当用来处理动态网页的文件夹是主目录中的子文件夹，则需要将该文件夹添加到 URL 中。例如，主目录为 d:\sites\company，而动态网页的文件夹为 d:\sites\company\inventory，则 Web URL 变为 http://www.mystartup.com/inventory/。

当用户所用来处理动态网页的文件夹不是主目录或任何子目录，则需要创建虚拟目录，而虚拟目录实际上并不包含在服务器主目录中的文件夹中。

另外，Dreamweaver 还允许客户端与 Web 服务器运行在同一 Windows 系统中。此时，如果主目录为 c:\sites\company，并且将虚拟目录文件夹定义为 warehouse，则所需为 Web 服务器输入的 Web URL 地址根据不同的服务器类型而不同，其具体情况如表 2-1 所示。

表 2-1　Web 服务器与相关地址

Web 服务器	Web URL
ColdFusion MX 7	http://localhost:8500/warehouse/
IIS	http://localhost/warehouse/
Apache	http://localhost:80/warehouse/
Jakarta Tomcat	http://localhost:8080/warehouse/

2．设置服务器概述

执行【站点】|【管理站点】命令，在弹出的【管理站点】对话框中选择站点名称，单击【编辑当前选定的站点】按钮，如图 2-50 所示。

然后，在弹出的【站点设置对象 动漫设计】对话框中激活【服务器】选项卡，并单击【添加新服务器】按钮，如图 2-51 所示。

在弹出的对话框中，将【连接方法】设置为【本地/网络】，分别设置【服务器文件夹】和 Web URL 选项，并单击【保存】按钮即可，如图 2-52 所示。

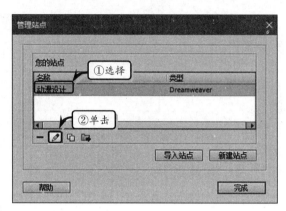

图 2-50　选择服务器

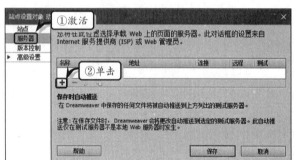

图 2-51　添加新服务器

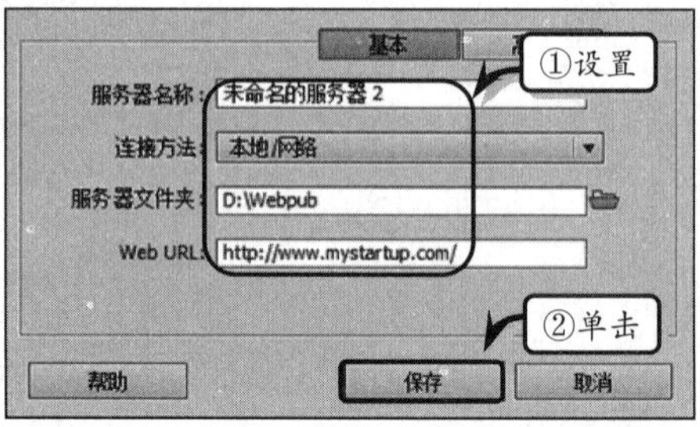

图 2-52　设置服务器信息

3．使用报告测试站点

在 Dreamweaver 中，可以通过"报告"对工作流程或 HTML 属性运行站点报告，以检查站点中的链接，以及检查可合并的嵌套字体标签、遗漏的替换文件、多余的嵌套标签、可删除的空标签和无标题文档等内容。

执行【站点】|【报告】命令，在弹出的【报告】对话框中选择报告类型，单击【运行】按钮创建报告，如图 2-53 所示。

此时，在弹出的【站点报告】面板中，将

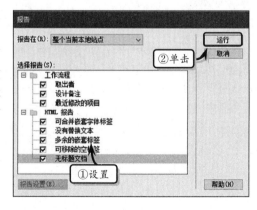

图 2-53　设置报告

网页设计与网站组建标准教程（2018—2020 版）

显示报告运行的文件名称、描述内容等报告结果，如图 2-54 所示。

单击左侧的【保存报告】按钮，在弹出的【另存为】对话框中，设置保存位置，单击【保存】按钮即可保存报告结果。

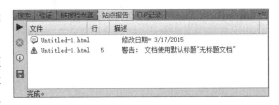

图 2-54 显示报告结果

2.5 课堂练习：创建本地站点

每一个网站都需要有自己的站点，它就像一个空间一样，需要将网站相关的内容存放在一起。因此，本地站点在创建网站时是非常重要的，也是不可缺少的操作步骤。在本练习中，将详细介绍使用 Dreamweaver 创建本站点的操作方法。

操作步骤：

1 启动 Dreamweaver，执行【站点】|【新建站点】命令，如图 2-55 所示，弹出【站点设置对象】对话框。

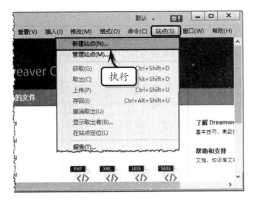

图 2-55 新建站点

2 在【站点名称】文本框中输入站点名称，同时单击【本地站点文件夹】选项右侧的【浏览文件夹】按钮，如图 2-56 所示。

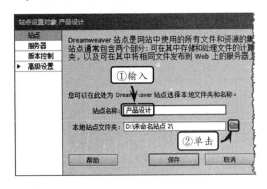

图 2-56 设置站点名称

3 在弹出的【选择根文件夹】对话框中，选择保存位置，单击【选择文件夹】按钮，如图 2-57 所示。

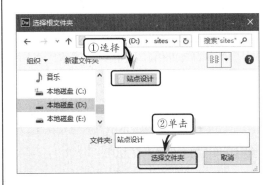

图 2-57 选择根文件

4 激活左侧的【服务器】选项卡，单击【添加新服务器】按钮，如图 2-58 所示。

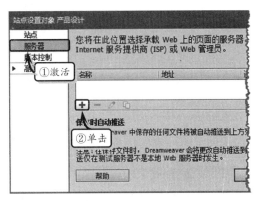

图 2-58 【服务器】选项卡

⑤ 在弹出的对话框中，设置服务器名称、FTP 地址、用户名和密码，如图 2-59 所示。

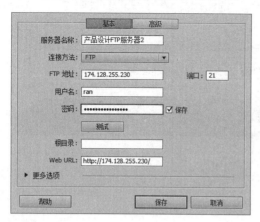

图 2-59 设置服务器

⑥ 激活【高级】选项卡，单击【服务器模型】下拉按钮，在其下拉列表中选择 ASP

VBScript 选项，单击【保存】按钮，如图 2-60 所示。

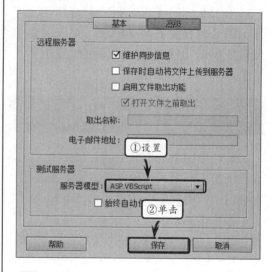

图 2-60 设置服务器模型

2.6 课堂练习：创建 HTML 网页

　　创建一个单独的网页，非常简单，只需创建相应的文档输入相对应的文本即可。当然，如果所创建的网页属于某个网站中的单一网页，则需要将网页保存到所创建的网站文件夹位置中。在本练习中，将通过创建一个"送别诗"页面，来详细介绍在 Dreamweaver 中创建简单网页的方法，如图 2-61 所示。

图 2-61 "送别诗"网页

操作步骤：

① 执行【文件】|【新建】命令，打开【新建文档】对话框，在【文档类型】列表框中选择 HTML 选项，创建一个空白页面，如图 2-62 所示。

② 在页面下方的【属性】面板中，单击【页面

属性】按钮，如图 2-63 所示。

③ 在弹出的【页面属性】对话框中的【外观 (CSS)】选项卡中，设置页面文本大小、文本颜色和背景颜色，如图 2-64 所示。

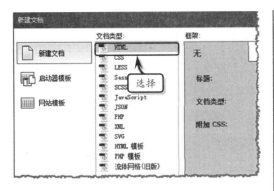

图 2-62 创建空白页面

图 2-63 【属性】面板

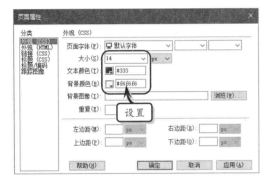

图 2-64 设置外观（CSS）

4 激活左侧【标题/编码】选项卡，在【标题】文本框中输入页面标题，并单击【确定】按钮，如图 2-65 所示。

图 2-65 设置标题

5 在【设计】视图中，输入"送孟浩然之广陵"诗词内容，如图 2-66 所示。

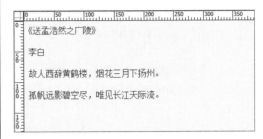

图 2-66 输入诗词内容

6 在【属性】面板中，激活 CSS 选项卡，单击【居中对齐】按钮，设置对齐格式，如图 2-67 所示。

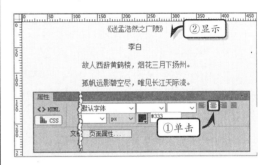

图 2-67 设置对齐格式

7 执行【文件】|【保存】命令，在弹出的【另存为】对话框中，设置保存名称，单击【保存】按钮，如图 2-68 所示。

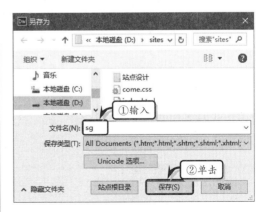

图 2-68 保存文档

8 按下 F12 键，在弹出的浏览器中查看最终效果，如图 2-69 所示。

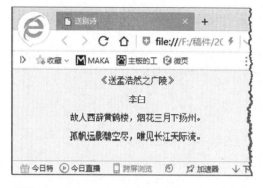

图 2-69 查看最终效果

2.7 思考与练习

一、填空题

1．Dreamweaver 中的本地站点为一个_____，若要向 Web 服务器传输文件或开发 Web 应用程序，则必须添加远程站点和测试服务器信息。

2．Dreamweaver 站点由本地根文件夹、_____、测试服务器文件夹 3 部分组成。

3．Internet 服务提供商（ISP）通常会将各个用户账户的顶级远程文件夹命名为_____、pub_html 或者与此类似的其他名称。

4．IIS（Internet Information Services，互联网信息服务）软件可以实现_____、配制和管理对外发布的网站以及实现站点的 ASP 网页程序的支持功能。

5．将网页直接复制到_____中，即可直接通过 IE 浏览器访问该网页。

二、选择题

1．SFTP 使用加密密钥和_____密钥来保证指向远程服务器连接的安全。

    A．数字

    B．标识

    C．字母

    D．组合

2．测试服务器文件夹是 Dreamweaver 用来

处理_____的文件夹。

    A．首页

    B．静态页

    C．动态页

    D．根文件

3．使用站点_____功能，既可以从"获取"或"上传"等操作中排除某些文件和文件夹，又可以从站点操作中遮盖特定类型的文件。

    A．本地信息

    B．遮盖

    C．设计备注

    D．以上均不对

4．本地根文件夹又称为"_____"，主要用于存储正在处理的文件，通常位于本地计算机上，但也可能位于网络服务器上。

    A．根文件夹

    B．网站站点

    C．远程站点

    D．本地站点

5．远程文件夹应始终与本地根文件夹具有相同的目录结构，当两者的目录结构_____时，其 Dreamweaver 则会将文件上传到错误的位置。

    A．不匹配

    B．相匹配

    C．同步

    D．遮盖

6．当用户需要运行测试服务器或在本地计算机或连接到的网络文件夹上存储文件时，则需要将【连接方法】选项设置为_____。

    A．FTP

    B．本地/网络

    C．SFTP

    D．RDS

三、问答题

1．什么是站点？简述站点的结构。

2．如何建立虚拟目录？

3．如何创建本地站点？

四、上机练习

配置 ASP 动态站点

在本练习中，执行【站点】|【管理站点】命令，在弹出的【管理站点】对话框中，单击【新建站点】命令。在弹出的【站点设置对象】对话框中，激活【服务器】选项卡，并单击【添加新服务器】按钮。然后，在弹出的对话框中，将【服务器名称】设置为 www，将【连接方法】设置为【本地/网络】，将 Web URL 设置为 http://127.1.1.1/，并设置【服务器文件夹】选项，如图 2-70 所示。

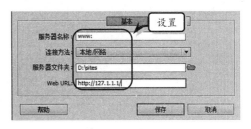

图 2-70 设置站点

最后，激活【高级】选项卡，将【服务器模型】设置为 ASP VBScript，单击【保存】按钮即可，如图 2-71 所示。

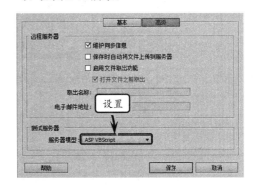

图 2-71 设置服务器类型

第3章

网页文件

网页是一个文件，而网站则是由众多的网页组成的，因此为规范文件还需要对众多网页进行文件管理。文件管理是对众多本地文件进行归纳、复制、查找和定位，以及对远程文件的存回和取出、同步文件等一系列的管理操作。在本章中，将详细介绍创建网页文档、管理文件和文件夹，以及管理远程文件的操作方法和实用技巧，以协助用户奠定扎实的网页制作基础。

本章学习内容：

➢ 创建网页文档
➢ 设置网页文档
➢ 管理文件和文件夹
➢ 管理远程文件

3.1 创建网页文档

创建站点之后，用户便可以创建网页文档，将其保存到站点中，并对网页文档进行设置和浏览。

3.1.1 新建文档

Dreamweaver 为用户提供了 HTML、CSS、JS、PHP 等多种文档类型，不仅可以创建空白网页文档，而且还可以创建流体网格布局文档、启动器模板文档和网站模板文档。

1. 创建空白文档

在 Dreamweaver CC 2015 中，用户可通过欢迎屏幕和命令菜单两种方法来新建文档。

启动 Dreamweaver CC 2015 软件，在欢迎屏幕中的【新建】栏中，选择所需创建的文档类型，即可快速创建所选文档类型的空白文档，如图 3-1 所示。

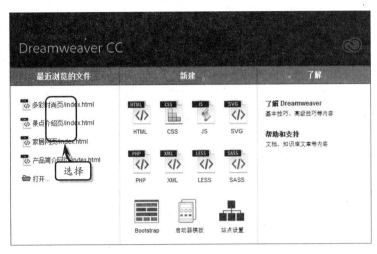

　　　　图 3-1　欢迎屏幕创建

在 Dreamweaver CC 2015 窗口中，执行【文件】|【新建】命令，在弹出的【新建文档】对话框中，激活【新建文档】选项卡，选择一种页面类型和布局，设置【文档类型】选项，并单击【创建】按钮，如图 3-2 所示。

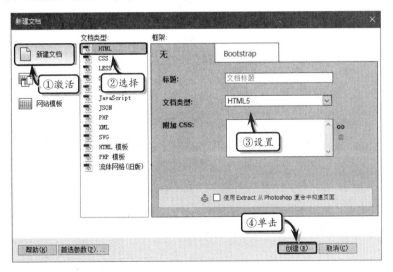

　　　　图 3-2　命令菜单创建

技　巧

在 Dreamweaver 窗口中，用户可通过 Ctrl+N 组合键，快速打开【新建文档】对话框。

2. 创建流体网格文档

流体网格布局，可以帮助用户应对不同屏幕尺寸的 CSS 布局。而新版的 Dreamweaver

将流体网格文档归纳到【新建文档】类中了，用户只需执行【文件】|【新建】命令，在弹出的【新建文档】对话框中，激活【新建文档】选项卡，选择【流体网格（旧版）】选项，单击【创建】按钮即可，如图 3-3 所示。

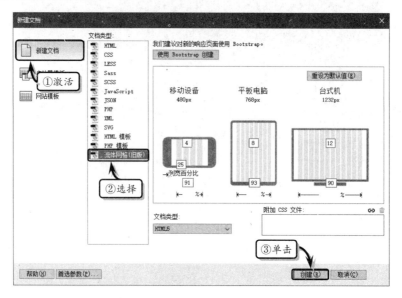

图 3-3　创建流体网格文档

3. 创建启动器模板文档

Dreamweaver CC 2015 附带启动器模板，以帮助用户设计站点页面。执行【文件】|【新建】命令，在弹出的【新建文档】对话框中激活【启动器模板】选项卡，在【示例文件夹】列表框中选择模板类型，同时在【示例页】列表中选择一种模板，单击【创建】按钮，如图 3-4 所示。

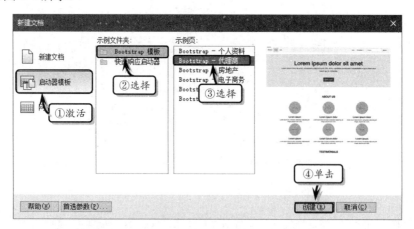

图 3-4　创建启动器模板文档

提　示

用户也可以在欢迎屏幕中，选择【新建】栏中的【启动器模板】选项，打开【新建文档】对话框。

4．创建网站模板文档

网站模板文档是基于用户所创建的网站模板文件进行创建，在创建之前用户还需要将网站中的文档保存为模板类型，否则将无法显示模板示例内容。

执行【文件】|【新建】命令，在弹出的【新建文档】对话框中激活【网站模板】选项卡，在【站点】列表框中选择一个站点，同时选择一个站点模板，单击【创建】按钮，如图 3-5 所示。

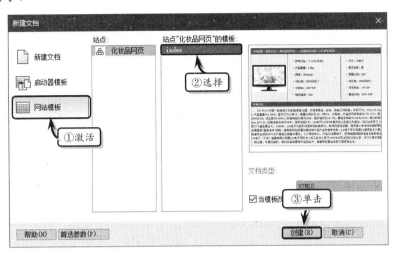

图 3-5　创建网站模板文档

提　示

用户也可以在欢迎屏幕中，选择【新建】栏中的【网站模板】选项，打开【新建文档】对话框。

3.1.2　保存文档

创建文档并对文档进行一系列的编辑之后，为了确保编辑内容不会丢失，还需要将网页文档保存到本地计算机中。

1．保存文档

对于新创建的页面文档，执行【文件】|【保存】命令，在弹出的【另存为】对话框中设置保存位置和名称，单击【保存】按钮，如图 3-6 所示。

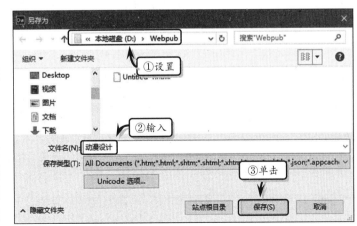

图 3-6　保存文档

对于已创建并保存过的页面文档，当用户需要更改其保持位置或将它保存为副本时，则需要执行【文件】|【保存为】命令，在弹出的【另存为】对话框中设置保存位置和名称，单击【保存】按钮即可。

2. 保存为模板文档

Dreamweaver CC 2015 为用户提供了保存文档为模板功能，以方便用户在下次编辑网页时使用。

执行【文件】|【另存为模板】命令，在弹出的【另存模板】对话框中选择站点和模板名称，单击【保存】按钮即可，如图 3-7 所示。

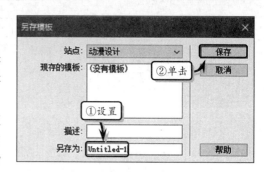

图 3-7 保存为模板文档

3. 恢复文档

当用户对所创建的文档进行保存，再次打开该文档并对该文档进行编辑操作时，如不满足当前的编辑操作，则可以通过"恢复文档"功能，撤销当前的编辑内容，将该文档恢复到上次保存时的状态。

执行【文件】|【回复至上次的保存】命令，在弹出的提示对话框中单击【是】按钮，即可将当前文档恢复到上次保存时的状态，如图 3-8 所示。

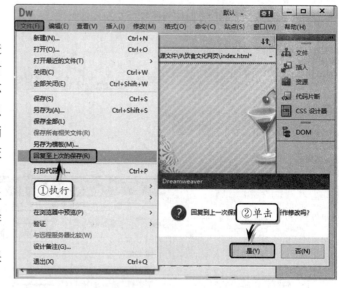

图 3-8 恢复文档

3.2 设置网页文档

用户创建完空白文档之后，为了呈现整个页面的结构和美观性，还需要设置文档的页面属性和文件头标签。

3.2.1 设置页面属性

页面属性关乎整个网页页面的美观性，是网页设计的基础。而页面属性，是对网页文档中的内容进行简单的定义。

执行【修改】|【页面属性】命令，弹出【页面属性】对话框。在【页面属性】对话框中的【分类】栏中，为用户提供了【外观（CSS）】、【外观（HTML）】、【链接（CSS）】、【标题（CSS）】、【标题/编码】和【跟踪图像】6 个选项卡。

1. 外观（CSS）

在【页面属性】对话框中的【分类】栏中激活【外观（CSS）】选项卡，指定网页页面包括字体、背景颜色、背景图像等若干基本页面的布局选项，如图 3-9 所示。

在【外观（CSS）】选项卡中，主要包括下列几个选项：

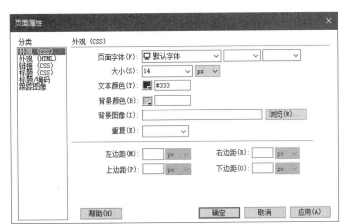

图 3-9　设置【外观（CSS）】选项

- ❏ **页面字体**　用于指定在网页页面中使用的默认字体系列。
- ❏ **大小**　用于指定在网页页面中使用的默认字体的大小。
- ❏ **文本颜色**　用于指定显示字体时所使用的默认字体颜色，可通过单击【文本颜色】框来选取颜色。
- ❏ **背景颜色**　用于设置页面的背景颜色，可通过单击【背景颜色】框来选取颜色。
- ❏ **背景图像**　用于设置背景图像，可通过单击【浏览】按钮来选取背景图像文件。
- ❏ **重复**　用于指定背景图像在页面上的显示方式，其中 no-repeat 选项表示仅显示背景图像一次，repeat 选项表示横向和纵向重复或平铺图像，repeat-x 选项表示可横向平铺图像，repeat-y 选项表示可纵向平铺图像。
- ❏ **左/右/上/下边距**　用于指定网页文档中内容到浏览器左侧、右侧、上侧和下侧的距离。

2. 外观（HTML）

在【页面属性】对话框中的【分类】栏中激活【外观（HTML）】选项卡，以 HTML 或 XHTML 标签的属性方式定义网页文档中一些基本对象的样式，如图 3-10 所示。

在【外观（HTML）】选项卡中，主要包括下列几个选项：

- ❏ **背景图像**　用于设置网页的背景图像，可通过单击【浏览】按钮选取背景图像文件。

- ❑ **背景** 用于设置页面的背景颜色，单击【文本颜色】框可选取背景颜色。
- ❑ **文本** 用于指定文本的默认颜色。
- ❑ **已访问链接** 用于指定已访问链接的颜色。
- ❑ **链接** 用于指定链接文本的颜色。
- ❑ **活动链接** 用于指定当鼠标（或指针）在链接上单击时所应用的颜色。

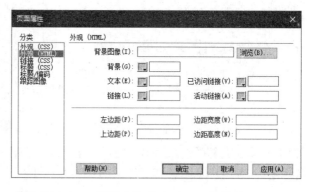

图 3-10 设置【外观（HTML）】选项

- ❑ **左/上边距** 用于指定页面到浏览器左侧和上侧的距离。
- ❑ **边距宽度/高度** 用于指定页面到浏览器右侧和下侧的距离。

3．链接（CSS）

在【页面属性】对话框中的【分类】栏中激活【链接（CSS）】选项卡，指定链接字体样式、字体大小、颜色等选项，如图 3-11 所示。

在【链接（CSS）】选项卡中，主要包括下列几个选项：

- ❑ **链接字体** 用于指定链接文本使用的默认字体系列。

图 3-11 设置【链接（CSS）】选项

- ❑ **大小** 用于指定链接文本的字体大小，其字体单位可以为 px（像素）、pt（点）、in（英寸）、cm（厘米）等。
- ❑ **链接颜色** 用于指定应用于链接文本的颜色。
- ❑ **已访问链接** 用于指定应用于已访问链接的颜色。
- ❑ **变换图像链接** 用于指定当鼠标（或指针）位于链接上时所出现的颜色。
- ❑ **活动链接** 用于指定当鼠标（或指针）在链接上单击时所出现的颜色。
- ❑ **下画线样式** 用于指定应用于链接的下画线样式，包括"始终有下画线""始终无下画线""仅在变换图像时显示下画线"和"变换图像时隐藏下画线"4 种样式。

4．标题（CSS）

在【页面属性】对话框中的【分类】栏中激活【标题（CSS）】选项卡，指定页面标题的字体、字体大小和颜色等，如图 3-12 所示。

在【标题（CSS）】选项卡中，主要包括下列两个选项：

- ❑ **标题字体** 用于指定标题文本使用的默认字体系列。
- ❑ **标题 1～6** 用于指定最多 6 个级别的标题标签使用的字体大小和颜色。

5. 标题/编码

在【页面属性】对话框中的【分类】栏中激活【标题/编码】选项卡，指定用于创作网页的语言专用文档编码类型，以及与该编码类型配合使用的 Unicode 类型，如图 3-13 所示。

图 3-12 设置【标题（CSS）】选项   图 3-13 设置【标题/编码】选项

在【标题/编码】选项卡中，主要包括下列几个选项：

❏ **标题** 用于指定在"文档"窗口和大多数浏览器窗口标题栏中所出现的页面标题。

❏ **文档类型** 用于指定一种文档类型定义。

❏ **编码** 用于指定文档字符所使用的编码，当用户选择 Unicode(UTF-8)选项时，由于 UTF-8 可以安全地显示所有字符，因此不需要实体编码。

❏ **重新载入** 单击该按钮可以转换现有文档或者使用新编码重新打开它。

❏ **Unicode 标准化表单** 只要将【编码】选项设置为 Unicode(UTF-8)时该选项才被激活，它包括 4 种 Unicode 范式。

❏ **包括 Unicode 签名（BOM）** 启用该复选框，可以在文档中包括一个字节顺序标记(BOM)。而 BOM 是位于文本文件开头的 2～4 个字节，可将文件标识为 Unicode。

6. 跟踪图像

在【页面属性】对话框中的【分类】栏中激活【跟踪图像】选项卡，用于设置在设计页面时用作向导参考的图像文件，如图 3-14 所示。

在【跟踪图像】选项卡中，主要包括下列两个选项：

图 3-14 设置【跟踪图像】选项

❏ **跟踪图像** 用于指定在复制设计时作为参考的图像，可通过单击【浏览】按钮来选取图像文件。该图像只供参考，并不会出现在浏览器中。

❏ **透明度** 用于设置跟踪图像的透明度，从完全透明到完全不透明。

3.2.2 设置文件头标签

HTML 是制作网页的一种规范，包括文件头（head）和文件体（body）两部分内容。

其中，文件体（body）是在浏览器中看到的网页正文部分，而文件头（head）则是对网页的一些基本属性及页面控制功能进行定义的标签，其内容不会在浏览器正文窗格中显示。

在 Dreamweaver CC 2015 中，用户可通过 head 中各种文件头标签来定义网页的标题，为网页添加搜索关键字和描述信息等，以方便用户搜索和收录网页。

1. Meta

Meta 标签是记录当前页面中的作者、字符编码、版权信息等一些相关信息的 head 元素。在 Dreamweaver CC 2015 中，执行【插入】|HTML|Meta 命令，在弹出的 META 对话框中，设置相应选项，如图 3-15 所示。

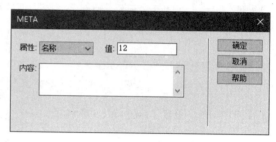

在 META 对话框中，主要包括下列 3 个选项：

图 3-15　META 对话框

- ❏ **属性**　用于指定 Meta 标签是否包含有关页面的描述信息或 HTTP 信息。
- ❏ **值**　用于指定要在此标签中提供的信息类型。Dreamweaver 中的值有各自的属性检查器，用户可根据实际情况指定任何值，例如 creationdate、documentID 或 level 等。

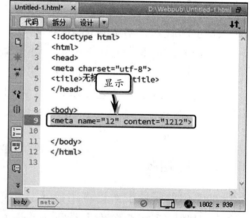

- ❏ **内容**　用于描述实际的信息说明，例如为"值"指定了等级等。

在 META 对话框中，单击【确定】按钮后，系统将自动在【代码】视图中插入一个有关 META 代码。将光标放置在该代码中，系统会在其下方的【属性】面板中显示该代码信息，便于用户对其进行修改，如图 3-16 所示。

图 3-16　修改 Meta 标签

提　示

如果在【属性】面板中无法显示 META 信息，则需要在当前面板中单击【刷新】按钮，即可显示最新的属性信息。

2. 关键字

设置关键字是方便搜索引擎装置对其进行读取，并使用该关键字信息在它们的数据库中将用户的页面编入索引。由于部分搜索引擎对索引的关键字或字符的数目进行了限制，或者在超过限制的数目时将忽略所有的关键字；因此，用户最好只设置几个通过精心选择的关键字。

在 Dreamweaver CC 2015 中，执行【插入】|HTML|【关键字】命令，在弹出的 Keywords

对话框中的【关键字】文本框中输入多个关键字，并以逗号分隔每个关键字，如图3-17
所示。

在【关键字】对话框中，单击【确定】按钮后，系统将在【代码】视图中插入一行
有关关键字的代码。将光标放置在该代码中，系统会在其下方的【属性】面板中显示该
代码信息，便于用户对其进行修改，如图3-18所示。

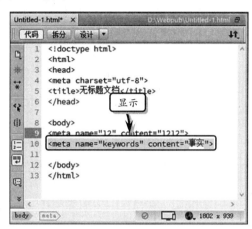

图3-17 Keywords 对话框 图3-18 修改关键字

3. 说明

说明是用于描述有关网页的说明性信息，它与关键字一样，会受到搜索引擎限制字
符数这一条件的限制，因此在设置说明文本时用户应尽量限制为少量的几个字。

在 Dreamweaver CC 2015 中，执行【插入】|HTML|【说明】命令，在弹出的【说明】
对话框中的【说明】文本框中，输入说明文本，如图3-19所示。

在【说明】对话框中，单击【确定】按钮后，系统将自动在【代码】窗口中显示一
行有关说明的代码。将光标放置在该代码中，系统会在其下方的【属性】面板中显示该
代码信息，便于用户对其进行修改，如图3-20所示。

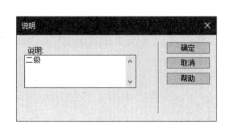

图3-19 【说明】对话框 图3-20 修改说明标签

4．视口

在 Dreamweaver CC 2015 中，新增了视口信息设置功能，主要用于控制网页布局的大小。

执行【插入】|HTML|【视口】命令，系统会直接在【代码】窗口中显示一行有关视口信息的代码。将光标放置在该代码中，系统会在其下方的【属性】面板中显示该代码信息，便于用户对其进行修改，如图 3-21 所示。

该代码中的 width=device-width 表示视口默认宽度为屏幕宽度，

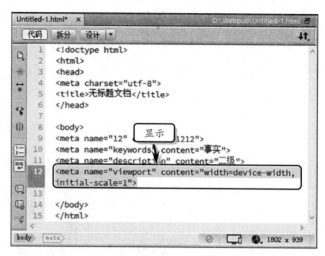

图 3-21　修改视口标签

而 initial-scale 用于设置网页的初始缩放比例，当该属性为 1 时则表示网页的初始大小为屏幕面积的 100%。

> **提　示**
> 用户也可以在【插入】面板中的【常用】选项卡中，通过单击 Head，来选择所设置的文件头标签类型。

3.3　管理文件和文件夹

管理文件和文件夹是利用【文件】面板管理本地文件并在本地和远程服务器之间传输文件，包括创建文件夹、复制文件、删除文件、重命名文件等，以及查找和定位文件、遮盖文件等一系列的管理操作。

3.3.1　【文件】面板

Dreamweaver CC 2015 内置了【文件】面板，以方便用户管理本地和远程站点中的文件，用来维持本地和远程站点文件和文件夹结构的平衡。

执行【窗口】|【文件】命令，即可展开【文件】面板，用来查看相应站点中的文件和文件夹，如图 3-22 所示。

在【文件】面板中，除了可以查看站点对应的文件和文件之外，还可以通过面板中的工具按钮，对文件或文件夹进行一些常规操作。其中，在【文件】面板中，主要包括下列 10 种工具按钮：

- ❑ **站点弹出菜单**　用于显示该站点的文件，还可以使用【站点弹出】菜单访问本地磁盘上的全部文件，类似于 Windows 资源管理器。
- ❑ **文件视图**　用于显示远程和本地站点的文件结构，其默认视图为【本地视图】。
- ❑ **连接/断开**　用于连接到远程站点或断开与远程站点的连接。默认情况下，当空闲 30 分钟以上，将断开与远程站点的连接（仅限 FTP）。

- ❑ **刷新**　用于刷新本地和远程目录列表。
- ❑ **获取文件**　用于将选定文件从远程站点复制到本地站点（如果该文件有本地副本，则将其覆盖）。
- ❑ **上传文件**　将选定的文件从本地站点复制到远程站点。
- ❑ **取出文件**　用于将文件从远程服务器传输到本地站点，并在本地站点中创建副本（如果该文件有本地副本，则将其覆盖）。而在服务器上将该文件标记为取出。

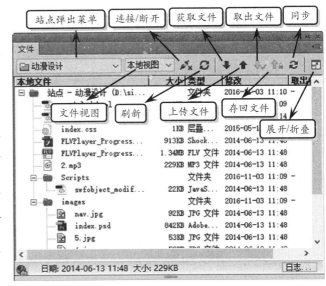

　　　　图 3-22　【文件】面板

- ❑ **存回文件**　用于将本地文件的副本传输到远程服务器，并且使该文件可供他人编辑。本地文件变为只读。
- ❑ **同步**　可以同步本地和远程文件夹之间的文件。
- ❑ **展开/折叠**　展开或折叠【文件】面板以显示一个或两个窗格。

3.3.2　操作文件和文件夹

　　在【文件】面板中，用户不仅可以打开本地文件夹中的文件、对文件进行更名操作，还可以添加或删除文件。

1. 打开文件

　　首先，在【文件】面板中，从【站点弹出】菜单中选择站点、服务器或驱动器。然后，在显示的站点文件结构列表中选择所需打开的文件，单击【文件】面板中的【选项】按钮，执行【文件】|【打开】命令，即可打开该文件，如图 3-23 所示。

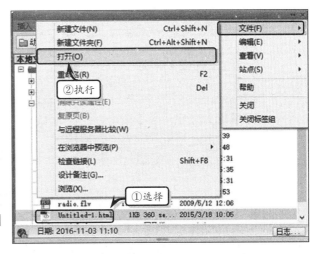

　　　　图 3-23　打开文件

技 巧

用户也可以在显示的站点文件结构列表中，双击所需打开的文件，或右击该文件，执行【打开】命令，即可快速打开该文件。

2．新建文件或文件夹

在【文件】面板中，选择所需要在其位置中新建文件或文件夹的已存在文件名称，单击【选项】按钮，执行【文件】|【新建文件】或【新建文件夹】命令，即可创建一个文件或文件夹，如图3-24所示。

技 巧

用户也可以在显示的站点文件结构列表中，选择一个文件或文件夹，右击，执行【新建文件】或【新建文件夹】命令，即可快速创建一个文件或文件夹。

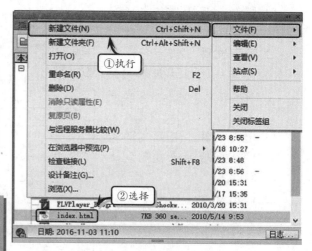

图 3-24　新建文件或文件夹

3．删除文件或文件夹

在显示的站点文件结构列表中，选择需要删除的文件或文件夹，单击【选项】按钮，执行【文件】|【删除】命令。然后，在弹出的提示对话框中，单击【是】按钮即可，如图3-25所示。

提 示

在站点文件结构列表中，选择文件或文件夹，右击，执行【编辑】|【删除】命令，或按下Delete键，也可删除文件或文件夹。

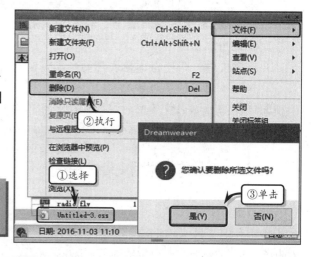

图 3-25　删除文件或文件夹

4．重命名文件或文件夹

选择要重命名的文件或文件夹，右击，执行【编辑】|【重命名】命令，此时文件或文件夹名称处于激活状态，直接输入 新的名称，按下Enter键即可，如图3-26所示。

提 示

用户也可以按下F2键或单击【选项】按钮，执行【文件】|【重命名】命令，来重命名文件或文件夹。

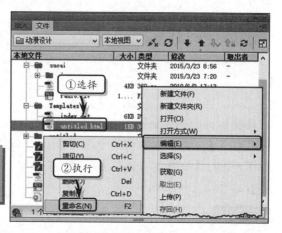

图 3-26　重命名文件或文件夹

5．移动文件或文件夹

选择要移动的文件或文件夹，将该文件或文件夹拖到新位置，松开鼠标后会弹出【更

新文件】对话框，在该对话框中单击
【更新】按钮即可，如图 3-27 所示。

另外，选择要移动的文件或文件
夹，单击【选项】按钮，执行【编辑】|
【剪切】命令，剪切该文件，如图 3-28
所示。

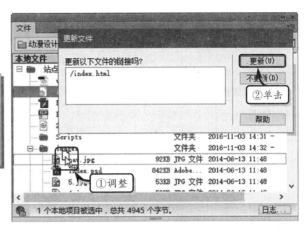

图 3-27　移动文件或文件夹

然后，选择所需要放置文件的位置，单击【选项】按钮，执行【编辑】|【粘贴】命
令，在弹出的【更新文件】对话框中，单击【更新】按钮，即可移动该文件或文件夹，
如图 3-29 所示。

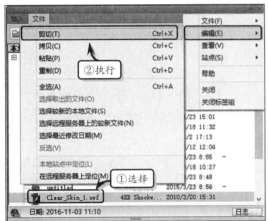

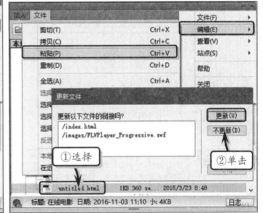

图 3-28　剪切文件　　　　　　　　图 3-29　粘贴文件

6. 刷新文件面板

右击任意文件或文件夹，执行【刷新本地文件】命令；或者，单击【文件】面板中
的【刷新】按钮，刷新文件面板，如图 3-30 所示。

3.3.3 查找和定位文件

对于大型的网站来讲，本地站点或远程站点中会存放大量的文件，在查找一些比较新的文件时会比较费时、费力。此时，可以使用查找和定位功能，快速查找和定位所需文件或文件夹。

1. 定位文件

在【文件】面板中，选择需要定位的文件，单击【选项】按钮，执行【编辑】|【本地站点中定位】或【在远程服务器上定位】命令，即可在本地和远程站点中查找该文件，如图 3-31 所示。

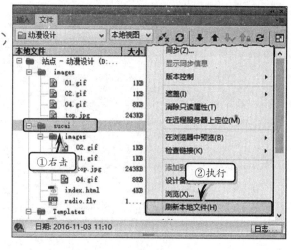

图 3-30 刷新文件面板

提 示

面板中的当前站点，则将尝试确定该文件所属的站点；如果当前文件仅属于一个本地站点，则将在【文件】面板中打开该站点，然后高亮显示该文件。

2. 查找较新的文件

在【文件】面板中，单击【选项】按钮，执行【编辑】|【选择较新的本地文件】或【选择远程服务器上的较新文件】命令，即可查找本地或远程服务器上比较新的文件，如图 3-32 所示。

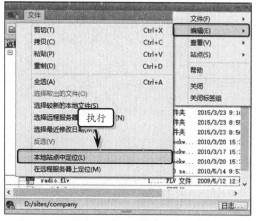

图 3-31 定位文件

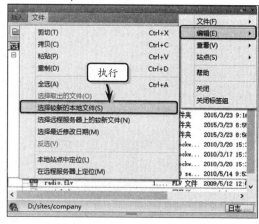

图 3-32 查找较新的文件

3. 查找最近修改的文件

在【文件】面板中，单击【选项】按钮，执行【编辑】|【选择最近修改日期】命令，在弹出的【选择最近修改日期】对话框中，设置各选项，单击【确定】按钮，即可查找

网页设计与网站组建标准教程（2018—2020 版）

最新修改的文件，如图 3-33 所示。

在【选择最近修改日期】对话框中，主要包括下列两个选项：

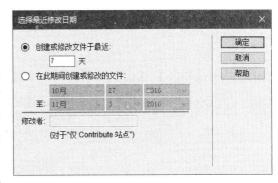

❑ **创建或修改文件于最近**　选中该选项，输入离当日的天数值，即可查找相应天数内的修改文件。例如，要找到昨天和今天所修改过的文件，则可以输入数字"2"。

❑ **在此期间创建或修改的文件**　选中该选项，则可以查找指定日期范围内的修改文件。

　　　　图 3-33　查找最近修改的文件

3.3.4　遮盖文件和文件夹

利用 Dreamweaver 中的遮盖功能，可以从"获取"或"上传"等操作中排除某些文件、文件夹和文件类型，以方便用户有选择性地获取或上传文件。

1．启用和禁用遮盖功能

默认情况下，遮盖工具处于启动状态，用户不仅可以通过相应操作永久禁用该功能，而且还可以对所有文件在执行某一操作时临时禁用遮盖功能。而当禁用遮盖功能后，所有遮盖文件都会取消遮盖；当再次启用遮盖功能时，所有先前遮盖的文件将恢复遮盖。

在【文件】面板中，选择一个文件或文件夹，右击，执行【遮盖】|【启用遮盖】命令，即可启用遮盖功能，如图 3-34 所示。

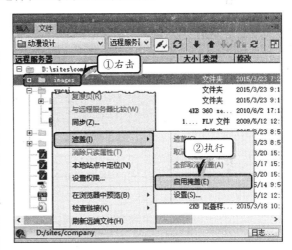

　　　　图 3-34　启用遮盖功能

当用户再次右击文件或文件夹，执行【遮盖】|【启用遮盖】命令时，即可禁用遮盖功能。

2．遮盖文件和文件夹

在【文件】面板中，选择需要遮盖的文件或文件夹，右击，执行【遮盖】|【遮盖】命令，即可遮盖所选文件或文件夹，如图 3-35 所示。

3. 取消遮盖文件和文件夹

被遮盖的文件和文件夹以红色斜线进行标注，此时，选择被遮盖的文件或文件夹，右击，执行【遮盖】|【取消遮盖】命令，即可取消遮盖文件和文件夹，如图 3-36 所示。

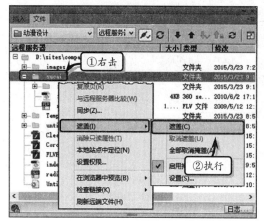

图 3-35 遮盖文件　　　　　　　　　　　　　图 3-36 取消遮盖文件夹

3.4 管理远程文件

用户除对本地站点进行操作以外，还可以对远程站点文件进行操作。例如，将远程文件取出到本地站点中、将本地站点存回到远程的站点，以及将远程和本地站点之间的文件进行同步操作等。

3.4.1 存回和取出文件

Dreamweaver 为用户提供协作工作的环境，即存回和取出文件。如果要对远程服务器中的站点文件进行存回和取出操作，则必须先将本地站点与远程服务器相关联，然后才能使用该功能。

1. 设置存回/取出系统

执行【站点】|【管理站点】命令，在弹出的【管理站点】对话框中，选择站点名称，单击【编辑当前选定的站点】按钮，如图 3-37 所示。

然后，在弹出的【站点设置对象 动

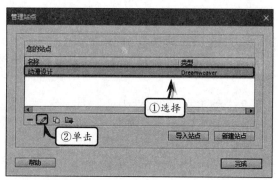

图 3-37 选择站点

漫设计】对话框中激活【服务器】选项卡，选择服务器名称，单击【编辑现有服务器】
按钮，如图 3-38 所示。

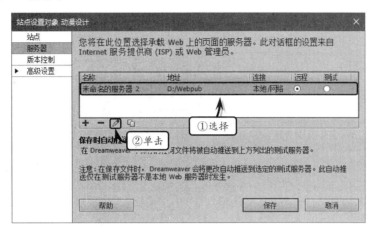

图 3-38 选择服务器

激活【高级】选项卡，启用【启用文件取出功能】复选框，同时启用【打开文件之
前取出】复选框，设置【取出名称】
和【电子邮件地址】选项，单击【保
存】按钮即可，如图 3-39 所示。

其中，有关取出选项的具体含义，
如下所述：

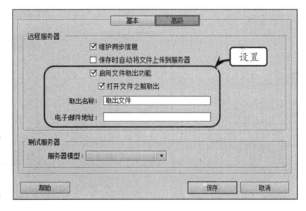

- ❏ **打开文件之前取出** 启用该
复选框，表示在【文件】面板
中双击打开文件时系统将自
动取出这些文件。
- ❏ **取出名称** 设置该选项后，其
取出名称会显示在【文件】面
板中已取出文件的旁边。

图 3-39 设置文件取出功能

- ❏ **电子邮件地址** 设置该选项后，其邮件名称将以链接形式出现在【文件】面板中
该文件的旁边。

2. 取出文件

在【文件】面板中，选择所需取出的文件或文件夹，单击面板工具栏中的【取出文
件】按钮。在弹出的【相关文件】对话框中，单击【是】按钮，会将相关文件随选定文
件一起下载；单击【否】按钮，则不下载相关文件，如图 3-40 所示。

3. 存回文件

在【文件】面板中，选择文件或文件夹，单击工具栏中的【存回文件】按钮，在弹出的【相关文件】对话框中单击【是】或【否】按钮即可，如图 3-41 所示。

图 3-40　取出文件

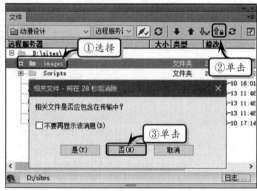

图 3-41　存回文件

3.4.2　同步文件

在【文件】面板中，单击【选项】按钮，执行【站点】|【同步】命令；或者直接单击【文件】面板工具栏中的【同步】按钮，在弹出的【与远程服务器同步】对话框中，设置相应选项即可，如图 3-42 所示。

其中，单击【同步】下拉按钮，在其列表中包括了下列两个选项：

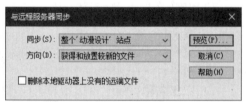

图 3-42　同步文件

❑ **整个'动漫设计'站点**　该选项可将本地站点中与服务器站点中的全部文件进行同步操作。

❑ **仅选中的远端文件**　该选项可将本地站点中已经选择的文件与远程服务器的文件进行同步操作。

另外，单击【方向】下拉按钮，在其列表中则包含了下列 3 种选项：

❑ **获得和放置较新的文件**　将所有文件的最新版本放置在本地和远程站点上。

❑ **放置较新的文件**　上传在远程服务器上不存在或自从上次上传以来已更改的所有本地文件。

❑ **从远程获得较新的文件**　下载本地不存在或自从上次下载以来已更改的所有远程文件。

而当用户在【与远程服务器同步】对话框中，启用【删除本地驱动器上没有的远端文件】复选框，则可在目的地站点上删除在原始站点上没有对应文件的文件。

3.5　课堂练习：制作"通知"页面

　　Dreamweaver 支持所见即所得的设计方式。例如，可以通过输入文本，制作一些简单的网页。本练习将使用 Dreamweaver 的这个功能，制作一个通知页面，如图 3-43 所示。

图 3-43　"通知"页面

操作步骤：

1　执行【文件】|【新建】命令，在【文档类型】列表框中选择 HTML 选项，创建一个空白页面，如图 3-44 所示。

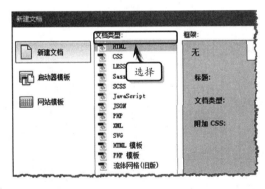

图 3-44　创建空白页面

2　在页面下方的【属性】面板中，单击【页面属性】按钮，如图 3-45 所示。

3　在【页面属性】对话框中的【外观（CSS）】选项卡中，设置页面文本大小、文本颜色和背景颜色，如图 3-46 所示。

图 3-45　【属性】面板

图 3-46　设置外观（CSS）

4　激活左侧【标题/编码】选项卡，在【标题】

文本框中输入页面标题，并单击【确定】按钮，如图 3-47 所示。

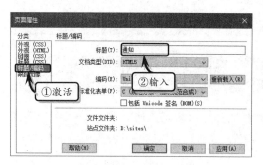

5　在【设计】视图中，输入通知内容，如图 3-48 所示。

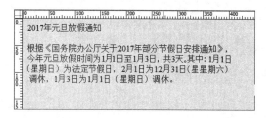

6　选择全部文本内容，执行【插入】|IDiv 命令，在【插入 Div】对话框中，单击【确定】按钮，将文本包含在一个<div></div>标签中，如图 3-49 所示。

7　选择标题名称，执行【格式】|【段落格式】|【标题 1】命令，设置标题的段落格式，如图 3-50 所示。

8　在【属性】面板中，激活 CSS 选项卡，单击【居中对齐】按钮，设置标题为居中显示格式，如图 3-51 所示。

9　选择标题以外的内容，执行【插入】|【文章】

命令，在【插入 Article】对话框中，单击【确定】按钮，如图 3-52 所示。

10　将光标定位在"根据"文本前面，按下 Ctrl+Shift+Space 组合键缩进首行文本，如图 3-53 所示。

11　将光标定位在标题文本后，执行【插入】

IHTMLI【水平线】命令，插入一条水平线，如图 3-54 所示。

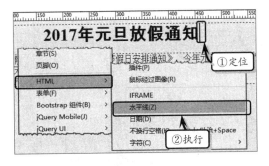

图 3-54 插入水平线

12 选择正文内容，在【属性】面板中的 CSS 选项卡中，将【大小】设置为"20"，如图 3-55 所示。

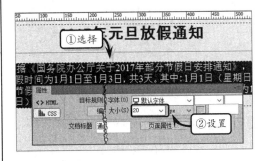

图 3-55 设置字体大小

3.6 课堂练习：制作数学试题网页

随着互联网的逐步普及，越来越多的人通过网络来查找自己需要的信息。一些为广大学生提供学习和考试资料的网站也应运而生，本练习将通过插入特殊符号等功能来制作一个数学试题网页，如图 3-56 所示。

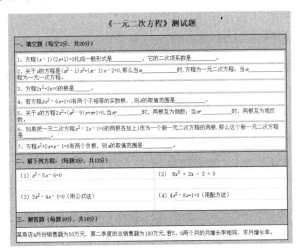

图 3-56 数学试题网页

操作步骤：

1 新建空白文档，在页面下方的【属性】面板中，单击【页面属性】按钮，如图 3-57 所示。

2 在【页面属性】对话框中的【外观（CSS）】选项卡中，设置页面文本大小、文本颜色和背景颜色，如图 3-58 所示。

图 3-57 【属性】面板

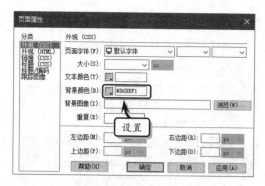

图 3-58 设置外观（CSS）

3 激活左侧【标题/编码】选项卡，在【标题】文本框中输入页面标题，并单击【确定】按钮，如图 3-59 所示。

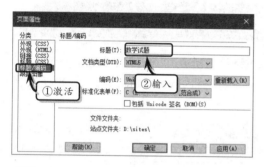

图 3-59 设置标题

4 执行【插入】|【表格】命令，插入 6 行 1 列，宽度为 800 像素，边框粗细为 1 像素的表格，如图 3-60 所示。

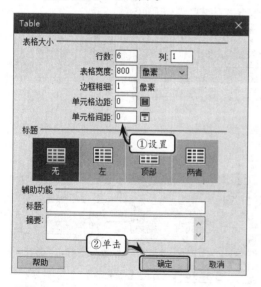

图 3-60 插入表格

5 选择插入的表格，在【属性】面板中，将 Align 设置为【居中对齐】，如图 3-61 所示。

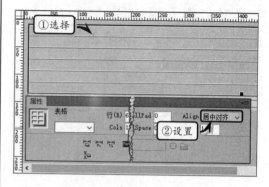

图 3-61 设置对齐格式

6 选择表格第 2 行，执行【插入】|【表格】命令，插入 7 行 1 列的嵌套表格，如图 3-62 所示。

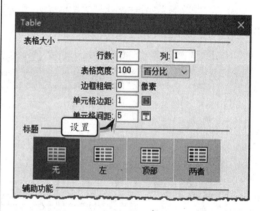

图 3-62 插入 7 行 1 列的嵌套表格

7 在【设计】视图中，逐行输入数学试题文本，如图 3-63 所示。

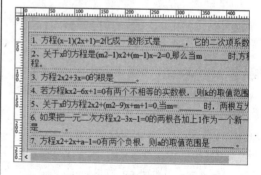

图 3-63 输入数学试题

网页设计与网站组建标准教程（2018—2020 版）

8 选择文本中的第 1 个字母，执行【格式】|【HTML 样式】|【斜体】命令，设置字母斜体格式，如图 3-64 所示。使用同样方法，设置其他字母的斜体格式。

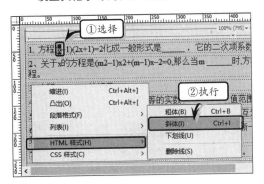

图 3-64 设置斜体格式

9 选择第 2 行 m 后面的数字 2，切换到【代码】视图中，在该数字前后添加 标签，将其设置为上标，如图 3-65 所示。使用同样方法，设置其他上标。

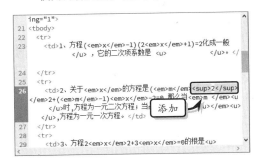

图 3-65 设置上标

10 切换到【设计】视图中，选择表格第 4 行，执行【插入】|【表格】命令，插入 4 行 2 列的嵌套表格，如图 3-66 所示。

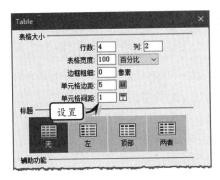

图 3-66 插入 4 行 2 列的嵌套表格

11 在嵌套表格中，输入相应的数学试题，并设置其字体格式，如图 3-67 所示。

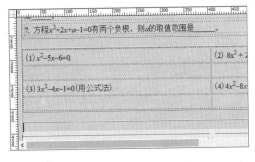

图 3-67 输入试题并设置字体格式

12 在表格中剩余行中，输入相对应的文本。选择最后一行，将【高度】设置为"41"，如图 3-68 所示。使用同样方法，设置其他行的高度。

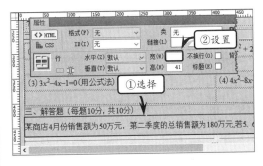

图 3-68 设置行高

13 选择第 1、3 和 5 行，在【属性】面板中，单击【加粗】按钮，将【背景颜色】设置为"#B3D9FF"，如图 3-69 所示。

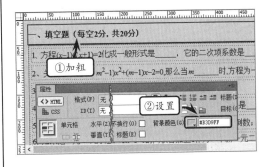

图 3-69 设置属性

14 选择第 2 行中的嵌套表格，在【属性】面板中将【背景颜色】设置为"#FFFFFF"，如图 3-70 所示。使用同样方法，设置其他单元格的背景颜色。

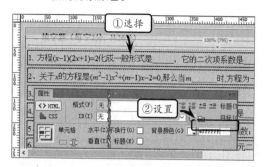

■ 图 3-70 设置背景颜色

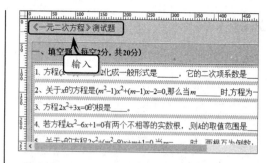

■ 图 3-71 输入标题文本

15 将光标定位在表格左侧,按下 Enter 键换行。然后,在第 1 行中输入标题文本,如图 3-71 所示。

16 选择标题文本,设置居中对齐格式,并执行【格式】|【段落格式】|【标题 2】命令,如图 3-72 所示。

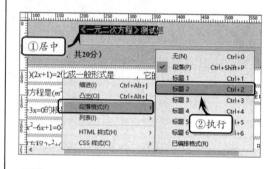

■ 图 3-72 设置标题格式

3.7 思考与练习

一、填空题

1.【外观(CSS)】属性的作用是通过可视化界面为网页创建_____样式规则,定义网页中的_____、_____以及边距等基本属性。

2. Dreamweaver 附带了_____,以帮助用户设计站点页面。

3. 在保存文档时,用户可以通过按下_____组合键,快速打开【另存为】对话框,对文件进行保存操作。

4. HTML 是制作网页的一种规范,包括文件头_____和文件体_____两部分内容。

5. 在 Dreamweaver 中,用户可通过_____中各种文件头标签来定义网页的标题,为网页添加搜索关键字和描述信息等,以方便用户搜索和收录网页。

6. 利用 Dreamweaver 中的_____,可以从"获取"或"上传"等操作中排除某些文件、文件夹和文件类型,以方便用户有选择性地获取或上传文件。

二、选择题

1. 被遮盖的文件和文件夹以_____进行标注。

A. 删除线

B. 红色斜线

C. 红色删除线

D. 斜线

2. 如果要对远程服务器中的站点文件进行存回和取出操作,则必须先将_____与远程服务器相关联,然后才能使用该功能。

A. 本地站点

B. 本地文件夹

C. 根文件

D. 站点文件

3. 用户也可以通过＿＿＿组合键，快速打开
【打开】对话框，选择所需打开的文件。

    A．Ctrl+A

    B．Ctrl+C

    C．Ctrl+O

    D．Ctrl+W

4. 用户也可以通过＿＿＿组合键，来关闭当
前网页文档，通过 Ctrl+Shift+W 组合键，关闭所
有的网页文件。

    A．Ctrl+A

    B．Ctrl+W

    C．Ctrl+O

    D．Ctrl+X

5. 在 Dreamweaver 中，用户可通过＿＿＿
中各种文件头标签来定义网页的标题，为网页添
加搜索关键字和描述信息等。

    A．body

    B．head

    C．视口

    D．关键字

6. 用户也可以按下＿＿＿键，或单击【选项】
按钮，执行【文件】|【重命名】命令，来重命名
文件或文件夹。

    A．Ctrl+A

    B．F12

    C．F2

    D．Ctrl+F12

三、问答题

1. 如何创建启动器模板文档？

2. 如何设置文件头标签？

3. 如何在【文件】面板中查找最新修改的
文件？

4. 如何遮盖文件夹？

四、上机练习

1. 设置背景图像

在本练习中，将使用【页面属性】对话框，
来设置网页的图像背景，如图 3-73 所示。首先，
新建一个空白文档，在【属性】面板中单击【页
面属性】按钮。其次，在弹出的【页面属性】对
话框中的【外观（CSS）】文本框中，单击【背景
图像】选项后面的【浏览】按钮。再次，在弹出
的【选择图像源文件】对话框中，选择图像文件，
并单击【确定】按钮。最后，在【页面属性】对
话框中，将【重复】设置为 repeat，单击【确定】
按钮即可。

图 3-73　设置背景图像

2. 创建 XML 文档

在本练习中，将创建一个 XML 网页文档，
如图 3-74 所示。首先，执行【文件】|【新建】
命令，在弹出的【新建文档】对话框中选择 XML
选项，并单击【创建】按钮，创建一个 XML 文
档。然后，在 XML 文档中输入数据内容，用以
显示目录的级别。最后，执行【文件】|【保存】
命令，在弹出的【另存为】对话框中，设置保存
位置和名称，单击【保存】按钮即可。

```
1   <?xml version="1.0" encoding="gb2312"?>
2   <treeview>
3     <tree id="p1">
4       <text>第1章 计算机基础</text>
5       <target>_blank</target>
6       <class>class1</class>
7       <tree id="p1-1">
8         <text>1.1 什么是计算机</text>
9         <target>_blank</target>
10        <class>class2</class>
11      </tree>
12      <tree id="p1-2">
13        <text>1.2 了解计算机</text>
14        <target>_blank</target>
15        <class>class2</class>
16        <tree id="p1-2-1">
17          <text>1.2.1 计算机的发展</text>
18          <target>_blank</target>
19          <class>class3</class>
20          <link>http://www.baidu.com/</link>
21        </tree>
22      </tree>
23      <tree id="p1-2-2">
24        <text>1.2.2 计算机组成部分</text>
```

图 3-74　XML 文档

第4章

网页基础元素

　　文本和图像是网页中的基础元素，也是网页中的重要内容，具有传达信息和表达网页主题要素的作用，是表述内容的最简单、最基本的载体。Dreamweaver CC 2015 不仅允许用户插入图像和图形对象，而且还允许用户通过一系列的设置将文本和图像进行混排，以帮助用户制作出更加生动、直观、丰富多彩的网页，吸引更多浏览者。

　　本章将详细介绍网页的页面属性、插入文本、段落和列表等文本对象，以及为网页插入图像和设置图像属性的技巧，帮助用户更好地了解文本及图像元素。

　　本章学习内容：

- ➢ 创建网页文本
- ➢ 设置文档列表
- ➢ 设置文本格式
- ➢ 创建网页图像
- ➢ 编辑网页图像

4.1　创建网页文本

　　文本是网页主页元素之一，一般以普通文字、段落或各种项目符号等形式进行显示。由于文本具有易于编辑、存储空间小等优点，因此在网站制作中具有不可替代的地位。

● 4.1.1　插入网页文本

　　在 Dreamweaver 中，除了可以手动输入网页文本之外，还可以通过粘贴和导入的方法来插入网页文本。

1. 直接输入

直接输入是创建网页文本最常用的方法，用户可以在【代码和设计】视图和【设计】视图中输入文本内容，如图 4-1 所示。

图 4-1 输入网页文本

2. 粘贴外部文本

在编辑网页内容时，对于篇幅比较长的文本，则可以直接将外部文本复制到【设计】视图中。例如，在某个网页中复制一段文本，切换到 Dreamweaver 文档中，执行【粘贴】命令或按下 Ctrl+V 组合键，即可粘贴该文本。

但是在粘贴外部文本时，普通的粘贴方法会连同外部文本的格式设置一起粘贴过来。此时，用户可以复制外部文本之后，执行【编辑】|【选择性粘贴】命令，在弹出的【选择性粘贴】对话框中，选择所需粘贴的文本样式，并单击【确定】按钮，如图 4-2 所示。

在【选择性粘贴】对话框中，主要包括下列选项：

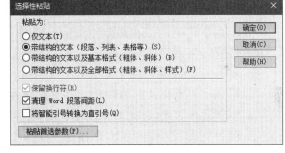

图 4-2 【选择性粘贴】对话框

- ❑ **仅文本** 仅粘贴文本字符，不保留任何字体格式。
- ❑ **带结构的文本** 粘贴包含段落、列表和表格等结构的文本。
- ❑ **带结构的文本以及基本格式** 粘贴包含段落、列表、表格以及粗体和斜体的文本。
- ❑ **带结构的文本以及全部格式** 粘贴包含段落、列表、表格以及粗体、斜体和色彩等所有样式的文本。
- ❑ **保留换行符** 启用该复选框，在粘贴文本时将自动添加换行符号。
- ❑ **清理 Word 段落间距** 启用该复选框，在复制 Word 文本后将自动清除段落间距。
- ❑ **将智能引号转换为直引号** 启用该复选框，在粘贴文本时将自动将智能引号转换为直引号。
- ❑ **粘贴首选参数** 单击该按钮，可以在弹出的【首选项】对话框中设置粘贴首选项。

3. 导入外部文本

Dreamweaver 为用户提供了导入外部文本功能，使用该功能可以导入 Word 文档。在【代码和设计】视图中，将光标定位到导入文本的位置，执行【文件】|【导入】|【Word

文档】命令，如图 4-3 所示。选择要导入的 Word 文档，即可将文档中的内容导入到网页文档中。

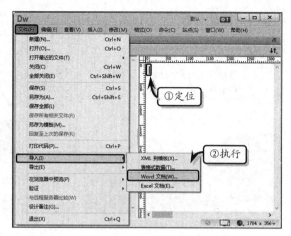

図 4-3　导入文本

4.1.2　设置文本属性

当用户输入、粘贴或导入文本到网页文档中之后，还需要在【属性】面板中设置文本的 HTML 和 CSS 属性。

1. 设置 HMTL 属性

在【属性】面板中激活 HTML 选项卡，将各项属性设置应用到页面正文的 HTML 代码中，如图 4-4 所示。

図 4-4　【属性】面板

在 HTML 选项卡中，主要包括下列 15 种属性：

- ❑ **格式**　用于设置文本的基本格式，可选择无格式文本、段落或各种标题文本。
- ❑ **类**　为 CSS 类，用于定义当前文档所应用的 CSS 类名称。
- ❑ **粗体**　用于定义以 HTML 的方式将文本加粗。
- ❑ **斜体**　用于定义以 HTML 的方式使文本倾斜。
- ❑ **项目列表**　为普通文本或标题、段落文本应用项目列表。
- ❑ **编号列表**　为普通文本或标题、段落文本应用编号列表。
- ❑ **删除内缩区块**　将选择的文本向左侧推移一个制表位。
- ❑ **内缩区块**　将选择的文本向右侧推移一个制表位。
- ❑ **标题**　当选择的文本为超链接时，定义当鼠标滑过该段文本时显示的工具提示信息。
- ❑ **ID**　定义当前选择的文本所属的标签 ID 属性，从而通过脚本或 CSS 样式表对其进行调用，添加行为或定义样式。
- ❑ **链接**　创建所选文本的超文本链接。
- ❑ **目标**　指定将链接文档加载到哪个框架或窗口。
- ❑ **文档标题**　用于显示新建文档的标题。
- ❑ **页面属性**　单击该按钮，可打开【页面属性】对话框，定义整个文档的属性。
- ❑ **列表项目**　当选择的文本为项目列表或编号列表时，可通过该按钮定义列表的样式。

2. 设置 CSS 属性

在【属性】面板中激活 CSS 选项卡，将各项属性设置写入文档头或单独的样式表中，如图 4-5 所示。

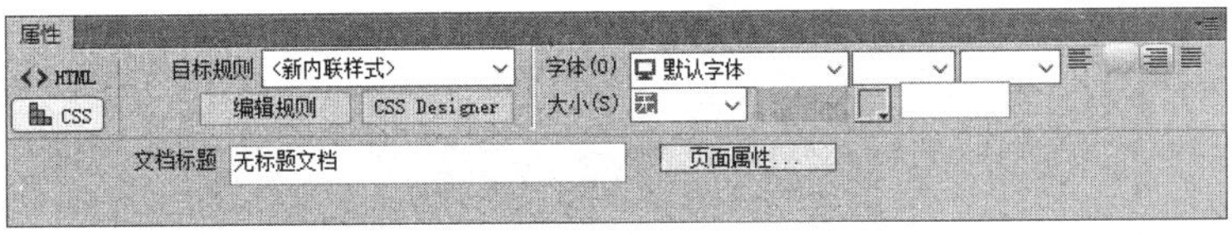

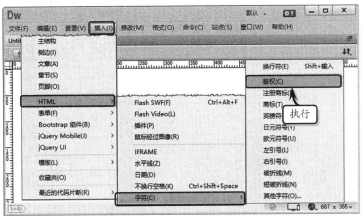

图 4-5　设置 CSS 属性

在 CSS 选项卡中，主要包括下列一些属性：

❑ **目标规则**　显示在 CSS 属性检查器中正在编辑的规则，用户也可以单击其下拉按钮，在弹出的下拉列表中创建新的 CSS 规则、新的内联样式或将现有类应用于所选文本。

❑ **编辑规则**　单击该按钮，可在打开的【CSS 设计器】面板中编辑 CSS 规则。

❑ **CSS Designer**　单击该按钮，可打开【CSS 设计器】面板。

❑ **字体**　用于设置目标规则中的字体样式。

❑ **大小**　用于设置目标规则中的字体大小。

❑ **文本颜色**　用于设置目标规则中的字体颜色。

❑ **对齐方式**　用于设置目标规则中文本的对齐属性，包括左对齐、右对齐、居中对齐和两端对齐 4 种样式。

❑ **文档标题**　用于显示新建文档的标题。

❑ **页面属性**　单击该按钮，可打开【页面属性】对话框，定义整个文档的属性。

4.1.3　插入特殊文本

在网页中除了可以插入普通文本之外，还可以插入一些比较特殊的文本。例如，插入特殊符号、水平线、日期等。

1. 插入特殊符号

选择插入位置，执行【插入】|HTML|【字符】命令，在展开的级联菜单中选择相应的字符样式即可，如图 4-6 所示。

图 4-6　插入字符

Dreamweaver 允许为网页文档插入 11 种基本的特殊符号, 其每种特殊符号的具体作用如表 4-1 所示。

⚏ 表4-1　特殊符号含义

名　　称	显示（作用）
换行符	两段间距较小
左引号	"
右引号	"
破折线	——
短破折线	–
英镑符号	£
欧元符号	€
日元符号	¥
版权	©
注册商标	®
商标	TM

除了上述 11 种特殊符号之外, 用户还可以执行【插入】|HTML|【字符】|【其他字符】命令, 选择所需插入的符号, 单击【确定】按钮即可, 如图 4-7 所示。

提　示

用户也可以在【插入】面板中的 HTML 类别中单击【字符】下拉按钮, 在其下拉列表中选择所需插入的特殊字符即可。

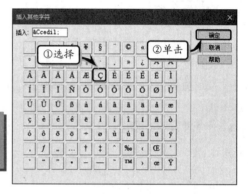

⚫ 图4-7　【插入其他字符】对话框

2. 插入水平线

Dreamweaver 还为用户提供了插入水平线功能, 运用该功能可以方便地插入水平线。

首先, 将光标定位在需要插入水平线的位置。然后, 执行【插入】|HTML|【水平线】命令, 即可在光标定位处插入一条水平线, 如图 4-8 所示。

提　示

用户也可以在【插入】面板中的 HTML 类别中单击【水平线】按钮, 即可在光标处插入一条水平线。

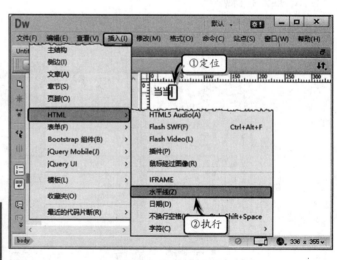

⚫ 图4-8　插入水平线

插入水平线之后，在【属性】面板中将会显示水平线的各种属性选项，以方便用户可以根据实际使用来制作一些相对优美的水平线，如图 4-9 所示。

图 4-9　设置属性

在【属性】面板中，主要包括下列 4 种属性选项：

❑ **水平线**　用于设置水平线的 ID。

❑ **宽/高**　用于设置水平线的宽度和高度，单位可以是像素或百分比。

❑ **对齐**　用于设置水平线的对齐方式，包括【默认】、【左对齐】、【居中对齐】和【右对齐】。

❑ **阴影**　启用该复选框，可为水平线添加阴影效果。

技　巧

设置水平线的宽度为 1，然后设置其高度为较大的值，可得到垂直线。

3. 插入日期

用户不仅可以在网页中插入水平线和特殊符号，而且还可以插入当前时间和日期。

执行【插入】|HTML|【日期】命令，在弹出的【插入日期】对话框中设置日期和时间选项，单击【确定】按钮即可，如图 4-10 所示。

在【插入日期】对话框中，主要包括下列 4 种选项：

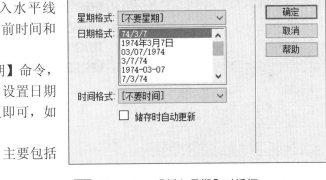

图 4-10　【插入日期】对话框

❑ **星期格式**　用于设置中文或英文样式的星期显示格式，也可以设置为不显示样式。

❑ **日期格式**　用于设置日期显示格式。

❑ **时间格式**　用于设置时间显示格式。

❑ **储存时自动更新**　启用该复选框，可以在每次保存网页文档时都会自动更新插入的日期时间。

4.2　设置文档列表

列表是网页中常见的一种文本排列方式，包括项目列表和项目编号两种样式。通过设置文档列表，不仅可以美化页面，而且还可以突显出文本的层次性。

在 Dreamweaver 中，除了可以通过 HTML 语言来创建项目列表与编号之外，还可以使用【设计】视图，以直观表达的方法来创建项目列表和编号。

1. 设置项目列表与编号

在网页中，选择所需创建项目列表与编号的文本。然后，在【插入】面板中选择 HTML 类别，在其列表中单击【项目列表】按钮，即可为所选文本添加项目列表，如图 4-11 所示。

在网页中，选择所需创建项目列表与编号的文本。然后，在【插入】面板中选择 HTML 类别，在其列表中单击【编号列表】按钮，即可为所选文本添加编号，如图 4-12 所示。

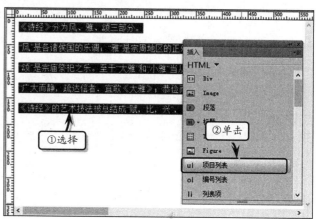

图 4-11　应用项目列表

提　示

用户也可以直接单击【项目列表】或【编号列表】按钮，输入完一个列表项之后，按下 Enter 键，系统会自动显示下一个列表项。完成输入之后，连续按两次 Enter 键，结束列表的输入。

除此之外，还可以在网页中选择所需创建项目列表与编号的文本，然后，在【属性】面板中的 HTML 选项卡中，单击【项目列表】或【编号列表】按钮，即可为所选文本添加项目列表或编号列表，如图 4-13 所示。

注　意

Dreamweaver 只能以段落文本转换列表。在一个段落中的多行内容在转换列表时只会转换到同一个列表项目中。

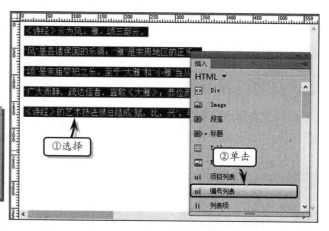

图 4-12　应用编号列表

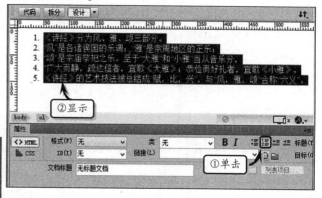

图 4-13　通过【属性】面板创建

2．设置列表属性

创建列表后，用户还可以根据设计需求设置列表的一些常规属性。选择包含列表的文本，在【属性】面板中单击【列表项目】按钮，即可在弹出的【列表属性】对话框中设置列表的基本属性，如图 4-14所示。

图 4-14　【列表属性】对话框

在【列表属性】对话框中，主要包括下列 5 种选项：

- ❑ **列表类型**　用于指定列表的类型，包括【项目列表】、【编号列表】、【目录列表】和【菜单列表】4 种类型。
- ❑ **样式**　用于指定编号列表或项目列表的编号或项目符号的样式。
- ❑ **开始计数**　用于设置编号列表中第一个项目的值。
- ❑ **新建样式**　为所选列表项目指定样式。
- ❑ **重设计数**　设置用来从其开始为列表项目编号的特定数字。

4.2.2　嵌套项目列表

嵌套项目列表是在一个项目列表中嵌入一个或多个项目列表，以形成上下级关系。一般情况下，用户可通过下列两种方法来创建嵌套项目列表。

1．列表项法

首先，为所选文本添加项目列表。然后，在【拆分】视图中的左侧【代码】视图中，将光标定位在<ul></ul>标签内所需显示或插入嵌套列表的位置，并在【插入】面板中单击【编号列表】按钮，如图 4-15 所示。

最后，在【插入】面板中单击【列表项】按钮，添加文本内容后即可实现嵌套列表，如图 4-16 所示。

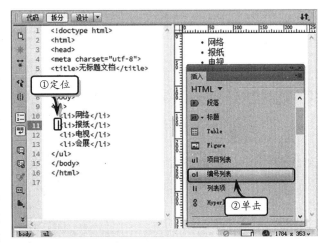

图 4-15　应用编号列表

2．缩进法

首先，在【设计】视图中，为所选文本添加项目列表。然后，选择需要嵌套列表的文本，在【属性】面板中单击【缩进】按钮即可，如图 4-17 所示。

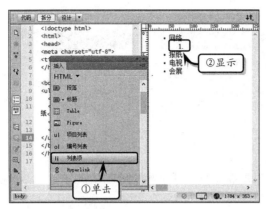
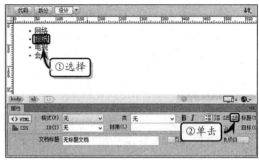

图 4-16 　 嵌套列表项　　　　　　　　　图 4-17 　 缩进法创建

4.3 　 设置文本格式

　　对于网页中的文本，除了通过【属性】面板设置基本格式之外，还可以通过 HTML 样式、段落样式等功能来设置文本格式，从而使页面内容更加美观，更具有层次感。

4.3.1 　 设置 HTML 样式

　　HTML 样式是 HTML 4 引入的，它是一种新的首选的改变 HTML 元素样式的方式。通过 HTML 样式，可以通过使用 style 属性直接将样式添加到 HTML 元素，或者间接地在独立的样式表中（CSS 文件）进行定义。

1. 下画线

　　<u></u>下画线标签告诉浏览器把其加<u>标签的文本加下画线样式呈现给用户。对于所有浏览器来说，这意味着要把这段文字以加下画线样式方式显示。

　　选择网页文本，执行【格式】|【HTML 样式】|【下画线】命令，即可为所选文本添加下画线样式，如图 4-18 所示。

2. 删除线

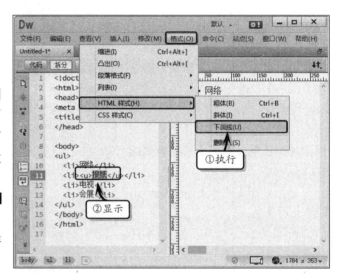

图 4-18 　 设置下画线

　　<s></s>标签为删除线标签，告诉浏览器把其加<s>标签的文本文字加删除线样式（文字中间一道横线）呈现给用户。

　　选择网页文本，执行【格式】|【HTML 样式】|【删除线】命令，即可为所选文本添

网页设计与网站组建标准教程（2018—2020 版）

加删除线样式，如图 4-19 所示。

3. 粗体

<strong>标签用于强调文本，但它强调的程度更强一些。通常是用加粗的字体（相对于斜体）来显示其中的内容。

选择网页文本，执行【格式】|【HTML 样式】|【粗体】命令，即可为所选文本添加粗体样式，如图 4-20 所示。

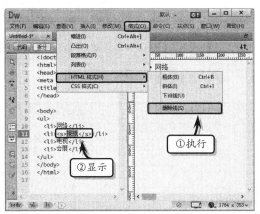

图 4-19　设置删除线　　　　图 4-20　设置粗体格式

4. 斜体

<em></em>标签告诉浏览器把其中的文本表示为强调的内容。对于所有浏览器来说，这意味着要把这段文字用斜体方式呈现给大家，这个与 html 斜体效果相同。

选择网页文本，执行【格式】|【HTML 样式】|【斜体】命令，即可为所选文本添加斜体样式，如图 4-21 所示。

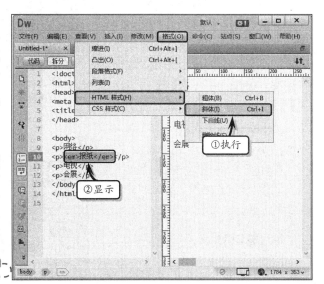

4.3.2　设置段落样式

Dreamweaver 中段落样式只设　　图 4-21　设置斜体格式
置标题内容，包括"标题 1""标题 2""标题 3"…"标题 6"等样式，既可以应用于文本段落，又可以应用于标题。

1. 设置段落

将光标定位在空白网页中，执行【格式】|【段落格式】|【段落】命令，系统会在【代

码】编辑器中添加一个<p>标签，如图 4-22 所示。

另外，选择网页文本，执行【格式】|【段落格式】|【段落】命令，即可为所选择内容添加段落标签，如图 4-23 所示。

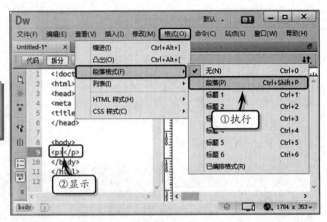

图 4-22　设置段落格式

2．设置标题

标题是文章的眉目。各类文章的标题，样式繁多，但无论是何种形式，总要以全部或不同的侧面体现作者的写作意图、文章的主旨。标题一般分为总标题、副标题、分标题等几种。

在 Dreamweaver 中，标题可以分为 6 个级别，不同级别的标题的格式不相同，而"标题 1"为最大字号，"标题 6"为最小字号。选择网页文本，执行【格式】|【段落格式】|【标题 1】命令，即可为所选择内容添加【标题 1】样式，如图 4-24 所示。

除此之外，用户还可以将文本设置为其他的标题，如"标题 2""标题 3""标题 4"等。

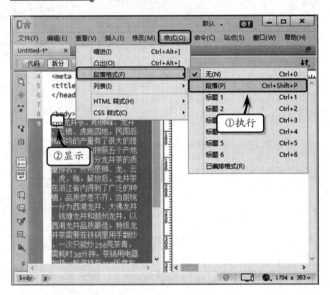

图 4-23　为内容设置段落格式

3．编排格式

<pre>标签可定义预格式化的文本，被包围在<pre>标签中的文本通常会保留空格和换行符，而文本也会呈现为等宽字体，<pre>标签的一个常见应用就是用来表示计算机的源代码。

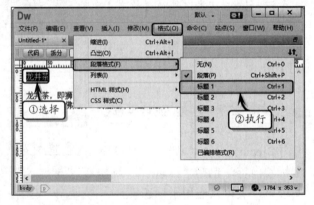

图 4-24　设置标题格式

在代码中，可以导致段落断开的标签（如标题、<p>和<address>标签）绝不能包含在<pre>标签所定义的块里。尽管有些浏览器会把段落结束标签解释为换行，但是这种行为在所有浏览器上并不都是一样的。

　　<pre>标签中允许的文本可以包括物理样式和基于内容的样式变化，还有链接、图像和水平分隔线。当把其他标签（比如<a>标签）放到<pre>标签块中时，就像放在 HTML/XHTML 文档的其他部分中一样即可。

　　例如，选择网页文本，执行【格式】|【段落格式】|【已编排格式】命令。然后在<pre>标签中，对文本进行换行，并插入空格，以测试显示效果，如图 4-25 所示。

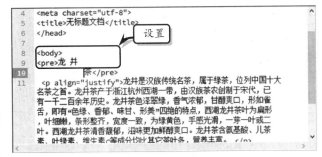

图 4-25　设置编排格式

　　调整后的文本格式，可以在浏览器中浏览网页内容，以查看最新效果。

4.4　创建网页图像

　　图像是网页中重要的多媒体元素之一，可以弥补纯文本的单调性，增加网页的多彩性。但是，过多的图像会导致网页的打开速度变慢，因此在设计网页时还需要考虑图像的数目、大小和图形格式等因素。

4.4.1　网页图像格式

　　网页对图像格式并没有太严格的限制，但由于 GIF 和 JPEG 格式的图片文件较小，并且许多浏览器完全支持，因此它们是网页制作中最为常用的文件格式。一般情况下，网页中的图像格式包括下列最常见的 6 种。

1．JPEG

　　JPEG（Joint Photographic Experts Group）是 Web 上仅次于 GIF 的常用图像格式。JPEG 是一种压缩得非常紧凑的格式，专门用于不含大色块的图像。JPEG 格式的图像有一定的失真度，但是在正常的损失下肉眼分辨不出 JPEG 和 GIF 图像的差别。而 JPEG 文件只有 GIF 文件的 1/4 大小。JPEG 对图标之类的含大色块的图像支持度不大，不支持透明图和动态图。

2．PNG

　　PNG（Portable Network Graphic）格式是 Web 图像中最通用的格式。它是一种无损压缩格式，但是如果没有插件支持，有的浏览器可能不支持这种格式。PNG 格式最多可以支持 32 位颜色，但是不支持动画图。

3．GIF

　　GIF（Graphics Interchange Format）是 Web 上最常用的图像格式，它可以用来存储各种图像文件。特别适用于存储线条、图标和计算机生成的图像、卡通和其他有大色块的图像。

GIF 格式的文件容量非常小，形成的是一种压缩的 8 位图像文件，所以最多只支持256 种不同的颜色。GIF 支持动态图、透明图和交织图。

4. BMP

BMP（Windows Bitmap）格式使用的是索引色彩，它的图像具有极其丰富的色彩，可以使用 16M 色彩渲染图像。此格式一般在多媒体演示和视频输出等情况下使用。

5. TIFF

TIFF（Tag Image File Format）格式是对色彩通道图像来说最有用的格式，支持 24 个通道，能存储多于 4 个通道。TIFF 格式的结果要比其他格式更大、更复杂，它非常适合于印刷和输出。

6. TGA

TGA（Targa）格式与 TIFF 格式相同，都可以用来处理高质量的色彩通道图形。另外，PDD、PSD 格式也是存储包含通道的 RGB 图像的最常见的文件格式。

4.4.2　插入图像

在 Dreamweaver 中，除了可以插入一些普通的图像文件之外，还可以插入鼠标经过图像、Fireworks HTML 等类型的图像。

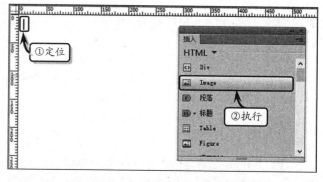

1. 插入普通图像

将光标放置在所需插入图像的位置，执行【插入】|【图像】命令；或者在【插入】面板中单击 Image 按钮，如图 4-26 所示。

图 4-26　插入图像

然后，在弹出的【选择图像源文件】对话框中，选择图像文件，单击【确定】按钮即可，如图 4-27 所示。

> **技 巧**
>
> 用户可以通过 Ctrl+Alt+I 组合键，快速打开【选择图像源文件】对话框。

2. 插入鼠标经过图像

选择图像插入位置，执行【插入】|HTML|【鼠标经过图像】命令，在弹出的【插入鼠标经过图像】对话框中，设置各选项即可，如

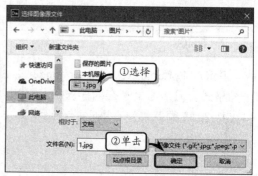

图 4-27　选择图像文件

图 4-28 所示。

在【插入鼠标经过图像】对话框中，主要包括下列 6 种选项：

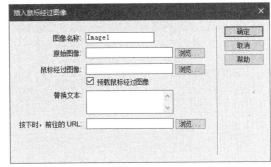

图 4-28 【插入鼠标经过图像】对话框

- ❏ **图像名称** 用于设置鼠标经过图像的名称，不能与同页面其他网页对象的名称相同。
- ❏ **原始图像** 用于设置页面加载时显示的图像。
- ❏ **鼠标经过图像** 用于设置鼠标经过时显示的图像。
- ❏ **预载鼠标经过图像** 启用该复选框，在浏览网页时原始图像和鼠标经过图像都将被显示出来。
- ❏ **替换文本** 用于输入为使用只显示文本浏览器的访问者描述图像的注释。
- ❏ **按下时，前往的 URL** 用于设置鼠标单击该图像后所转向的目标。

提 示

如用户不设置【按下时，前往的 URL】选项，Dreamweaver 将自动将该选项设置为 "#"。

4.4.3 设置图像属性

在网页中插入图像之后，选择图像则会在【属性】面板中显示图像的各个属性，如图 4-29 所示。

图 4-29 【属性】面板

图像【属性】面板中主要参数的作用如表 4-2 所示。

表 4-2 图像属性及作用

属 性	作 用
图像	主要用于显示图像缩略图、大小和图像在网页中唯一的标识
Src	用于显示图像的源文件地址
Class	用于图像在网页中所应用的 CSS 样式
宽和高	图像在水平方向（宽）和垂直方向（高）的尺寸
替换	用于指定在只显示文本的浏览器或已设置为手动下载图像的浏览器中代替图像显示的替换文本
标题	用于设置图片的提示信息，设置之后将鼠标停留在图片上将显示提示信息
链接	图像所应用的超链接 URL 地址

属 性		作 用
编辑 编辑	✏	调用相关的图像处理软件编辑图像（例如，PSD 使用 Photoshop，PNG 使用 Fireworks）
编辑图像设置	⚙	打开【图像优化】对话框，优化图像
从源文件更新	🖼	如使用的是 PSD 文档输出的图像文件，可将图像与源 PSD 关联，单击此按钮进行动态更新
裁剪	⛶	对图像进行裁剪操作，删除被裁剪掉的区域
重新取样	🖼	对已经调整大小的图像重新读取该图像信息
亮度和对比度	◑	在弹出的【亮度和对比度】对话框中，调整图像的亮度和对比度
锐化	△	在弹出的【锐化】对话框中，消除图像的模糊效果
地图 目标		指定链接的页应加载到的框架或窗口
指针热点工具	▶	选择图像上方的热点链接，并进行移动或其他操作
矩形热点工具	▢	在图像上方绘制一个矩形的热点链接区域
圆形热点工具	◎	在图像上方绘制一个圆形的热点链接区域
多边形热点工具	▽	在图像上方绘制一个多边形的热点链接区域
原始		如使用的是 PSD 文档输出的图像文件，此处将显示 PSD 文档的 URL 路径

4.5　编辑网页图像

为网页插入图像之后，还需要根据网页的设计需求，对图像进行一系列的更改和调整，以使图像适应网页的整体布局。

4.5.1　更改图像

原始图像添加到网页后，会由于尺寸过大或过小而影响整体布局，此时用户可通过裁剪图像和调整图像大小等方法，来更改图像。

1．调整图像大小

网页中所添加的图像一般会以原始大小进行显示，此时用户可以在【属性】面板中，通过调整【宽】和【高】属性值，来调整图像的大小，如图 4-30 所示。

图 4-30　设置图像大小

另外，用户还可以将鼠标移至图像四周的控制点上，通过拖动鼠标的方法来调整图像的大小。例如，将鼠标移至图像右下角的控制点上，拖动鼠标即可等比例调整图像的大小，如图 4-31 所示。

2. 裁剪图像

裁剪图像是删除图像中多余的部分，在【属性】面板中单击【裁剪】按钮，此时系统将自动弹出提示框，提示用户是否进行裁剪操作，单击【确定】按钮，如图 4-32 所示。

图 4-31 拖曳图像

此时，在图像中将出现一个裁剪区域，拖动裁剪区域四周的控制点，即可调整裁剪区域。调整完毕之后，双击鼠标或按下 Enter 键，完成裁剪操作，如图 4-33 所示。

图 4-32 裁剪图像

图 4-33 完成裁剪

4.5.2 调整图像

调整图像是根据设计需求，调整图像的亮度、对比度、清晰度，以及优化图像和重新取样等操作，以保证图像的最佳品质。

1. 优化图像

优化图像是通过调整图像的格式和品质等属性，来达到美化图片和提升网页加载速度的目的。选择图像，在【属性】面板中单击【编辑图像设置】按钮，在弹出的【图像优化】对话框中单击【预置】下拉按钮，选择一种预置选项，使用预置优化设置，如图 4-34 所示。

Dreamweaver 为用户提供了【用于照片的 PNG24（锐利细节）】、【用于照片的 JPEG

（连续色调）】、【徽标和文本的 PNG8】、【高清 JPEG 以实现最大兼容性】、【用于背景图像的 GIF（图案）】和【用于背景图像的 PNG32（渐变）】6 种预置样式，除了使用每种预置样式默认的设置之外，用户还可以自定义优化设置。

例如，使用【用于背景图像的 GIF（图案）】预置样式时，系统会自动显示默认的各属性设置，如图 4-35 所示。

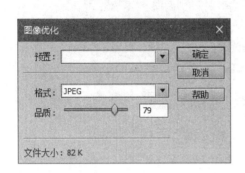

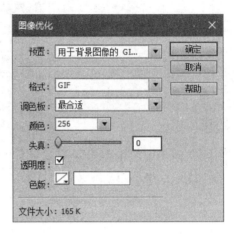

图 4-34　【图像优化】对话框

图 4-35　用于背景图像的 GIF

2．调整亮度和对比度

调整亮度和对比度主要用于修饰过暗或过亮的图像，该操作可以影响图像的高亮显示、阴影和中间色调。

选择图像，在【属性】面板中单击【亮度和对比度】按钮。在弹出的【亮度/对比度】对话框中，通过调整【亮度】和【对比度】参数值，来调整图片的过暗或过亮效果，如图 4-36 所示。

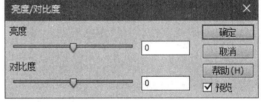

图 4-36　调整亮度/对比度

3．锐化图像

锐化图像是通过增加图像边缘像素的对比度，来达到增加图像清晰度或锐度的优化效果。

选择图像，在【属性】面板中单击【锐化】按钮。在弹出的【锐化】对话框中，通过设置【锐化】选项值，来增加图片的清晰度，如图 4-37 所示。

4．重新取样

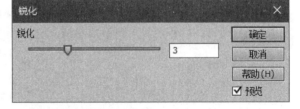

图 4-37　锐化图像

在 Dreamweaver 中调整图像大小时，用户可以对图像进行重新取样，以适应其新尺寸。但是，对位图对象进行重新取样时，会在图像中添加或删除像素，以使其变大或变小。

另外，对图像进行重新取样以取得更高的分辨率一般不会导致品质下降。但重新取样以取得较低的分辨率总会导致数据丢失，并且通常会使品质下降。

如用户想对图像重新取样，只需在【属性】编辑器中单击【重新取样】按钮即可，如图4-38所示。

图 4-38　重新取样

4.5.3　使用图像热点

图像地图指被分为多个区域（热点）的图像，而图像热点隶属于图像地图，可以实现"一图多链"的超链接特效。

图像热点只是在一幅图像中的某一部分区域内包含超链接信息，对于图像中其他未定义的区域不存在任何影响，一般用于导航栏制作和地图多点链接等。

1．绘制热点形状

Dreamweaver 为用户提供了矩形、圆形和多边形 3 种热点工具，在【属性】面板中选择一种热点工具，移动鼠标至图像上方，拖动鼠标即可绘制热点形状，如图4-39所示。

2．设置热点属性

绘制热点之后，在【属性】面板中将自动显示热点属性。此时，用户可在

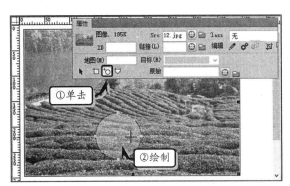

图 4-39　绘制热点形状

【链接】文本框中输入链接地址，例如输入 http://www.baidu.com 地址。然后，将【目标】选项设置为【_blank】，在【替换】文本框输入"百度搜索"。其各属性设置的含义表示单击图像中的热点，将会自动链接到"百度"网页中，进行相应的搜索操作，如图4-40所示。

最后，保存网页文档，按下 F12 键，系统将自动跳转到浏览网页中。在该网页中单击图像中的热点区域，系统将自动跳转到"百度"页面中，如图4-41所示。

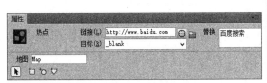

图 4-40　设置热点属性　　　　图 4-41　最终效果

4.6　课堂练习：制作诗歌目录页

在实际工作中，用户习惯在 Word 中制作各类目录。其实在 Dreamweaver 中也可以制作各类目录，并且可以通过不同的类别形式来表现它们，例如项目列表形式、编号列表形式等。在本练习中，将通过制作诗歌目录页，来详细介绍在 Dreamweaver 中快速制作目录的操作方法，如图 4-42 所示。

图 4-42　诗歌目录页

操作步骤：

1 新建空白文档，单击【属性】面板中的【页面属性】按钮，如图 4-43 所示。

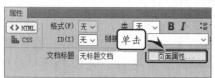

图 4-43　【属性】面板

2 在弹出的【页面属性】对话框中，单击【背景图像】选项右侧的【浏览】按钮，如图 4-44 所示。

图 4-44　【页面属性】对话框

3 在弹出的【选择图像源文件】对话框中，选择图像文件，单击【确定】按钮，如图 4-45 所示。

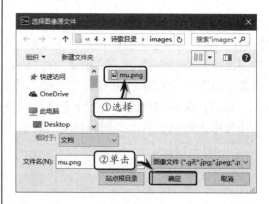

图 4-45　选择背景图像

4 在【页面属性】对话框中，将【重复】设置为 no-repeat，如图 4-46 所示。

5 激活左侧【标题/编码】选项卡，在【标题】文本框中输入页面标题，并单击【确定】按钮，如图 4-47 所示。

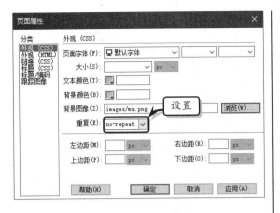

图 4-46 设置图片重复样式

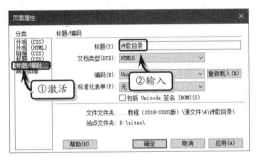

图 4-47 设置网页标题

6 在【设计】视图中输入标题文本，换行后单击【属性】面板中的【项目列表】按钮，如图 4-48 所示。

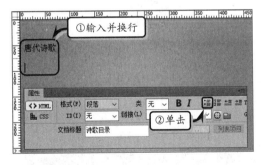

图 4-48 输入标题文本

7 在项目符号右侧输入相应的文本，换行后继续输入文本，以此类推输入所有的文本，如图 4-49 所示。

8 选择第 2~5 行中的"登黄鹤楼"诗歌文本，单击【属性】面板中的【文本缩进】按钮，如图 4-50 所示。

图 4-49 输入项目文本

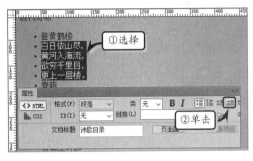

图 4-50 创建二级项目列表

9 选择二级项目列表，单击【属性】面板中的【列表编号】按钮，转换项目列表为编号列表，如图 4-51 所示。使用同样方法，创建其他二级编号列表。

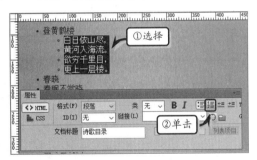

图 4-51 创建二级编号类别

10 选择标题文本，单击【属性】面板中的【格式】下拉列表，选择【标题 1】选项，如图 4-52 所示。

11 切换到【代码】视图中，在标题文本标签前面添加<blockquote> </blockquote>标签，设置缩进，如图 4-53 所示。使用同样方法，在<ul>标签前后添加该标签。

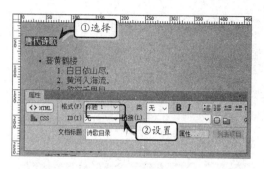

图 4-52 设置标题格式

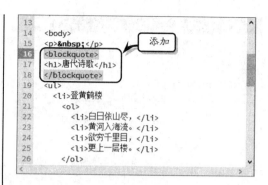

图 4-53 添加缩进标签

4.7 课堂练习：图像对齐与环绕

图像是网页中重要的多媒体元素之一，在 Dreamweaver 中不仅可以插入图像，而且还可以通过设置图像的对齐与环绕格式，来达到图文混排的效果，以帮助用户制作出更加生动、直观、丰富多彩的网页。在本练习中，将通过制作"月是故乡明"网页（如图 4-54 所示），来详细介绍图像对齐与环绕的操作方法和实用技巧。

图 4-54 图像对齐与环绕效果

操作步骤：

1 新建空白文档，在【属性】面板中设置文档标题，并单击【页面属性】按钮，如图 4-55 所示。

图 4-55 【属性】面板

2 在弹出的【页面属性】对话框中，将【背景颜色】设置为"#F7F0F0"，并单击【确定】

按钮，如图 4-56 所示。

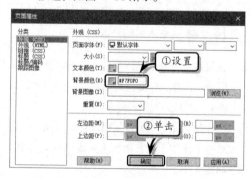

图 4-56 设置背景颜色

3 执行【插入】IDiv 命令，在【插入 Div】对话框中单击【新建 CSS 规则】按钮，如图 4-57 所示。

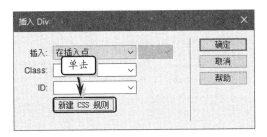

图 4-57 图 4-57 【插入 Div】对话框

4 在【新建 CSS 规则】对话框中，设置选择器名称，并单击【确定】按钮，如图 4-58 所示。

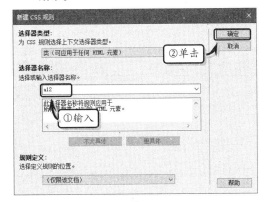

图 4-58 设置选择器名称

5 在弹出的对话框中，激活【方框】选项卡，将 Width 设置为"1200px"，并单击【确定】按钮，如图 4-59 所示。

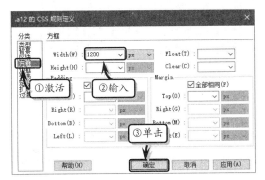

图 4-59 设置 Div 标签的宽度

6 将"月是故乡明"文本复制到 Div 中，使用

Ctrl+Shift+Space 组合键调整段落缩进，如图 4-60 所示。

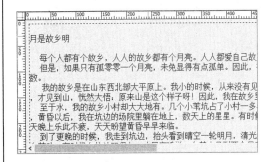

图 4-60 设置段落缩进

7 选择标题文本，单击【属性】面板中的【格式】下拉按钮，选择【标题 1】选项，如图 4-61 所示。

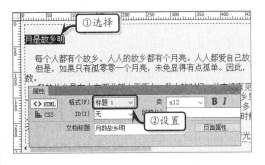

图 4-61 设置标题文本格式

8 在【属性】面板中的 CSS 选项卡中单击【居中对齐】按钮，对齐标题文本，如图 4-62 所示。

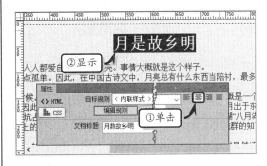

图 4-62 设置对齐格式

9 选择全部正文内容，在【属性】面板中的 CSS 选项卡中设置字体大小和颜色，如图 4-63 所示。

第 4 章 网页基础元素

103

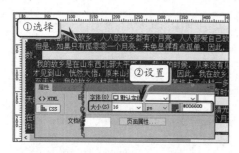

图 4-63 设置字体大小和颜色

10 将光标定位在文本中，执行【插入】Ⅱ【图像】命令，在弹出的对话框中选择图像文件，单击【确定】按钮，如图 4-64 所示。

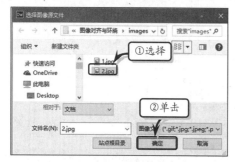

图 4-64 选择图像文件

11 调整图像大小和位置，右击图形执行【对齐】Ⅱ【左对齐】命令，此时文字将自动环绕图像，如图 4-65 所示。

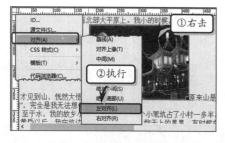

图 4-65 设置图像对齐方式

12 选择图像，切换到【代码】视图中，在图像标签中添加 hspace="3" vspace="3"标签，

将图像的垂直和水平边距分别设置为 3，如图 4-66 所示。

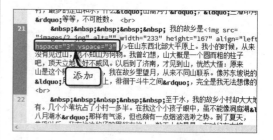

图 4-66 设置垂直和水平边距

13 在图像标签中继续添加 border="3"标签，为图像添加 3px 的边框，如图 4-67 所示。使用同样方法，插入并设置另外一张图像。

图 4-67 添加图像边框

14 选择所有的文本和图像，单击【属性】面板中的【缩进】按钮，缩进内容，如图 4-68 所示。

图 4-68 缩进内容

4.8 思考与练习

一、填空题

1. Dreamweaver CC 2015 提供了_____，

允许用户在复制了文本的情况下，选择性地粘贴文本中某一个部分。

2. 对于较多的文本内容，使用_____

可以清晰地体现出文本的逻辑关系，使文本更加美观，也更易于阅读。

3．在默认情况下，_____的每个列表项目之前都会带有一个圆点"•"作为项目符号。

4．项目列表是_____的，用户可以方便地将一个新的项目列表作为已有项目列表的_____，插入到网页文档中。

5．除了设置项目列表中文本的样式，Dreamweaver 还允许用户设置项目列表中_____本身的样式。

6．在 Dreamweaver 中，不仅可以插入一些普通的图像文件，还可以插入鼠标经过图像、_____等类型的图像。

7．在 Dreamweaver 中调整图像大小时，用户可以对图像进行_____，以适应其新尺寸。

二、选择题

1．设置水平线的宽度为_____，然后设置其高度为较大的值，可得到垂直线。

A．1

B．2

C．10

D．50

2．在默认状态下，编号列表的每个列表项目之前都会带有一个_____作为项目符号。

A．标签

B．数字

C．逗号

D．加点

3．编号列表在默认情况下只支持一种项目符号，即普通的_____。

A．英文

B．GB 2312

C．阿拉伯数字

D．小数点

4．定义列表是一种特殊的列表，其本身是为_____的词条解释提供一种固定的格式。

A．词典

B．书目

C．词语

D．目录

5．用户可以通过_____组合键，快速打开【选择图像源文件】对话框。

A．Ctrl+I

B．Ctrl+Alt+I

C．Alt+I

D．Ctrl+Shift+I

6．_____主要用于修饰过暗或过亮的图像，该操作可以影响图像的高亮显示、阴影和中间色调。

A．锐化图像

B．调整亮度和对比度

C．优化图像

D．重新取样

三、问答题

1．简单介绍设置段落样式的方法。

2．简单介绍插入特殊字符的方法。

3．如何使用图像热点？

4．如何调整图像的亮度和对比度？

四、上机练习

1．优化图像

在本练习中，将运用编辑图像功能，对网页中的图像进行优化，如图 4-69 所示。首先新建空白文档，执行【插入】|【图像】命令，插入一张图片。然后，选择图像，单击【属性】面板中的【亮度和对比度】按钮，在弹出的【亮度/对比度】对话框中，将【亮度】和【对比度】分别设置为"–15"和"24"。最后，单击【属性】面板中的【锐化】按钮，在弹出的【锐化】对话框中，将【锐化】设置为"10"，并单击【确定】按钮。

图 4-69　优化图像

2. 制作鼠标经过图像

在本练习中，将运用插入 Div 和图像等功能，制作一个鼠标经过图像效果，如图 4-70 所示。首先，新建空白文档，执行【插入】|Div 命令，在弹出的【插入 Div】对话框中，将 ID 设置为 box，并单击【新建 CSS 规则】按钮，创建 CSS 规则以设置标签的大小，其 CSS 规则代码如下所述：

```
#box {
    height: 640px;
    width: 1137px;
}
```

然后，删除 Div 标签内的文本，执行【插入】|【图像】|【鼠标经过图像】命令，在弹出的【插入鼠标经过图像】对话框中，设置【原始图像】和【鼠标经过图像】选项，单击【确定】按钮即可。最后，执行【文件】|【保存】命令，保存网页，并按下 F12 键在网页中查看最终效果。

图 4-70 鼠标经过图像

第 5 章

网页链接和多媒体

在网页中，链接可以帮助用户从一个页面跳转到另一个页面，也可以帮助用户跳转到当前页面指定的标记位置。可以说，链接是连接网站中所有内容的桥梁，是网页最重要的组成部分。

同样，在网页中适当地添加一些多媒体元素，可以给浏览者的听觉或视觉带来强烈的震撼，从而能够留下深刻的印象。在网页中可以插入的多媒体元素有很多种，如网页中的背景音乐或 MTV 等。

在本章中，主要介绍如何创建链接、插入多媒体元素以及各种多媒体及链接的应用，使读者能够更好地理解链接及多媒体的应用，方便用户创建自己的媒体网页。

本章学习内容：

➢ 创建文本与图像链接
➢ 创建其他链接
➢ 插入 Flash
➢ 插入 HTML5 媒体
➢ 插入其他媒体对象

5.1 创建文本与图像链接

链接是指从一个网页指向一个目标的连接关系，这个目标可以是网页，也可以是网页中的不同位置，还可以是图片、文件、多媒体、电子邮件地址等。而在一个网页中用来链接的对象，可以是一段文本或者一个图片。这些文字或者图片称为热点，跳转到的目标称为链接目标，热点与链接目标相联系的就是链接路径。

文本链接是通过某段文本指向一个目标的连接关系，适用于为某段文本添加注释或评论的设计。

1. 文本链接类型

在创建的文本链接中，包含下列 4 种状态：

❑ **普通** 在打开的网页中，超链接为最基本的状态，即默认显示为蓝色带下画线。

❑ **鼠标滑过** 当鼠标滑过超链接文本时的状态。虽然多数浏览器不会为鼠标滑过的超链接添加样式，但用户可以对其进行修改，使之变为新的样式。

❑ **鼠标单击** 当鼠标在超链接文本上按下时，超链接文本的状态，即为无下画线的橙色。

❑ **已访问** 当鼠标已单击访问过超链接，且在浏览器的历史记录中可找到访问记录时的状态，即为紫红色带下画线。

2. 链接文本

在网页中选择文本，在【插入】面板中的 HTML 类别中，单击 Hyperlink 按钮，或者执行【插入】|Hyperlink 命令。在弹出的 Hyperlink 对话框中，设置【链接】、【目标】、【标题】等选项，单击【确定】按钮即可，如图 5-1 所示。

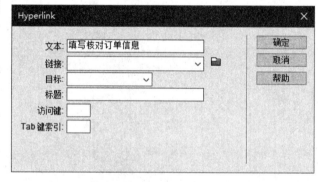

图 5-1 设置链接选项

在 Hyperlink 对话框中，主要包括下列 6 种选项：

❑ **文本** 显示在设置超链接时选择的文本，表示即将进行超链接的文本内容。

❑ **链接** 用于设置链接的文本路径，可通过单击【浏览】按钮选择链接文本。

❑ **目标** 用于设置链接到的目标框架，其中，【_blank】表示将链接文件载入到新的未命名浏览器中，【_parent】表示将链接文件载入到父框架集或包含该链接的框架窗口中，【_self】表示将链接文件作为链接载入同一框架或窗口中，【_top】表示将链接文件载入到整个浏览器窗口并删除所有框架。

❑ **标题** 用于设置鼠标经过链接文本所显示的文字信息。

❑ **访问键** 在其中设置键盘快捷键以便在浏览器中选择该超级链接。

❑ **Tab 键索引** 用于设置 Tab 键顺序的编号。

在为文本添加超级链接后，用户还可在【属性】面板中，选择 HTML 选项卡 <> HTML 。然后，在【链接】右侧的输入文本框中输入超级链接的地址或修改超级链接，以及设置【标题】和【目标】等属性。

5.1.2 创建图像链接

图像链接是通过某个图像指向一个目标的连接关系。在网页中选择图像，在【属性】面板中，单击【链接】选项右侧的【浏览文件】按钮，如图 5-2 所示。

然后，在弹出的【选择文件】对话框中，选择要链接的图像文件，并单击【确定】按钮，如图 5-3 所示。

 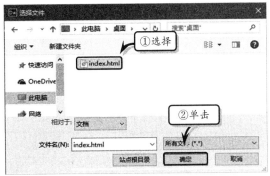

图 5-2 选择图像　　　　　　图 5-3 选择链接页面

在为图像添加超级链接后，保存文档并按 F12 快捷键打开 IE 窗口，当鼠标指向链接图像并且单击后，在新窗口中会打开所链接的文件。

5.1.3 创建其他链接

在 Dreamweaver 中，除了可以创建文本和图像链接之外，还可以创建电子邮件、脚本、锚记等链接。

1. 创建电子邮件链接

电子邮件链接是网页中必不可少的链接对象，以方便收集网友对该网站的建议或意见，它可以以文本和图像等对象进行创建。

在【属性】面板中的【链接】文本框中输入 E-mail 地址，其输入格式为 mailto:name@server.com。其中，name@server.com 替换为要填写的 E-mail 地址。例如，为图形添加电子邮件链接时，则需要选择图像，然后在【链接】文本框中输入邮件地址即可，如图 5-4 所示。

2. 创建脚本链接

脚本链接即执行 JavaScript 代码或调用 JavaScript 函数。首先，在网页中选择链接对象。然后，在【属性】面板的【链接】文本框中输入"javascript:"内容，其后跟 JavaScript 代码或一个函数调用，如图 5-5 所示。

图 5-4　创建电子邮件链接 　　　　　图 5-5　输入链接脚本

创建脚本链接之后，在【代码】视图中将会显示新创建的脚本链接代码，如图 5-6 所示。

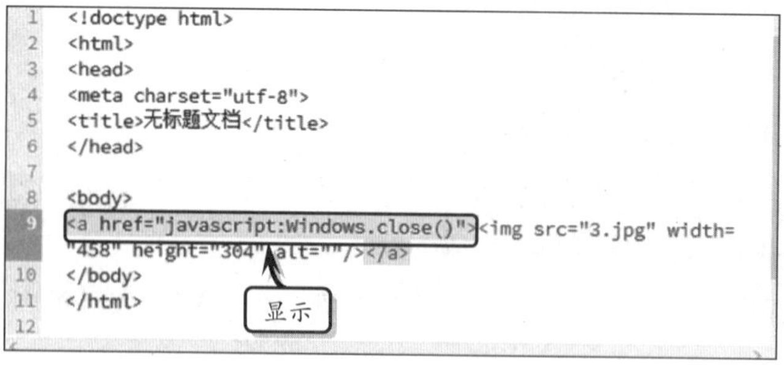

```
1   <!doctype html>
2   <html>
3   <head>
4   <meta charset="utf-8">
5   <title>无标题文档</title>
6   </head>
7
8   <body>
9   <a href="javascript:Windows.close()"><img src="3.jpg" width=
    "458" height="384" alt=""/></a>
10  </body>
11  </html>
12
```

显示

图 5-6　脚本链接代码

3．创建空链接

空链接是未指派的链接，用于向页面上的对象或文本附加行为。例如，可向空链接附加一个行为，以便在指针滑过该链接时会交换图像或显示绝对定位的元素（AP 元素）。

在网页中选择链接对象，在【属性】面板中的【链接】文本框中，输入"#"（井号）即可，如图 5-7 所示。

另外，用户也可以在【链接】文本框中，输入"javascript:;"（javascript 后面依次接一个冒号和一个分号），如图 5-8 所示。

图 5-7　创建#空链接

图 5-8 创建脚本空链接

4．创建锚记链接

锚记链接是指同一个页面中不同位置处的链接。例如，在网页标题列表中设置一个锚点，并在网页的该标题相对应的位置设置一个锚点链接，从而形成一个锚记链接状态，以方便用户通过链接快速跳转到所需浏览的位置。

首先，需要为跳转到的浏览位置处添加锚点。在网页中将光标定位在所需添加锚点的位置，切换到【代码】视图中，在光标处输入<a>标签，并在标签中添加 id 属性设置，例如 "<a name="锚点" id="锚点"></a>" 锚点代码，如图 5-9 所示。

此时，返回到【设计】视图中，将会发现在光标处插入了一个锚记标识。在网页中选择需要链接到锚记的对象，并在【属性】面板中的【链接】文本框中输入符号#和锚记名称，创建锚记链接，如图 5-10 所示。

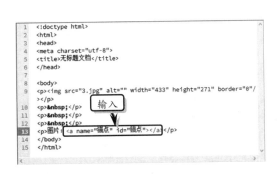

图 5-9 输入锚点代码

图 5-10 设置链接

5.1.4 编辑链接

为保证整个网站的运行，在创建网页链接之后，除了通过检查链接状态来检查断掉的链接之外，还需要通过测试链接、更改链接和设置新链接的相对路径等方法，来更正和测试网站中的链接。

1．检查链接状态

当用户为网页创建链接之后，可通过"链接检查器"功能，来检查网页中的链接状态。首先，执行【窗口】|【结果】|【链接检查器】命令，在弹出的【链接检查器】面板中查看链接状态，如图 5-11 所示。

在面板中的【显示】选项中，包括【断掉的链接】、【外部的链接】和【孤立的文件】3 种检查类型，用于查找断掉、外部和孤立的链接。

除此之外，用户还可以通过单击左侧的【检查链接】按钮，在展开的菜单中选择所需执行的检查方式，包括【检查当前文档中的链接】、【检查整个当前本地站点的链接】和【检查站点中所选文件的链接】3 种状态，如图 5-12 所示。

图 5-11 【链接检查器】面板　　　　图 5-12 检查整个当前本地站点的链接

当用户选择【检查整个当前本地站点的链接】选项时，Dreamweaver 将自动检查本地站点的所有链接，并在【链接检查器】面板中显示检查结果，包括总链接、正确、断掉和外部链接等检查结果，如图 5-13 所示。

图 5-13 显示检查结果

当用户需要修改断掉的无效链接，可以在【链接检查器】面板中，单击链接地址，对其进行修改即可，如图 5-14 所示。

图 5-14 修改链接

2．更改所有链接

在 Dreamweaver 中，当用户不小心删除某个文件所链接到的文件时，则需要对该链接进行更改，以杜绝发送断掉的链接现象。但是，对于大型的网站来讲，在查找并更改众多链接中的某个链接时，会比较费时费力；此时，用户可通过更改整个站点范围内的链接方法，来解决上述文件。

选择所需更改站点内的某个文件，执行【站点】|【改变站点范围内的链接】命令，在弹出的【更改整个站点链接（站点-化妆品网页）】对话框中，设置相应选项即可，如

图 5-15 所示。

在该对话框中，主要包括下列两种选项：

图 5-15 更改链接

❑ **更改所有的链接** 单击该选项后的【浏览文件】按钮，在弹出的对话框中选择所需修改的目标文件即可。当用户所需更改的链接为电子邮件链接、FTP链接、空链接或脚本链接时，则需要在文本框中直接输入所要更改的链接的完整文本。

❑ **变成新链接** 单击该选项后的【浏览文件】按钮，在弹出的对话框中选择所需修改的替换文件即可。当用户所需更改的链接为电子邮件链接、FTP 链接、空链接或脚本链接时，则需要在文本框中直接输入所要替换的链接的完整文本。

提 示

在用户对整个站点范围内的链接进行更改之后，其所选文件将变成孤立文件（即本地硬盘上没有任何文件指向该文件），此时用户可安全地删除该文件，而不会破坏本地站点中的任何链接。

3. 设置链接的相对路径

默认情况下，Dreamweaver 是使用相对路径来创建指向站点中其他页面的链接。此时，如果要更改站点根目录中的相对路径，必须通过重新定义本地文件夹来充当服务器上文档根目录的等效目录，以确定文件站点根目录中的相对路径。

首先，执行【站点】|【管理站点】命令，在弹出的【管理站点】对话框中，双击【您的站点】列表框中的站点名称，如图 5-16 所示。

然后，在弹出的【站点设置对象 站点 2】对话框中，选择【高级设置】栏中的【本地信息】选项卡。在【链接相对于】栏中选中【文档】或【站点根目录】选项，设置新链接的相对路径即可，如图 5-17 所示。

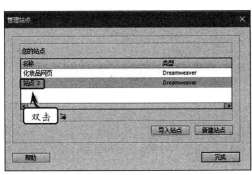

图 5-16 选择站点

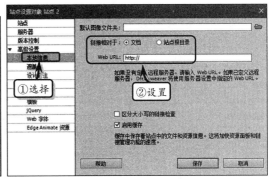

图 5-17 设置链接的相对路径

使用本地浏览器预览文档时，除非指定了测试服务器，或在【首选项】对话框中的【在浏览器中预览】选项卡中，启用【使用临时文件预览】复选框；否则文件中站点根目录相对路径链接的内容将不会被显示。

5.2　插入 Flash

　　Flash 是由 Adobe 公司推出的交互式矢量图和 Web 动画的标准，利用它可以创作出既漂亮又可以改变尺寸的导航界面及其他奇特的效果，是目前网络上最流行、最实用的动画格式。

5.2.1　插入 Flash 动画

　　Flash 动画属于 SWF 格式的文件，用户可以在网页中直接插入，并通过该【属性】面板来设置 Flash 动画的各项属性。

1．插入普通 Flash 动画

　　在网页中选择插入位置，执行【插入】|HTML|Flash SWF 命令；或者在【插入】面板中，选择 HTML 类别，单击 Flash SWF 按钮，如图 5-18 所示。

　　然后，在弹出的【选择 SWF】对话框中，选择 SWF 文件，并单击【确定】按钮，如图 5-19 所示。

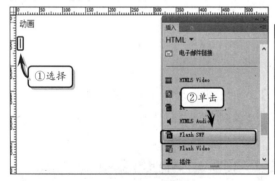

图 5-18　选择插入位置

图 5-19　选择插入文件

　　此时，系统会自动弹出【对象标签辅助功能属性】对话框，设置相应选项，单击【确定】按钮即可。另外，用户也可以直接单击【取消】按钮，插入 Flash SWF 文件，如图 5-20 所示。

2．设置 Flash SWF 文件属性

　　选择插入的 Flash SWF 文件，可在【属性】面板中设置 Flash SWF 的相关属性，如图 5-21

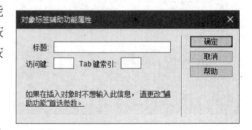

图 5-20　设置功能属性

所示。

图 5-21 设置属性

其中，【属性】面板中的各选项的具体含义，如表 5-1 所示。

表 5-1 Flash SWF 属性选项

选 项		含 义
ID		为 SWF 文件指定唯一的 ID
宽和高		以像素为单位指定影片的宽度和高度
文件		指定 SWF 文件的路径，单击文件夹图标可以浏览指定文件
FL 编辑		单击该按钮，可以在弹出的 Flash 软件中编辑影视文件
背景颜色		指定影片区域的背景颜色
编辑		启动 Flash 以更新 FLV 文件，如果没有安装 Flash，则此按钮被禁用
Class		用于对影片应用的 CSS 类
循环		启用该复选框，可使影片连续播放
自动播放		启用该复选框，在加载页面时将自动播放影片
垂直/水平边距		指定影片上、下、左、右空白的像素数
品质	低品质	自动以最低品质播放 Flash 动画以节省资源
	自动低品质	检测用户计算机，尽量以较低品质播放 Flash 动画以节省资源
	自动高品质	检测用户计算机，尽量以较高品质播放 Flash 动画以节省资源
	高品质	自动以最高品质播放 Flash 动画
比例	默认	显示整个 Flash 动画
	无边框	使影片适合设定的尺寸，因此无边框显示并维持原始的纵横比
	严格匹配	对影片进行缩放以适合设定的尺寸，而不管纵横比例如何
Wmode	窗口	默认方式显示 Flash 动画，定义 Flash 动画在 DHTML 内容上方
	不透明	定义 Flash 动画不透明显示，并位于 DHTML 元素下方
	透明	定义 Flash 动画透明显示，并位于 DHTML 元素上方
对齐		设置影片在页面中的对齐方式
参数		定义传递给 Flash 影片的各种参数

3. 设置透明动画

如果 Flash 动画没有背景图像，则可以在【属性】面板中的【参数】选项将其设置为透明动画。

首先，插入一个不包含背景的 Flash 动画，保存文档。在 IE 浏览器中浏览 Flash 动画。此时，用户会发现该动画为黑色背景，并且覆盖了背景图像，如图 5-22 所示。

然后，在 Dreamweaver 文档中，选中该 Flash 动画，将 Wmode 选项设置为【透明】，如图 5-23 所示。

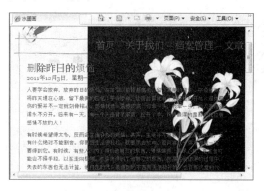

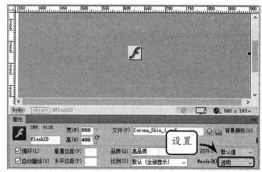

图 5-22 插入 Flash 动画

图 5-23 设置 Wmode 选项

设置完成后，再次保存该文档。并通过 IE 浏览器浏览网页中的动画效果。此时，可以发现 Flash 动画的黑色背景被隐藏，网页背景图像完全显示，如图 5-24 所示。

5.2.2 插入 Flash 视频

FLV 是一种新的视频格式，全称为 Flash Video。用户可以向网页中轻松添加 FLV 视频，而无须使用 Flash 创作工具。

1. 累进式下载视频

累进式下载视频是将 FLV 文件下载到站点访问者的硬盘上，然后进行播放。但是，累进式下载视频方法运行允许在视频下载完成之前就开始播放视频。

选择插入视频位置，执行【插入】|HTML|Flash Video 命令，在弹出的【插入 FLV】对话框中，单击【浏览】按钮，如图 5-25 所示。

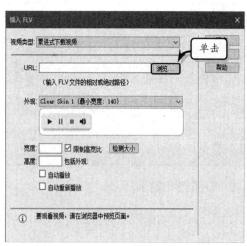

图 5-24 最终效果

图 5-25 【插入 FLV】对话框

其中，在【插入 FLV】对话框中，各选项的具体含义如表 5-2 所示。

网页设计与网站组建标准教程（2018—2020 版）

表 5-2 插入 FLV 选项及含义

选　项	含　义
视频类型	用于设置视频类型，包括【累进式下载视频】和【流视频】两种类型
URL	用于指定 FLV 文件的相对路径或绝对路径
外观	用于指定视频组件的外观，可通过单击其下拉按钮，在下拉列表中选择外观样式
宽度和高度	以像素为单位指定 FLV 文件的宽度和高度
限制高宽比	启用该复选框，可保持视频组件高度和宽度之间的比例不变
检测大小	用于确定 FLV 文件的准确宽度和高度
自动播放	启用该复选框，可以在页面打开时自动播放 FLV 文件
自动重新播放	启用该复选框，可以重复播放 FLV 视频

然后，在弹出的【选择 FLV】对话框中，选择所需插入的 FLV 文件，单击【确定】按钮，如图 5-26 所示。

最后，在【插入 FLV】对话框中，单击【确定】按钮，文档中将会出现一个带有 Flash Video 图标的灰色方框，如图 5-27 所示。

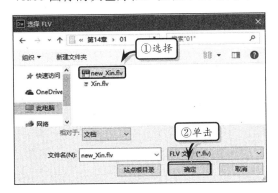

图 5-26 选择插入文件　　　　　　　图 5-27 插入 FLV

此时，用户可以在【属性】面板中，设置 FLV 文件的尺寸、文件 URL 地址、外观等属性，如图 5-28 所示。

保存该文档并预览效果，可以发现当鼠标经过该视频时，将显示播放控制条；反之，离开该视频，则隐藏播放控制条，如图 5-29 所示。

图 5-28 设置属性　　　　　　　图 5-29 最终效果

提　示

与常规 Flash 文件一样，在插入 FLV 文件时，Dreamweaver 将插入检测用户是否拥有可查看视频的正确 Flash Player 版本的代码。如果用户没有正确的版本，则页面将显示替代内容，提示用户下载最新版本的 Flash Player。

2．流视频

流视频是对视频内容进行流式处理，并经一段可确保流畅播放的很短缓冲时间后在网页上播放该内容。

选择插入视频位置，执行【插入】|HTML|Flash Video 命令，在弹出的【插入 FLV】对话框中，将【视频类型】选项设置为【流视频】，并设置有关流视频的相关选项，单击【确定】按钮，如图 5-30 所示。

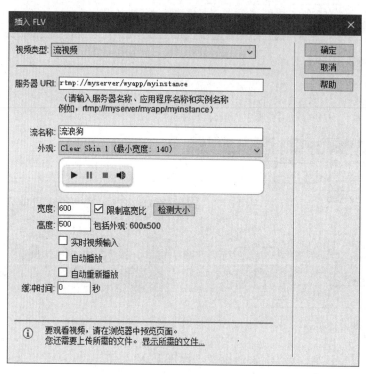

图 5-30 【插入 FLV】对话框

其中，有关【流视频】类型的各选项的具体含义，如表 5-3 所示。

表 5-3 【流视频】类型的各选项

选项名称	作　用
服务器 URI	指定服务器名称、应用程序名称和实例名称
流名称	指定想要播放的 FLV 文件的名称。扩展名为 ".flv" 是可选的
外观	指定视频组件的外观。所选外观的预览会显示在【外观】弹出菜单的下方
宽度	以像素为单位指定 FLV 文件的宽度
高度	以像素为单位指定 FLV 文件的高度
限制高宽比	保持视频组件的高度和宽度之间的比例不变。默认情况下会选择此选项
实时视频输入	指定视频内容是否是实时的，启用该复选框后组件的外观上只会显示音量控件，用户无法操纵实时视频
自动播放	指定在 Web 页面打开时是否播放视频
自动重新播放	指定播放控件在视频播放完之后是否返回起始位置
缓冲时间	指定在视频开始播放之前进行缓冲处理所需的时间（以秒为单位）

设置完成后，文档中同样会出现一个带有 Flash Video 图标的灰色方框。此时，用户还可以在【属性】面板中，重新设置 FLV 视频的尺寸、服务器 URI、外观等属性。

5.3 插入 HTML5 媒体

新版的 Dreamweaver 除了可以插入 Flash 动画和视频之外，还可以插入 HTML5 媒体，包括 HTML5 音频和 HTML5 视频两种类型的媒体。

5.3.1 插入 HTML5 音频

HTML5 音频元素提供一种将音频内容嵌入到网页中的标准方式。在网页中选择音频放置位置，单击【插入】面板中的 HTML5 Audio 按钮，音频会自动插入到指定位置，并以图标的形式进行显示，同时在【代码】视图中将显示有关音频的 HTML 代码，如图 5-31 所示。

插入 HTML5 音频之后，在网页中只显示了音频图标。此时，用户还需要在【属性】面板中单击【源】按钮右侧的【浏览】按钮。在弹出的【选择音频】对话框中，选择音频文件，单击【确定】按钮即可，如图 5-32 所示。

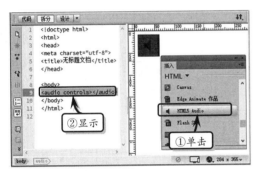
图 5-31 插入 HTML5 音频

图 5-32 选择音频文件

除了设置【源】选项之外，用户还可以在【属性】面板中设置其他属性选项，如图 5-33 所示。

图 5-33 设置属性

其中，在【属性】面板中，除了【源】、【Alt 源 1】和【Alt 源 2】选项之外，还包括下列几种选项：

❏ **Title**（标题）　用于设置音频文件的标题。
❏ **回退文本**　用于设置在不支持 HTML5 浏览器中所显示的文本。

- ❑ **Controls**（控件） 启用该复选框，可以在 HTML 页面中显示音频控件。
- ❑ **Loop**（循环音频） 启用该复选框，可以连续播放音频。
- ❑ **Autoplay**（自动播放） 启用该复选框，在加载网页时便自动播放音频。
- ❑ **Muted**（静音） 启用该复选框，表示下载音频之后该音频为静音状态。
- ❑ **Preload**（预加载） 用于设置下载时音频的加载内容，选择 auto（自动）选项，表示在页面下载时加载整个音频文件；选择 metadata（元数据）选项，表示在页面下载完成之后仅下载元数据。

图 5-34 最终效果

设置各属性选项并保存网页后，按下 F12 键即可在浏览器中预览音频效果，如图 5-34 所示。

5.3.2 插入 HTML5 视频

HTML5 视频元素提供一种将电影或视频嵌入网页中的标准方式。在网页中选择视频放置位置，单击【插入】面板中的 HTML5 Video 按钮，视频会自动插入到指定位置，并以图标的形式进行显示，同时在【代码】视图中将显示有关视频的 HTML 代码，如图 5-35 所示。

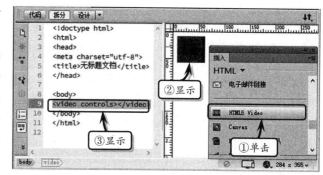

图 5-35 插入 HTML5 视频

插入 HTML5 视频之后，在网页中只显示了视频图标。此时，用户还需要在【属性】面板中设置各属性选项，如图 5-36 所示。

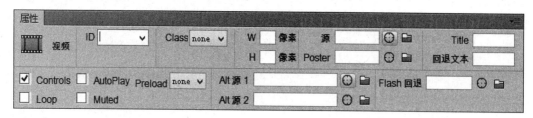

图 5-36 设置属性

其中，在【属性】面板中，除了通过【源】、【Alt 源 1】和【Alt 源 2】选项用于设置视频地址之外，还包括下列几种选项：

- ❑ **Title**（标题） 用于设置视频文件的标题。

网页设计与网站组建标准教程（2018—2020 版）

❑ **W**（宽度）和 **H**（高度）　以像素为单位设置视频的宽度和高度。

❑ **Poster**（海报）　用于设置视频完成下载后或单击【播放】按钮后所显示的图像的地址。

❑ **回退文本**　用于设置在不支持 HTML5 浏览器中所显示的文本。

❑ **Controls**（控件）　启用该复选框，可以在 HTML 页面中显示视频控件。

❑ **Loop**（循环视频）　启用该复选框，可以连续播放视频。

❑ **Autoplay**（自动播放）　启用该复选框，在加载网页时便自动播放视频。

❑ **Muted**（静音）　启用该复选框，表示下载视频之后该视频为静音状态。

❑ **Preload**（预加载）　用于设置下载时视频的加载内容，选择 auto（自动）选项，表示在页面下载时加载整个视频文件；选择 metadata（元数据）选项，表示在页面下载完成之后仅下载元数据。

❑ **Flash 回退**　用于设置对于不支持 HTML5 视频的浏览器所使用的 SWF 文件地址。

5.3.3　HTML5 媒体属性

当用户插入 HTML5 媒体后，会发现系统是使用 HTML5 中的<video>标签和<audio>标签来播放音频和视频文件。其中，<video>标签专门用来播放视频文件或电影，而<audio>标签专门用来播放音频文件。

在支持 HTML5 的浏览器中，使用<video>标签和<audio>标签播放音频视频文件，不需要安装插件，浏览器可以直接识别。

在 HTML5 中，使用<audio>标签与<video>标签播放音频视频文件，具有的属性大致相同，其详细介绍如下所述。

1. src 属性

src 属性主要用于设置音频视频文件的 URL 地址。

```
<!DOCTYPE HTML>
<html>
<head>
<meta charset="utf-8">
<title>src 属性应用</title>
</head>
<body>
<h5>src 属性应用</h5>
 <audio src="sky.ogg" controls></audio>
</body>
</html>
```

上述代码中，在<audio>标签中，使用 src 属性指定音频文件的 URL 地址，如图 5-37 所示。

2. preload 属性

preload 属性默认为只读，主要用于指定在浏览器中播放音频和视频文件时，是否对数据进行预加载。如果是的话，浏览器会预先对视频或音频文件进行缓冲，这样可以提高播放的速度。

preload 属性有 3 个可选值，包括 none、metadata 与 auto，默认值为 auto。none 表示不进行预加载。metadata 表示只预加载媒体的元数据（媒体字节数、第一帧、插入列表、持续时间等）。auto 表示加载全部视频或音频。

图 5-37 src 属性应用

使用方法如下：

```
< audio src="sky.ogg" preload="auto"></ audio >
```

3. poster 属性

poster 属性为<video>标签的独有属性，主要用于规定视频下载时所显示的图片，或者当视频不可用时，而向用户展示一幅代用视频下载的图片。使用方法如下：

```
<video src="sky.ogv" poster="tp1.jpg"></video>
```

4. autoplay 属性

该属性主要用于指定在页面中加载音频视频文件后，设置为自动播放。

```
<!DOCTYPE HTML>
<html>
<head>
<meta charset="utf-8">
<title>autoplay 属性应用</title>
</head>
<body>
<h5>autoplay 属性应用</h5>
 <audio src="sky.ogg" controls autoplay="true" ></audio>
</body>
</html>
```

在上述代码中，使用 autoplay 属性将 ogg 视频文件，设置为自动播放，如图 5-38 所示。

5. loop 属性

该属性主要用于设置是否循环播放视频或音频文件，使用方法如下：

```
< audio src="sky.ogg" autoplay loop>
</ audio >
```

图 5-38 autoplay 属性应用

网页设计与网站组建标准教程（2018—2020 版）

6. controls 属性

该属性主要用于设置是否为视频或音频文件添加浏览器自带的播放控制条。该控制条主要包括播放、暂停和音乐控制等功能。使用方法如下：

```
<audio src="sky.ogg" controls ></ audio >
```

7. width 和 height 属性

该属性主要用于设置视频的宽度和高度，以像素为单位，使用方法如下：

```
<video src="sky.ogv" width="300" height="200" ></video>
```

8. networkState 属性

默认属性为只读，当音频或视频文件在加载时，可以使用<video>标签或<audio>标签的 networkState 属性读取当前的网络状态。

9. error 属性

在播放音频和视频文件时，如果出现错误，error 属性将返回一个 MediaError 对象，该对象包含了错误状态。

```
<!DOCTYPE HTML>
<html>
<head>
<meta charset="utf-8">
<title>error 属性应用</title>
<script>
function err()
{
    var audio = document.getElementById("Audio1");
    audio.addEventListener("error",function(){
     switch (audio.error.code)
        {
        case MediaError.MEDIA_ERROR_ABORTED:
        aa.innerHTML="音频的下载过程被中止";
        break;
        case MediaError.MEDIA_ERROR_NETWORK:
        aa.innerHTML="网络发生故障，音频的下载过程被中止";
        break;
        case MediaError.MEDIA_ERROR_DECODE:
        aa.innerHTML="解码失败";
        break;
            case MediaError.MEDIA_ERROR_SRC_NOT_SUPPORTED:
        aa.innerHTML="不支持播放的视频格式";
```

```
        break;
    default:
        aa.innerHTML="发生未知错误";
    }
        },false);
    aa.innerHTML="error 属性未发现错误";
}
</script>
</head>
<body onload="err()">
<h5 id="aa"></h5>
 <audio id="Audio1" src="sky.ogg" controls></audio>
</body>
</html>
```

上述代码中，页面加载时，会触发 err()
事件。err()事件读取 ogg 视频文件，使用
error 属性返回错误信息。如果没有出现错
误，则显示"error 属性未发现错误"；否
则，显示相应的错误信息，如图 5-39 所示。

10. readyState 属性

可以使用<video>标签或<audio>标签
的 readyState 属性返回媒体当前播放位置
的就绪状态，共有 5 个可能值。

图 5-39 error 属性应用

11. currentSrc 属性

默认属性为只读，主要用于读取播放中的音频或视频文件的 URL 地址。

12. buffered 属性

该属性为只读，可以使用<video>标签或<audio>标签的 buffered 属性来返回一个对
象，该对象实现 TimeRanages 接口，以确认浏览器是否已缓冲媒体数据。

13. paused 属性

该属性主要用来返回一个布尔值，表示是否处于暂停播放中，true 表示音频或视频
文件暂停播放，false 表示音频或视频文件正在播放。

```
<!DOCTYPE HTML>
<html>
<head>
<meta charset="utf-8">
<title>paused 属性应用</title>
```

```
<script>
    function toggleSound() {
        var Audio1 = document.getElementById("Audio1");
        var btn = document.getElementById("btn");
        if (Audio1.paused) {
          Audio1.play();
          btn.innerHTML = "暂停";
        }
        else {
          Audio1.pause();
          btn.innerHTML ="播放";
        }
    }
</script>
</head>
<body>
<h5>paused 属性应用</h5>
 <audio id="Audio1" src="sky.ogg" controls></audio>
 <br/> <br/>
  <button id="btn" onclick="toggleSound()">播放</button>
</body>
</html>
```

通过浏览器，用户可以单击按钮来控制音频文件当前是播放状态，还是暂停状态，如图 5-40 所示。

5.3.4 HTML5 媒体方法

<video>标签与<audio>标签都具有以下 4 种方法。

图 5-40 paused 属性应用

1. play 方法

使用 play 方法用来播放音频或视频文件。在调用该方法后，paused 属性的值变为 false。

2. pause 方法

使用 pause 方法用来暂停播放音频或视频文件，在调用该方法后，paused 属性的值变为 true。

3. load 方法

使用 load 方法重新载入音频或视频文件，进行播放。这时，标签的 error 值设为 null，

playbackRate 属性值变为 defaultPlaybackRate 属性值。

4．canPlayType 方法

使用 canPlayType 方法来测试浏览器是否支持要播放音频或视频的文件类型，语法如下：

```
var support = videoElement.canPlayType(type);
```

videoElement 表示<video>标签或<audio>标签。方法中使用参数 type，来指定播放文件的 MIME 类型。

```
<!DOCTYPE HTML>
<html>
<head>
<meta charset="utf-8">
<title>视频播放</title>
<script>
var video;
function play()
{
    video = document.getElementById("video");
   video.play();
}
function pause()
 {
    video = document.getElementById("video");
    video.pause();
}
</script>
</head>
<body>
  <video id="video" autobuffer="true">
    <source src="4.ogv" type='video/ogg; codecs="theora, vorbis"'>
 </video>
 <p>
 <input name="play" type="button" onClick="play()" value="播放">
 <input name="pause" type="button" onClick="pause()" value="暂停">
</p>
</body>
</html>
```

在上述代码中，向网页中插入一段 ogv 视频，通过单击【播放】或【暂停】按钮实现视频的播放或暂停功能，如图 5-41 所示。

5.3.5　HTML5 媒体事件

在页面中，对视频或音频文件进行加载或播放时，会触发一系列事件。用户可以使用 JavaScript 脚本捕捉该事件并进行处理。事件的捕捉和处理主要使用<video>标签和<audio>标签的 addEventListener 方法对触发事件进行监听，语法如下：

图 5-41　多媒体方法应用

```
videoElement.addEventListener(type,
listener,useCapture);
```

上述代码中，videoElement 表示<video>标签和<audio>标签，type 表示事件名称，listener 表示绑定的函数，useCapture 表示事件的响应顺序，是一个布尔值。

在使用<video>标签与<audio>标签播放视频或音频文件时，触发的一系列事件介绍如表 5-4 所示。

表 5-4　媒体事件描述

名　称	描　述
Pause	播放暂停，当执行了 pause 方法时触发
Loadedmetadata	浏览器获取完毕媒体的时间长和字节数
Loadeddata	浏览器已加载完毕当前播放位置的媒体数据，准备播放
Waiting	播放过程由于得不到下一帧而暂停播放，但很快就能够得到下一帧
Abort	浏览器在下载完全部媒体数据之前中止获取媒体数据，但是并不是由错误引起的
Loadstart	浏览器开始在网上寻找媒体数据
Seeked	seeking 属性变为 false，浏览器停止请求数据
Timeupdate	当前播放位置被改变，可能是播放过程中的自然改变，也可能是被人为地改变，或由于播放不能连续而发生的跳变
Error	获取媒体数据过程中出错
Emptied	<video>标签和<audio>标签所在网络突然变为未初始化状态
Playing	正在播放
Canplay	浏览器能够播放媒体，但估计以当前播放速率不能直接将媒体播放完毕，播放期间需要缓冲
Durationchange	播放时长被改变
volumechange	volume 属性（音量）被改变或 muted 属性（静音状态）被改变
Canplaythrough	浏览器能够播放媒体，而且以当前播放速率能够直接将媒体播放完毕，不再需要进行缓冲
Seeking	seeking 属性变为 true，浏览器正在请求数据
Progress	浏览器正在获取媒体数据
Suspend	浏览器暂停获取媒体数据，但是下载过程并没有正常结束
Ended	播放结束后停止播放
Ratechange	defaultPlaybackRate 属性（默认播放速率）或 playbackRate 属性（当前播放速率）被改变
Loadstart	浏览器开始在网上寻找媒体数据
Stalled	浏览器尝试获取媒体数据失败
Play	即将开始播放，当执行了 play 方法时触发，或数据下载后标签被设为 autoplay（自动播放）属性

下面代码为页面添加视频播放和暂停的事件捕捉功能。

```
<!DOCTYPE HTML>
<html>
<head>
<meta charset="utf-8">
<title>捕捉事件</title>
<script>
var video;
function play() {
    video = document.getElementById("video");
    video.addEventListener("pause", function(){
        catchs = document.getElementById("catchs");
        catchs.innerHTML="捕捉到pause事件";
    }, false);
    video.addEventListener("play", function(){
        catchs = document.getElementById("catchs");
        catchs.innerHTML="捕捉到play事件";
    }, false);
    if(video.paused) {
        video.play();
    }
    else {
        video.pause();
    }
}
</script>
</head>
<body>
    <video id="video" autobuffer="true">
    <source src="4.ogv" type='video/ogg; codecs="theora, vorbis"'>
    </video>
    <input name="play" type="button" onClick="play()" value="播放">
    <span id="catchs"></span>
</body>
</html>
```

当用户单击【播放】按钮播放视频时，会自动捕捉事件，如图5-42所示。

5.4 课堂练习：制作散文页面

随着网络的飞速发展，互联网小说越来越流行。在阅览小说的时候，通常会发现页面比较长，往返比较麻烦。在本练习中，将通过添加锚记的方法，来解决页面过长的问题，如图5-43所示。

图 5-42 捕捉事件应用

网页设计与网站组建标准教程（2018—2020版）

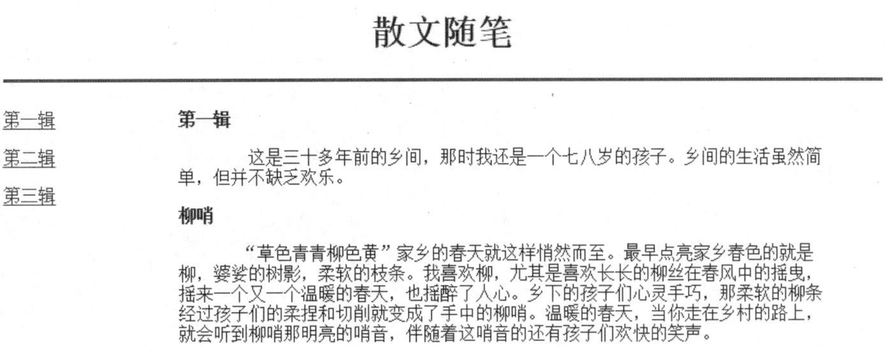

散文随笔
第一辑
第二辑
第三辑
第一辑
这是三十多年前的乡间，那时我还是一个七八岁的孩子。乡间的生活虽然简单，但并不缺乏欢乐。
柳哨
“草色青青柳色黄”家乡的春天就这样悄然而至。最早点亮家乡春色的就是柳，婆娑的树影，柔软的枝条。我喜欢柳，尤其是喜欢长长的柳丝在春风中的摇曳，摇来一个又一个温暖的春天，也摇醉了人心。乡下的孩子们心灵手巧，那柔软的柳条经过孩子们的柔捏和切削就变成了手中的柳哨。温暖的春天，当你走在乡村的路上，就会听到柳哨那明亮的哨音，伴随着这哨音的还有孩子们欢快的笑声。

图 5-43 散文页面

操作步骤：

1 新建空白文档，单击【属性】面板中的【页面属性】按钮，如图 5-44 所示。

属性
HTML
CSS
格式(F) 无
类 无
ID(I) 无
单击
文档标题 无标题文档
页面属性...

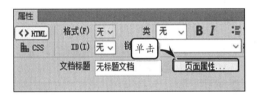

图 5-44 【属性】面板

2 在弹出的【页面属性】对话框中，将【背景颜色】设置为“#FFB”，并单击【确定】按钮，如图 5-45 所示。

页面属性
分类
外观（CSS）
外观（HTML）
链接（CSS）
标题（CSS）
标题/编码
跟踪图像
外观（CSS）
页面字体(F): 默认字体
大小(S):
文本颜色(T):
背景颜色(B): #FFB
背景图像(I):
浏览(W)...
重复(E):
①设置
②单击
左边距(M):
上边距(P):
下边距(O):
帮助(H)
确定
取消
应用(A)

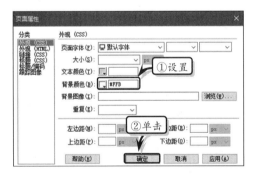

图 5-45 设置背景颜色

3 执行【插入】|【表格】命令，插入 4 行 2 列，宽度为“85%”的表格，如图 5-46 所示。

4 选择表格，在【属性】面板中将 Align 设置为【居中对齐】，如图 5-47 所示。

5 选择第 1 行中的两个单元格，单击【属性】面板中的【合并所选单元格】按钮，如图 5-48 所示。

Table
设置
行数: 4
列: 2
表格宽度: 85
百分比
边框粗细: 0
像素
单元格边距: 0
单元格间距: 0
标题
无
左
顶部
两者
辅助功能
标题:

图 5-46 插入表格

①选择
85% (484)
属性
表格
行(R) 4
CellPad 0
Cols 2
CellSpace
Align 居中对齐
②设置

图 5-47 设置表格的对齐格式

①选择
85% (476)
属性
HTML
CSS
格式(F) 无
类 无
链接(L)
②单击
行
宽(W)
不换行(O)
垂直(T) 默认
高(H)
标题(E)

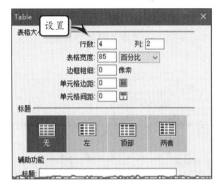

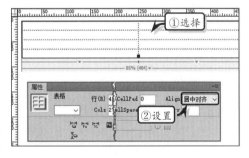

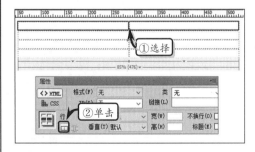

图 5-48 合并第 1 行 2 个单元格

6 在合并后的单元格中输入散文标题，并将【属性】面板中的【格式】选项设置为【标题1】，如图5-49所示。

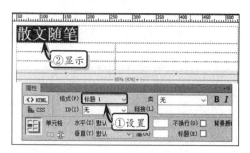

7 激活【属性】面板中的 CSS 选项卡，单击【居中对齐】按钮，居中对齐标题，如图5-50所示。

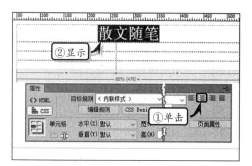

8 将光标定位在标题文本后，执行【插入】IHTMLI【水平线】命令，插入水平线，如图5-51所示。

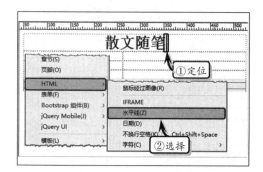

9 选择水平线，在【属性】面板中，将【宽】设置为"100%"，将【高】设置为"3"，如图5-52所示。

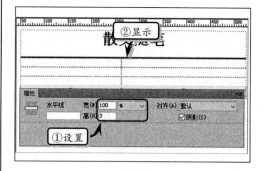

10 选择第2行第1列单元格，在【属性】面板中，将【宽】设置为"15%"，将【垂直】设置为【顶端】，并输入散文列表，如图5-53所示。

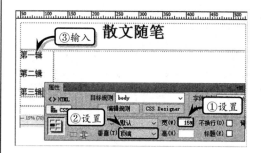

11 在第2行第2列中输入散文内容，并设置段落、加粗和缩进格式，如图5-54所示。

12 选择第3行中的2个单元格，单击【属性】面板中的【合并所选单元格】按钮，如图5-55所示。

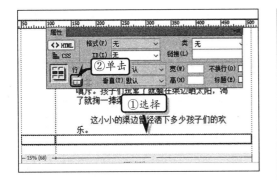

图 5-55 合并第 3 行 2 个单元格

13 在合并后的单元格中插入水平线,并将【宽】设置为 "100%",将【高】设置为 "3",如图 5-56 所示。

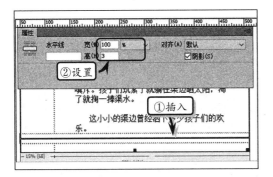

图 5-56 合并后的单元格中插入水平线

14 将光标定位在标题文本之前,切换到【代码】视图中,输入 <a name="title" id="title"></a> 代码,如图 5-57 所示。使用同样方法,添加其他锚记。

15 在第 4 行的第 2 列单元格中输入 "返回顶端" 文本,设置居中格式,并将【链接】设置为【# title】,如图 5-58 所示。使用同样方法,为散文列表设置链接。

图 5-57 设置锚记

图 5-58 设置链接

16 选择顶端的水平线,切换到【代码】视图中,在水平线标签中添加线条颜色的代码,如图 5-59 所示。使用同样方法,设置底端水平线的颜色。

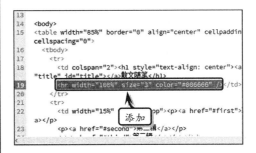

图 5-59 设置水平线颜色

5.5 课堂练习:制作销售网络页

随着互联网的逐步普及,销售网络在日常生活中发挥的作用也越来越大,以方便相关人员对销售区域或产品的查询。在本练习中,将运用表格、图像、绘制热点区域等功能来制作一个展示销售网络及各地经销商等信息的销售网络页,如图 5-60 所示。

各地零售商查询

总部地址：北京市昌平区罗河路　　客服电话：010-12345678　010-87654321
传真：010-1234678　010-87654321　　电子邮件：haohaizi_2010@126.com

图 5-60 销售网络页

操作步骤：

1　新建空白文档，在【属性】面板中，在【文档标题】文本框中输入"销售网络页"文本，并保存文档，如图 5-61 所示。

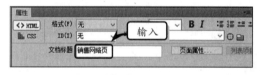

图 5-61 设置文档标题

2　切换到【代码】视图中，复制源文件中的 CSS 规则代码到标题代码下方，如图 5-62 所示。

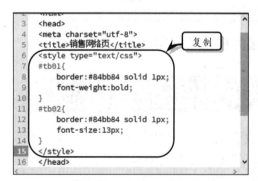

```
3    <head>
4    <meta charset="utf-8">
5    <title>销售网络页</title>
6    <style type="text/css">
7    #tb01{
8        border:#84bb84 solid 1px;
9        font-weight:bold;
10   }
11   #tb02{
12       border:#84bb84 solid 1px;
13       font-size:13px;
14   }
15   </style>
16   </head>
```

图 5-62 复制 CSS 规则代码

3　切换到【设计】视图中，执行【插入】|【表格】命令，插入 2 行 1 列，像素为 800 的表格，如图 5-63 所示。

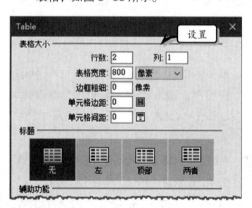

图 5-63 插入表格

4　在【属性】面板中，将表格的 ID 选择为 tbo1，将 Align 设置为【居中对齐】，如图 5-64 所示。

5　在第 1 行中输入文本，并在【属性】面板中，将【高】设置为"30"，将【背景颜色】设置为"#d9edda"，将【水平】设置为【居中对齐】，如图 5-65 所示。

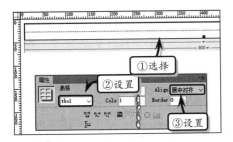

图 5-64 设置表格属性

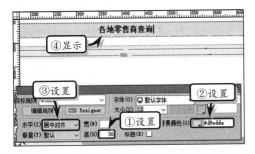

图 5-65 设置第 1 行单元格属性

6 选择第 2 行，将【高】设置为 "400"，将【背景颜色】设置为 "#eff7f0"，将【水平】设置为【居中对齐】，如图 5-66 所示。

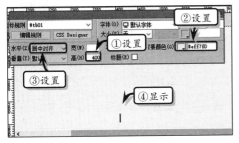

图 5-66 设置第 2 行单元格属性

7 执行【插入】|【图像】命令，在弹出的【选择图像源文件】对话框中，选择图像文件，单击【确定】按钮，如图 5-67 所示。

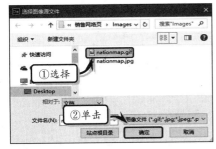

图 5-67 插入图像文件

8 选择图像，单击【属性】面板中的【多边形热点工具】按钮，在图像中绘制热点区域，如图 5-68 所示。

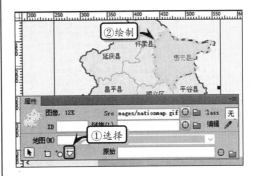

图 5-68 绘制热点区域

9 选择热点区域，在【属性】面板中，将【链接】设置为【#miyun】，将【目标】设置为【_blank】，如图 5-69 所示。

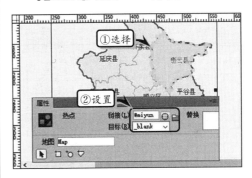

图 5-69 设置热点属性

10 执行【插入】|【表格】命令，插入 5 行 1 列，像素为 800 的表格，如图 5-70 所示。

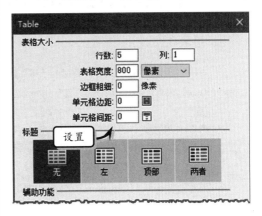

图 5-70 插入第 2 个表格

⑪ 在【属性】面板中，将表格的 ID 选择为 tb02，将 Align 设置为【居中对齐】，如图 5-71 所示。

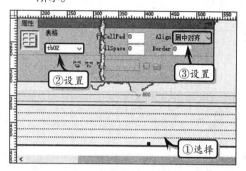

图 5-71 设置表格属性

⑫ 选择第 1 行，将【高度】设置为"25"，将【背景颜色】设置为"#d9edda"。如图 5-72 所示。使用同样方法，设置其他单元格的高度和背景颜色。

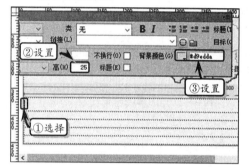

图 5-72 设置第 1 行单元格属性

⑬ 同时选择第 3 行和第 4 行，将【水平】设置为【居中对齐】，并输入相应的文本。如图 5-73 所示。

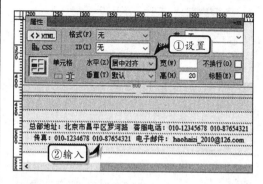

图 5-73 输入版尾文本

⑭ 选择电子邮箱地址，将【链接】设置为"mailto:haohaizi_2010@126.com"，如图 5-74 所示。

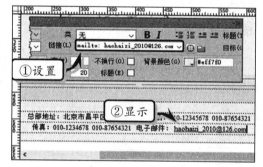

图 5-74 设置邮件链接

5.6 思考与练习

一、填空题

1. 如用户不设置【按下时，前往的 URL】选项，Dreamweaver 将自动将该选项设置为【_____】。

2. 图像地图指被分为多个区域（热点）的图像，而图像热点隶属于图像地图，可以实现【_____】的超链接特效。

3. 脚本链接即执行 JavaScript 代码或调用_____函数。

4. _____视频是将 FLV 文件下载到站点访问者的影片上，然后进行播放。

5. 当用户插入 HTML5 媒体后，_____标签专门用来播放视频文件或电影，而_____标签专门用来播放音频文件。

6. _____是对视频内容进行流式处理，并在一段可确保流畅播放的很短缓冲时间后在网页上播放该内容。

二、选择题

1. 在创建的文本链接中，包含普通、鼠标滑过、鼠标单击和_____4 种状态。

A．已访问

B．未访问

C．鼠标经过

D．鼠标双击

2．在为图像添加超级链接后，保存文档并按_____快捷键打开 IE 窗口。

A．F6

B．F12

C．Alt+F12

D．Ctrl+F12

3．_____是未指派的链接，用于向页面上的对象或文本附加行为。

A．脚本链接

B．空链接

C．锚记链接

D．以上都不对

4．_____属性默认为只读，主要用于指定在浏览器中播放音频和视频文件时，是否对数据进行预加载。

A．preload

B．src

C．poster

D．loop

5．<video>标签与<audio>标签都具有 play 方法、pause 方法、canPlayType 方法和_____。

A．load 方法

B．src 方法

C．loop 方法

D．poster 方法

6．在页面中，对视频或音频文件进行加载或播放时，会触发一系列事件，可以使用_____脚本捕捉该事件并进行处理。

A．C#

B．HTML

C．JavaScript

D．CSS

三、问答题

1．概述超级链接的作用。

2．简单介绍超链接的几种类型。

3．如何插入 Flash 动画？

4．如何使用图像热点？

四、上机练习

1．制作文件下载链接

在本练习中，将运用超链接功能，来制作一个视频文件下载链接，如图 5-75 所示。首先新建一个空白文档，插入一个 2 行 1 列的表格，设置表格属性。然后，在第 1 行中插入一个 Flash Video 文件，并设置播放方式和影片尺寸。然后，在第 2 行中插入一个提示下载文件的图片，选择图片，在【属性】面板中单击【链接】后面的【浏览文件】按钮，在弹出的对话框中选择下载文件即可。

图 5-75　文件下载链接

2．设置背景音乐

在本练习中，将运用插入媒体插件的方法，来设置网站的背景音乐，如图 5-76 所示。首先，新建网页文件，执行【插入】|【图像】|【图像】命令，插入一个图片，并设置图片大小。然后，执行【插入】|【媒体】|【插件】命令，插入一个 mp3 音乐文件。最后，单击【属性】面板中的【参数】按钮，在弹出的对话框中设置音乐元素的参数和值。

图 5-76　设置背景音乐

第 6 章

网页表单

网页除了提供给用户各种信息资源外，还承担有一项重要的功能，就是收集用户的信息，并根据用户的信息提供反馈。这种收集信息和反馈结果的过程就是网页的动态过程。常见的动态网页技术的种类繁多，包括 ASP、ASP.NET、PHP 和 JSP 等。这些动态网页技术，很多都会通过表单实现与用户的交互，获取或显示各种信息。

在本章中，将详细介绍在网页中应用表单元素的操作方法和基础知识，从而协助用户制作各类具有交互功能的网页。

本章学习内容：

➤ 添加表单
➤ 添加文本元素
➤ 添加网页元素
➤ 添加日期和时间元素
➤ 添加选择元素
➤ 添加按钮元素

6.1 添加表单

表单是实现网页互动的元素，通过与客户端或服务器端脚本程序的结合使用，可以实现互动性。表单有两个重要组成部分：一是描述表单的 HTML 源代码；二是用于处理表单域中输入的客户端脚本，如 ASP。

● 6.1.1 表单概述

当用户在 Web 浏览器中显示的 Web 表单中输入信息，然后单击提交按钮时，这些信息将被发送到服务器，服务器中的服务器端脚本或应用程序会对这些信息进行处理。服务器向用户（或客户端）发回所处理的信息或基于该表单内容执行某些其他操作，以此进行响应。

表单是一种特殊的网页容器标签。用户可以插入各种普通的网页标签，也可以插入各种表单交互组件，从而获取用户输入的文本，或者选择某些特殊项目等信息。

表单支持客户端/服务器关系中的客户端。用户在 Web 浏览器（客户端）的表单中输入信息后，单击【提交】按钮，这些信息将被发送到服务器。然后，服务器中的服务器端脚本或应用程序会对这些信息进行处理。

服务器向用户（或客户端）返回所请求的信息或基于该表单内容执行某些操作，以此进行响应，如图 6-1 所示。

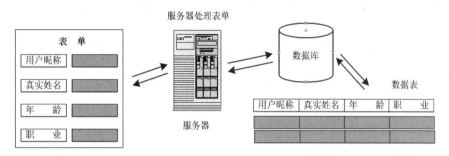

图 6-1　服务器示意图

表单可以与多种类型的编程语言进行结合，同时也可以与前台的脚本语言合作，通过脚本语言快速控制表单内容。在互联网中，很多网站都通过表单技术进行人机交互，包括各种注册网页、登录网页、搜索网页等，如图 6-2 所示。

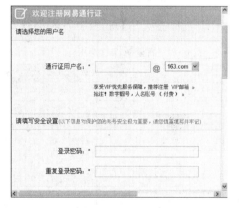

图 6-2　注册网页

6.1.2　插入表单

了解了表单的基础知识之后，用户便可以在网页中添加表单了，包括插入表单域、插入表单标签和插入域集等内容。

1. 插入表单域

通过表单可以实现网页互动，当然在制作网页时用户需要先添加一个表单域，将表单元素放置到该域，用于告诉浏览器这一块为表单内容等。网页中的所有表单元素必须存在于表单域中，否则将无法实现其作用。

图 6-3　插入表单

在网页中选择所需插入表单域的位置，在【插入】面板中的【表单】选项卡中，单击【表单】按钮，即可在指定位置插入一个红色的表单，如图 6-3 所示。

插入表单域之后，如果在【设计】视图中无法显示表单域，则可以通过执行【查看】|【可视化助理】|【不可见元素】命令，来显示表单域。

除了使用【插入】面板中的按钮来插入表单域之外，用户还可以通过编写代码，来插入表单域。即，在【代码】视图中，通过<form>标签插入表单内容，如图6-4所示。

插入表单域之后，选择表单域，可在【属性】面板中设置表单域的属性，如图6-5所示。

图 6-4 输入表单代码

图 6-5 【属性】面板

其中，【属性】面板中各表单域属性选项的具体含义，如表6-1所示。

表 6-1 表单属性及作用

属 性		作 用
ID		表单在网页中唯一的识别标志，只可在【属性】检查器中设置
Action（动作）		将表单数据进行发送，其值采用 URL 方式。在大多数情况下，该属性值是一个 HTTP 类型的 URL，指向位于服务器上的用于处理表单数据的脚本程序文件或 CGI 程序文件
Method（方法）	默认	使用浏览器默认的方式来处理表单数据
	POST	表示将表单内容作为消息正文数据发送给服务器
	GET	把表单值添加给 URL，并向服务器发送 GET 请求。因为 URL 被限定在 8192 个字符之内，所以不要对长表单使用 GET 方法
Target（目标）	_blank	定义在未命名的新窗口中打开处理结果
	_parent	定义在父框架的窗口中打开处理结果
	_self	定义在当前窗口中打开处理结果
	_top	定义将处理结果加载到整个浏览器窗口中，清除所有框架
Enctype（编码类型）		设置发送表单到服务器的媒体类型，它只在发送方法为 POST 时才有效。其默认值为 application/x-www-form-urlemoded；如果要创建文件上传域，应选择 multipart/form-data
Class（类）		定义表单及其中各种表单对象的样式
Accept Charset（编码）		用于选择当前提交内容的编码方式，如 UTF-8 或者 ISO-8856-1
Title（标题）		如当前没有内容显示，将该标题内容显示
No Validate（没有验证）		如果用户启动该选项，则当输入表单内容时不进行验证操作
Auto Complete（自动完成）		当用户启动该选项时，表单元素将对输入过的内容进行自动提示功能

表单的编码类型是体现表单中数据内容上传方式的重要标识。如用户设置表单的【方法】为默认的 GET 方法后，该编码类型的设置是无效的。而如用户设置表单的【方法】为 POST 方法后，则可以通过编码类型确定数据是上传到服务器数据库中，还是同时存储到服务器的磁盘中。

2. 插入表单标签

用户创建表单域之后，即可向表单域中添加表单元素。但是，在添加表单元素之前，用户需要先添加表单元素的名称，如在文本框之前显示"姓名"或者"用户名"，则表示该文本需要输入的内容。

在网页中选择所需插入表单标签的位置，在【插入】面板中的【表单】选项卡中，单击【标签】按钮。此时，将切换至【拆分】视图，在代码中将显示所添加的<label></label>标签，如图 6-6 所示。

在<label></label>标签之间，用户可以输入表单元素的名称，如输入"用户名："，如图 6-7 所示。

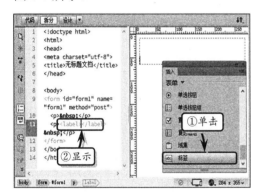

图 6-6　插入【标签】按钮　　　　图 6-7　输入文本

<label>标签为<input>标签定义标注（标记），它不会向用户呈现任何特殊效果。不过，它为鼠标用户改进了可用性。如果用户在<label>标签内单击文本，就会触发此控件。也就是说，当用户选择该标签时，浏览器会自动将焦点转到和标签相关的表单控件上。

提　示

在编写代码时，其<label>标签的 for 属性应当与表单元素的 id 属性相同。

3. 插入域集

当表单中所插入的内容比较多且没有规划好时，其整体会显得杂乱无章。此时，用户可以使用【域集】功能来解决上述问题。其中，【域集】主要功能是对表单元素中的内容进行分组，生成一组相关的表单元素。

在【插入】面板中的【表单】选项卡中单击【域集】按钮。然后，在弹出的【域集】对话框中输入标签名称，单击【确定】按钮即可，如图 6-8 所示。

此时，在表单中可以看到一个"基本信息"的边框，用户可在边框内添加基本信息的表单元素内容，如图 6-9 所示。

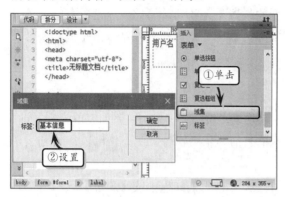

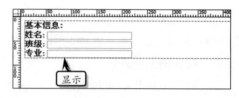

图 6-8 插入域集

图 6-9 最终效果

6.2 添加文本和网页元素

文本元素主要用来获取文本信息的表单元素，而网页元素则是用来显示登录密码、搜索对象、电子邮件等网页常用对象。

6.2.1 添加文本元素

在网页的表单中，最常见的即为文本域，通过文本域可以直接获取用户输入的各种文本信息。一般情况下，文本域可以分为单行文本域和文本区域等。

1. 添加单行文本域

在网页中选择所需插入单行文本域的位置，在【插入】面板中的【表单】选项卡中单击【文本】按钮。此时，在表单域中将显示所添加的文本域，且在文本域前面自动添加了标签内容，如图 6-10 所示。

选择文本域，根据设计需求更改前面的文本内容，同时可以在【属性】面板中设置文本域的属性，如图 6-11 所示。

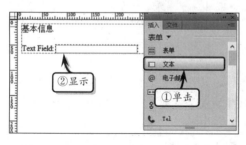

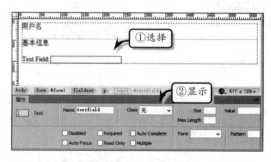

图 6-10 添加文本域

图 6-11 设置文本域属性

在文本域的【属性】面板中，主要包括表 6-2 中的一些选项。

表 6-2 属性选项及功能

名　　　称	功　　　能
Name（名称）	文本域名称是程序处理数据的依据，命名与文本域收集信息的内容相一致。文本域尽量使用英文名称
Max Length（最多字符数）	设置文本框内所能填写的最多字符数
Size（字符宽度）	设置此域的宽度有多少字符，默认为 24 个字符的长度
Value（初始值）	为默认状态下填写在单行文本框中的文字
Title（说明文字）	用于描述当前内容无法显示时，所使用的文字提示内容
Place Holder（期望描述）	对表单元素所期望达到的效果进行描述
Disabled（禁用）	表单中的某个表单域被设定为 Disabled，则该表单域的值就不会被提交
Required（必填）	表单文本域是必填项，提交表单时，若此文本域为空，那么将提示用户输入后提交
Auto Complete（自动完成）	当用户启动该选项时，表单元素将对输入过的内容进行自动提示功能
Auto Focus（自动对焦）	当页面加载时，该属性使输入焦点移动到一个特定的输入字段
Read Only（只读）	不允许用户修改操作，不影响其他的任何操作
Form（表单）	选择当前文档中需要操作的表单
Pattem（模式）	Pattern 属性规定用于验证输入字段的模式。模式指的是正则表达式
Tab Index（序列）	定义 Tab 键的选择序列
List（列表）	定义与该文本域进行关联的列表

2. 添加文本区域

在 Dreamweaver 中，用户可以使用文本区域对象，来获取网页中较多的文本信息。文本区域是文本域的一种变形，不仅可以显示位于多行的文本，而且还可以通过滚动条组件，实现拖动查看输入内容的功能。

在网页中选择所需插入文本区域的位置，在【插入】面板中的【表单】选项卡中单击【文本区域】按钮，即可在表单中插入一个文本区域，如图 6-12 所示。

选择插入的文本区域对象，可以在【属性】面板设置文本区域的

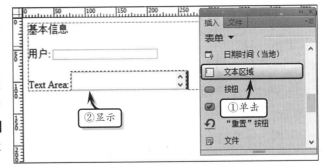

图 6-12 添加文本区域

属性。其属性与单行文本域的属性十分类似，用户只需修改 Rows（行数）、Cols（一行文本的字数），以及设置 Wrap（文本方式）属性，设置提交的文本区域内容是否换行操作等，如图 6-13 所示。

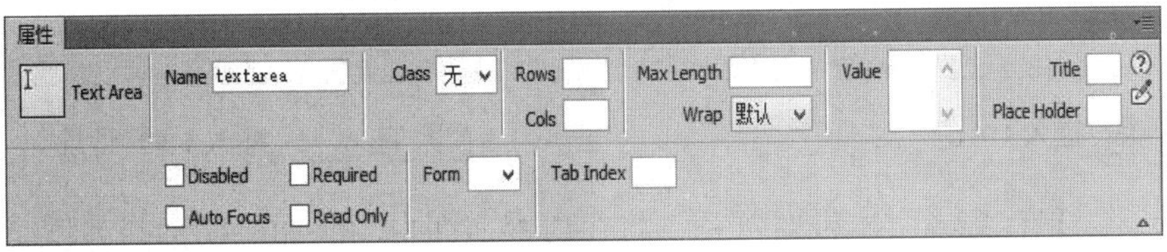

图 6-13 【属性】面板

在网页中，表单中除了文本区域和文本域之外，还包含非常多的网页元素，如密码框、地址栏、电话、搜索等。

1. 添加表单密码

在创建登录页面时，需要创建一个密码文本域，以方便用户通过网站验证获取所使用的网页权限。密码类型的文本域与其他文本域在形式上是一样的，用户在向文本域内输入内容时，密码类型的文本域则不显示输入的实例内容，只显示输入的位数。

在网页中选择所需插入表单密码的位置，在【插入】面板中的【表单】选项卡中单击【密码】按钮，即可在表单指定的光标位置插入该文本域对象，该文本域对象会在对象前面自动显示"Password:"名称，如图6-14所示。

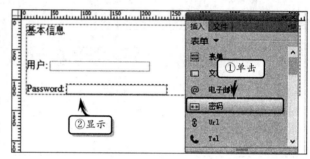

图 6-14 插入密码表单

2. 添加 URL 对象

URL 对象用于包含 URL 地址的输入域。当用户提交表单时，系统会自动验证 URL 域的值是否为正确的格式。

在网页中选择所需插入 URL 对象的位置，在【插入】面板中的【表单】选项卡中单击 Url 按钮，即可插入一个 URL 对象，如图6-15所示。

URL 类型只验证协议，不验证有效性。当用户直接输入内容时，它会自动添加"http://"头协议。例如，在【URL:】文本框中，输入"baidu.com.cn"内容，如图6-16所示。

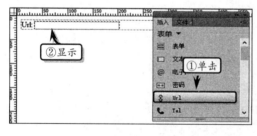

图 6-15 插入 URL

图 6-16 输入 URL 地址

此时，当鼠标离开文本框时，系统将在内容前面自动添加"http://"头协议，如图6-17所示。

网页设计与网站组建标准教程（2018—2020版）

3．添加 Tel 对象

Tel 对象明面上是要求输入一个电话号码，但实际上它与文本域没太大区别，并不存在特殊的验证。

在网页中选择所需插入 Tel 对象的位置，在【插入】面板中的【表单】选项卡中单击 Tel 按钮，即可插入一个 Tel 对象，如图 6-18 所示。

图 6-17 显示 URL 头协议

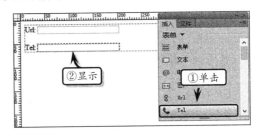

图 6-18 插入 Tel 表单

4．添加搜索对象

搜索对象是专门为搜索引擎输入关键字而定义的文本框，它与 Tel 对象一样，没有特殊的验证规则。

在网页中选择所需插入搜索对象的位置，在【插入】面板中的【表单】选项卡中单击【搜索】按钮，即可插入一个搜索对象，如图 6-19 所示。

添加搜索对象后，浏览网页时，用户可以在浏览器中看到"Search:"框。在该文本框中输入搜索内容后，在文本框的后面将显示一个【关闭】符号 ✖。此时，如果用户单击该【关闭】符号，则可以清除框中所输入的搜索内容，如图 6-20 所示。

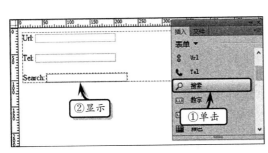

图 6-19 插入搜索对象

图 6-20 最终效果

5．添加数字对象

在 HTML5 之前，如果用户想输入数字的话，只能通过文本域来实现。并且，还需要用户通过代码进行验证内容，并转换格式等。但有了【数字】类型时，用户可以非常方便地添加包含数值的输入域。用户还能够设定对所接受的数字的限定，例如限定允许范围内的最小值、最大值等。

在网页中选择所需插入数字对象的位置，在【插入】面板中的【表单】选项卡中单击【数字】按钮，即可插入一个数字对象，如图 6-21 所示。

插入数字对象之后，选择该对象，则可以在【属性】面板中设置数字限定属性，其【属性】面板各选项和值的属性描述如表 6-3 所示。

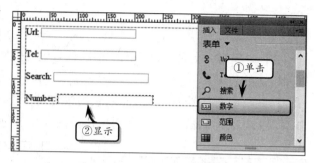

图 6-21 插入数字对象

表 6-3 数字属性、值及描述

属　　性	值	描　　述
max	number	规定允许的最大值
min	number	规定允许的最小值
step	number	规定合法的数字间隔（如果 step="3"，则合法的数是-3,0,3,6 等）
value	number	规定默认值

提　示

例如范围、颜色、电子邮件、隐藏对象等其他网页元素表单对象的添加方法大体相同，在此不再做详细介绍。

6.3 添加日期和时间元素

在最新版的 Dreamweaver 中，新增加了对日期和时间进行操作的表单对象。用户可以分别单独地添加月、周、日、时间等对象内容。

6.3.1 添加月和周对象

在 Dreamweaver 中，添加月对象即在网页中显示一个月选择器，而添加周对象即在网页中显示一个周选择器。

1. 添加月对象

在网页中选择所需插入月对象的位置，在【插入】面板中的【表单】选项卡中单击【月】按钮，即可插入一个月对象，如图 6-22 所示。

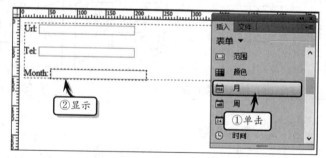

图 6-22 插入月对象

插入月对象之后，在网页中所显示的月对象为一个文本域，但是在浏览器中月对象显示为"----年--月"内容，如图 6-23 所示。

此时，在浏览器中单击月对象中的下拉按钮，即可弹出日期选择器，方便用户选择相应的月份，如图 6-24 所示。

图 6-23 月份显示月对象

图 6-24 月份效果展示

2．添加周对象

在网页中选择所需插入周对象的位置，在【插入】面板中的【表单】选项卡中单击【周】按钮，即可插入一个周对象，如图 6-25 所示。

插入周对象之后，在网页中所显示的周对象为一个文本域，但是在浏览器中周对象显示为"----年第--周"内容。此时，在浏览器中单击周对象中的下拉按钮，即可弹出周选择器，用于方便用户选择相应的周信息，如图 6-26 所示。

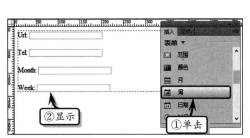

图 6-25 插入周对象

图 6-26 周效果展示

6.3.2 添加日期时间对象

在 Dreamweaver 中，日期时间对象包括"日期对象""时间对象""日期时间对象""本地日期时间对象"4 种网页元素。

1．日期对象

在网页中插入日期对象后，会显示一个日期选择器。

在网页中选择所需插入日期对象的位置，在【插入】面板中的【表单】选项卡中单击【日期】按钮，即可插入一个日期对象，如图 6-27 所示。

此时，用户可以在浏览器查看到"Date："对象内容，并在文本框中显示"年/月/日"信息。单击后面的下拉按钮，即可弹出日期选择器，以方便用户选择相应的日期，如图 6-28 所示。

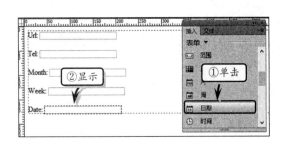

图 6-27 插入日期对象

图 6-28 日期效果展示

2. 时间对象

在网页中插入时间对象后，会显示一个时间选择器。在网页中选择所需插入时间对象的位置，在【插入】面板中的【表单】选项卡中单击【时间】按钮，即可插入一个时间对象，如图 6-29 所示。

用户可以通过浏览器显示所插入的时间对象，并在页面中显示"--:--"内容。此时，用户可通过单击微调按钮，来调整网页时间，如图 6-30 所示。

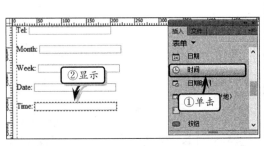

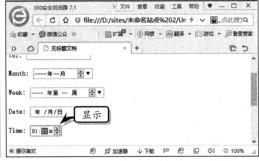

图 6-29 插入时间对象

图 6-30 时间效果展示

提 示

调整网页时间之后，用户可以通过单击【清除】按钮 ✖，来清除所设置的时间内容。

3. 日期时间对象

在网页中插入日期时间对象后，会显示一个包含时区的完整的日期时间选择器。在网页中选择所需插入日期时间对象的位置，在【插入】面板中的【表单】选项卡中单击【日期时间】按钮，即可插入一个日期时间对象，如图 6-31 所示。

此时，在浏览器中，用户可以看到日期时间对象类似于一个文本域，直接在文本框中输入日期和时间内容即可，如图 6-32 所示。

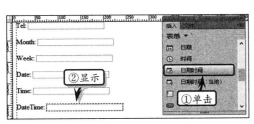

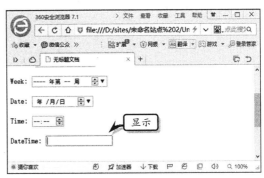

图 6-31 插入日期时间对象

图 6-32 日期时间效果展示

4．本地日期时间对象

在网页中插入本地日期时间对象后，会显示一个不包含时区的完整的日期时间选择器。

在网页中选择所需插入本地日期时间对象的位置，在【插入】面板中的【表单】选项卡中单击【日期时间（当地）】按钮，即可插入一个本地日期时间对象，如图 6-33 所示。

此时，通过浏览器可以看到，在网页中所显示的日期时间（当地）对象为一个选择器。单击其后的下拉按钮，即可选择日期内容，并通过微调按钮来设置当前的时间，如图 6-34 所示。

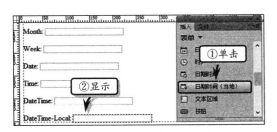

图 6-33 插入本地日期时间对象

图 6-34 本地日期时间效果展示

6.4 添加选择与按钮元素

多数用户都知道，在网页中除了一些输入文本、日期或时间外，还包含很多选择项和按钮，如单选按钮、多选项、提交按钮等。下面，将详细介绍在网页中添加选择与按钮元素的操作方法。

6.4.1 添加选择元素

选择元素主要用于选择网页内容，包括选择对象、单选按钮、单选按钮组、复选框、复选框组等选择元素。

1. 选择对象

选择对象主要是以下拉列表的方法来显示多种选项，它以滚动条的方式，在有限的空间中尽量提供更多选项，非常节省版面。

在网页中选择所需插入选择对象的位置，在【插入】面板中的【表单】选项卡中单击【选择】按钮，即可插入一个选择对象，如图 6-35 所示。

插入选择对象后，选择该对象，在【属性】面板中单击【列表值】按钮。然后，在弹出的【列表值】对话框中输入项目列表，并通过单击 ➕ 按钮，来增加列表项，最后单击【确定】按钮即可，如图 6-36 所示。

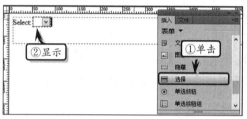

图 6-35 插入选择对象　　　　　　图 6-36 【列表值】对话框

提 示

在【列表值】对话框中，用户还可以通过单击 ➖ 按钮，来删除所选列表项；同时通过单击 ▲ 和 ▼ 按钮，来上移或下移所选列表项。

此时，用户按下 F12 键，即可通过浏览器来查看下拉列表的最终效果，单击下拉按钮，即可在弹出的下拉列表中选择相应的选项，如图 6-37 所示。.

另外，选择选择对象，在【属性】面板中启用 Multiple 复选框，即可将下拉列表更改为列表选项，如图 6-38 所示。

图 6-37 选择对象效果展示

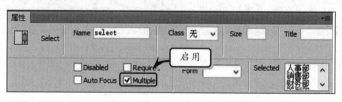

图 6-38 更改列表选项

此时，在浏览器中，用户将发现所创建的下拉列表将自动更改为列表形式，并显示所有的列表选项，如图 6-39 所示。

提　示

列表可以设置默认显示的内容，而无须用户单击弹出。如果列表的项目数量超出列表的高度，则可以通过滚动条进行调节。

2．单选按钮

图 6-39 列表选项

单选按钮也是一种选择性表单对象，它以组的方式出现，只允许用户同时选中其中一个单选按钮。当用户选中某一个单选按钮，其他单选按钮将自动转换为未选中的状态。

在网页中选择所需插入单选按钮对象的位置，在【插入】面板中的【表单】选项卡中单击【单选按钮】按钮，即可插入一个单选按钮对象，如图 6-40 所示。

此时，选中单选按钮后面的文本，更改文本内容。同时使用该方法插入多个单选按钮，以组成一个完整的单选按钮选项组，如图 6-41 所示。

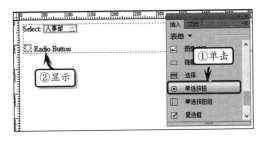

图 6-40 插入单选按钮

图 6-41 单选按钮列表

在网页中选择单选按钮中的"圆点"符号，然后在【属性】面板中启用 Checked 复选框，使当前所选单选按钮变为默认选择状态，如图 6-42 所示。

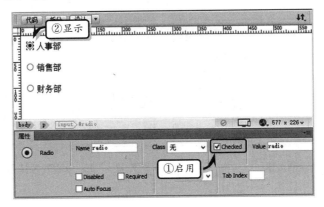

图 6-42 设置属性

3. 单选按钮组

在网页中选择所需插入单选按钮组对象的
位置,在【插入】面板中的【表单】选项卡中
单击【单选按钮组】按钮。然后,在弹出的【单
选按钮组】对话框中设置相应选项,单击【确
定】按钮即可,如图 6-43 所示。

在【单选按钮组】对话框中,主要包括表
6-4 中的一些选项。

图 6-43 【单选按钮组】对话框

表 6-4 单选按钮组选项及作用

选 项		作 用
名称		用于设置单选按钮组的名称
单选按钮	标签	单选按钮后的文本标签
	值	在选中该单选按钮后提交给服务器程序的值
	➕	添加单选按钮
	➖	删除当前选择的单选按钮
	▲	将当前选择的单选按钮上移一个位置
	▼	将当前选择的单选按钮下移一个位置
布局,使用	换行符	定义多个单选按钮间以换行符分隔
	表格	定义多个单选按钮通过表格进行布局

4. 复选框

复选框是一种允许用户同时选择多项内容的选择性表单对象,它在浏览器中以矩形
框进行表示。插入复选框时,用户可以先插入一个域集,再将复选框或者复选框组插入
到域集中,以表示为这些复选框添加标题信息。

在网页中选择所需插入复选框对象的位置,在【插入】面板中的【表单】选项卡中
单击【复选框】按钮,即可插入一个复选框对象,如图 6-44 所示。

插入复选框之后,可在【属性】面板中通过启用 Checked 复选框的方法,使当前所
选复选框变为默认选择状态,如图 6-45 所示。

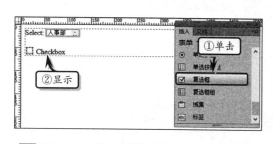

图 6-44 插入复选框对象

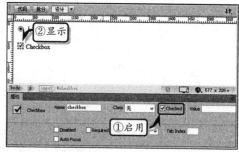

图 6-45 设置对象属性

5. 复选框组

复选框组与单选按钮组在设置上是类似的,其两者的区别在于:单选按钮组中只能

选择一个选项，而复选框组中可以选择多个选项或者全部选项。

首先，在网页中选择所需插入域集的位置，在【插入】面板中的【表单】选项卡中单击【域集】按钮。在弹出的【域集】对话框中输入标签文本，并单击【确定】按钮，如图 6-46 所示。

然后，将光标定位在域集中，在【插入】面板中的【表单】选项卡中单击【复选框组】按钮。在弹出的【复选框组】对话框中设置相应选项，单击【确定】按钮即可，如图 6-47 所示。

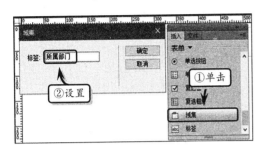

图 6-46 插入域集对象　　　　　　图 6-47 【复选框组】对话框

此时，在文档中，用户可以看到以换行符方式显示一组复选框内容，如图 6-48 所示。

按下 F12 快捷键之后，用户可在浏览器中查看复选框组对象的最终状态，并通过勾选选项来体验复选框组的功能，如图 6-49 所示。

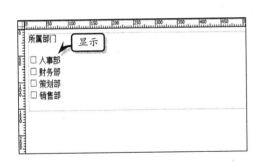

图 6-48 显示复选框内容　　　　　　图 6-49 复选框组最终效果

提　示

在插入复选框时，应注意复选框的名称只允许使用字母、下画线和数字。在一个复选框组中，可以选中多个复选框的项目，因此可以预先设置多个初始选中的值。

6.4.2 添加按钮元素

在表单中录入内容后，用户需要单击表单中的按钮，才可以将表单中所填写的信息发送到服务器。而在网页中，按钮包含有普通按钮、【提交】按钮、【重置】按钮和图像按钮。

1. 添加普通按钮

在纯文本类型的表单按钮中，可以分为 button 和 submit 两种类型，而普通的按钮则为 button 类型。在网页中选择所需插入普通按钮对象的位置，在【插入】面板中的【表单】选项卡中单击【按钮】按钮，即可插入一个普通按钮对象，如图 6-50 所示。

然后，将视图切换到【拆分】视图中，在【代码】视图部分中查看当前所添加的按钮类型，如"type="button""内容，如图 6-51 所示。

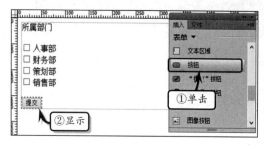

图 6-50 插入【提交】按钮

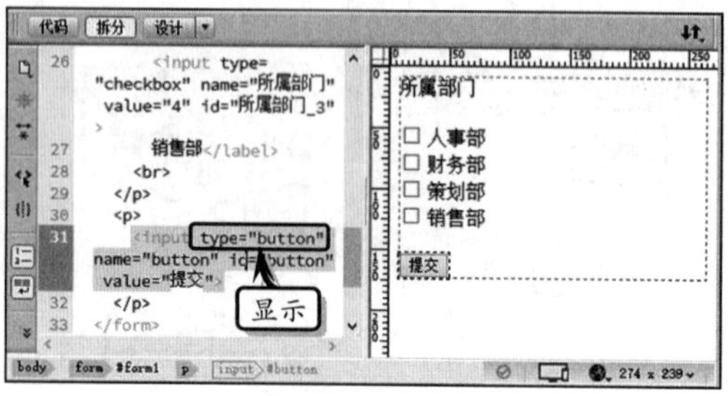

图 6-51 查看【提交】按钮代码

2. 添加【提交】按钮

submit 类型的按钮可以提交表单，所以称为【提交】按钮。而 button 类型的按钮需要绑定事件才可以使用提交数据。

在网页中选择所需插入【提交】按钮对象的位置，在【插入】面板中的【表单】选项卡中单击【"提交"按钮】按钮，即可插入一个【提交】按钮对象，如图 6-52 所示。

用户从外观上看，这两个按钮没有什么区别，但在【代码】视图中可以看到两者之间类型不同。当用户在单击【"提交"按钮】按钮时，其所插入的按钮类型为 submit 类型，如图 6-53 所示。

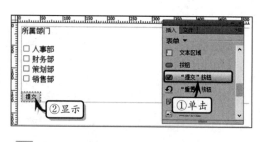

图 6-52 插入【提交】按钮

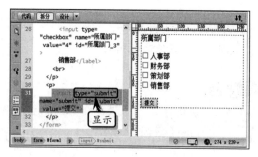

图 6-53 查看【提交】按钮代码

submit 类型的按钮并不是万能的，在某些情况下使用 button 绑定事件比使用 submit 类型的按钮具有更好的效果。例如，当用户想要在页面中实现局部刷新时，直接使用 button 绑定事件就可以了。但在使用 button 绑定事件时，当用户触发事件的同时会自动提交表单。相比之下，submit 只要在需要表单提交时才会带有数据，而 button 默认情况下是不提交任何数据的。

3．添加【重置】按钮

在网页中选择所需插入【重置】按钮对象的位置，在【插入】面板中的【表单】选项卡中单击【"重置"按钮】按钮，即可插入一个【重置】按钮对象，如图 6-54 所示。

网页中的【重置】按钮，主要用于清除表单中的设置，方便用户一次性删除所有的输入内容。该按钮常用于制作登录功能，如图 6-55 所示。

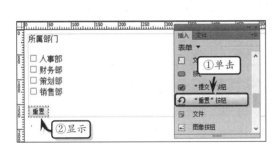

图 6-54 插入【重置】按钮

图 6-55 【重置】按钮最终效果

4．添加图像按钮

图像按钮主要用于提交表单，如果使用图像来执行任务而不是提交数据，则需要将某种行为附加到表单对象。

在网页中选择所需插入图像按钮对象的位置，在【插入】面板中的【表单】选项卡中单击【图像按钮】按钮。在弹出的【选择图像源文件】对话框中选择一个图像文件，单击【确定】按钮即可，如图 6-56 所示。

图 6-56 【选择图像源文件】对话框

此时，在文档中，将显示所插入的图像，用户通过浏览器可以查看该图像为按钮方法。另外，选择该图像，则可以在【属性】面板中设置图像按钮的属性，如图 6-57 所示。

图 6-57 【属性】面板

其中，【属性】面板中，各选项的具体含义，如表 6-5 所示。

表 6-5 【属性】选项及作用

选　项	作　用
Name（图像名称）	用于设置图像的名称
Src（源文件）	指定要为该按钮使用的图像
Form Action（提交执行动作）	用户可以设置该按钮提交时，可以执行的其他操作
W（宽）	设置图像的宽度
H（高）	设置图像的高度
Form Enc Type（编码类型）	可以选择表单提交时，数据传输的类型
Form No Validate（取消验证）	启用该复选框后，禁止对表单中的数据进行验证
编辑图像	启动默认的图像编辑器，并打开该图像文件以进行编辑
Class（类）	使用户可以将 CSS 规则应用于对象
Disabled（禁用）	表单中的某个表单域被设定为 Disabled，则该表单域的值就不会被提交
Auto Focus（自动对焦）	当页面加载时，该属性使输入焦点移动到一个特定的输入字段

6.5　课堂练习：制作注册页面

　　互联网上存在大量的表单，以方便网站收集用户信息。除了收集信息之外，有的表单还具有搜索功能，从而实现全方位的服务功能。表单是互联网上实现用户同服务器进行信息交流的主要工具，在本练习中将通过制作一个注册页面，来详细介绍制作表单的操作方法，如图 6-58 所示。

图 6-58 注册页面

操作步骤：

1　打开素材页面"index.html"，选择"在此添加表单"文本，删除该文本，如图 6-59　　　所示。

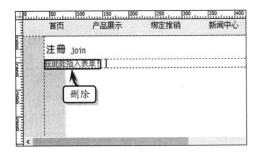

图 6-59 删除多余文本

2 在【插入】面板中，单击【表单】按钮，插入一个表单元素，如图 6-60 所示。

图 6-60 插入表单

3 将光标定位在表单中，执行【插入】|【表格】命令，插入 18 行 2 列，宽度为 "600像素"，间距为 "1" 的表格，如图 6-61所示。

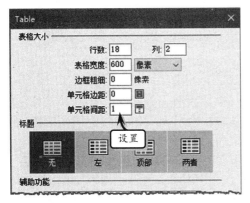

图 6-61 插入表格

4 合并第 1 行中的单元格，输入文本，将字体设置为粗体，并调整段落缩进，如图 6-62所示。

5 选择第 1 行，将【背景颜色】设置为

"#f7f7f7"，将【高】设置为 "40"，如图 6-63所示。

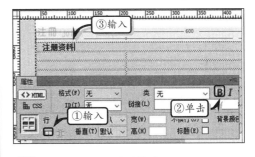

图 6-62 设置字体格式

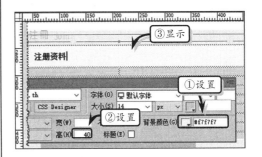

图 6-63 设置第 1 行单元格

6 选择第 2~18 行第 1 列，将【背景颜色】设置为 "#f7f7f7"，设置【水平】、【宽】和【高】参数，并输入相应文本，如图 6-64 所示。

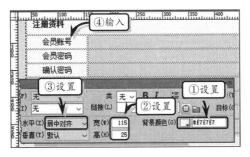

图 6-64 设置第 1 列单元格

7 选择第 2~18 行的第 2 列，将【背景颜色】设置为 "#FFFFFF"，将【垂直】设置为【居中】，将【宽】设置为 "477"，如图 6-65所示。

8 光标置于第 2 行第 2 列单元格中，单击【插入】面板中的【文本】按钮，删除按钮文本并设置其属性，如图 6-66 所示。使用同样

方法，插入其他【文本】按钮。

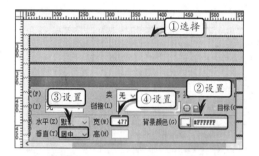

图 6-65 设置第 2 列单元格

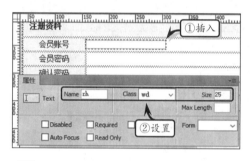

图 6-66 插入"文本"元素

9 在文本框后面添加多个空格，单击【插入】面板中的【按钮】按钮，插入按钮并设置其属性，如图 6-67 所示。

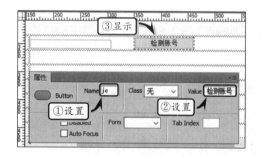

图 6-67 插入【检测账号】按钮

10 光标置于第 3 行第 2 列单元格中，单击【插入】面板中的【密码】按钮，删除按钮文本并设置其属性，如图 6-68 所示。使用同样方法，插入其他【密码】按钮。

11 光标置于第 5 行第 2 列单元格中，单击【插入】面板中的【选择】按钮，删除文本并设置其属性，如图 6-69 所示。

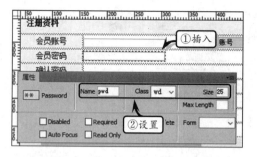

图 6-68 插入"密码"元素

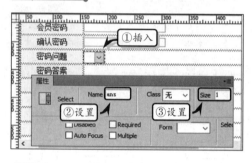

图 6-69 插入"选择"元素

12 在【属性】面板中，单击【列表值】按钮，设置选择列表，并单击【确定】按钮，如图 6-70 所示。使用同样方法，设置其他选择列表。

图 6-70 设置选择列表

13 在【电子邮件】行文本框右侧添加空格，单击【插入】面板中的【按钮】按钮，插入按钮并设置其属性，如图 6-71 所示。

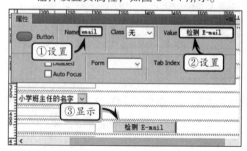

图 6-71 插入【检测 E-mail】按钮

14 光标定位在按钮右侧，单击【插入】面板中的【复选框】按钮，修改文本并设置其属性，如图 6-72 所示。

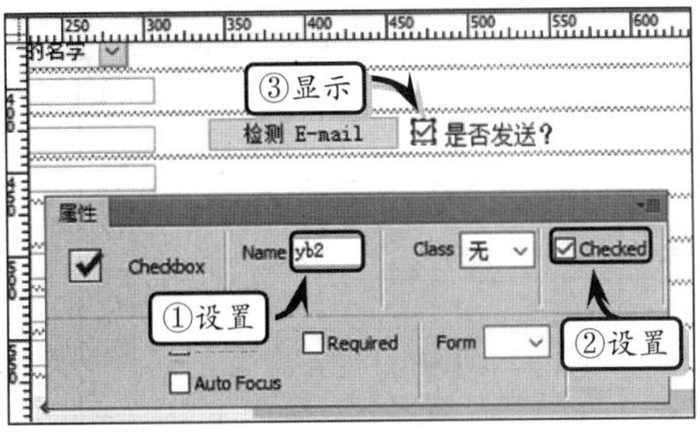

图 6-72 插入复选框

15 光标定位在【性别】右侧的单元格中，单击【插入】面板中的【单选按钮】按钮，更改文本并设置其属性，如图 6-73 所示，使用同样方法，插入其他单选按钮。

16 光标定位在最后一行的第 2 列中，单击【插入】面板中的【提交】按钮，并设置其属性，如图 6-74 所示。使用同样方法，插入【重置】按钮。

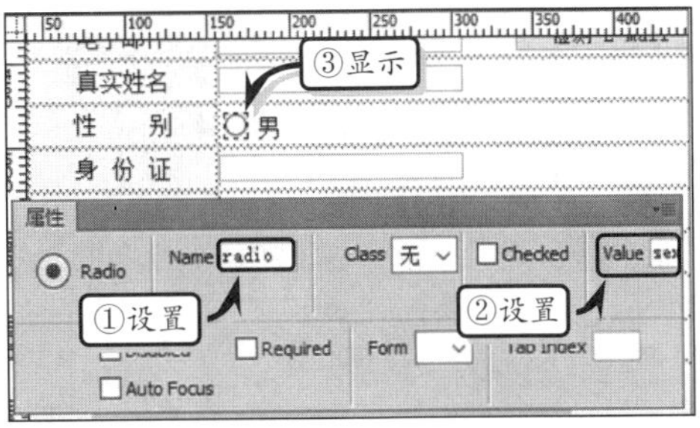

图 6-73 插入【性别】单选按钮

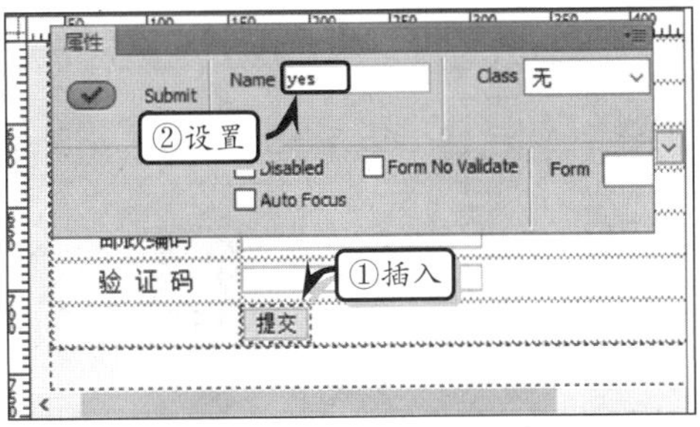

图 6-74 插入【提交】按钮

6.6 课堂练习：制作在线调查表

互联网中，为了获取更多信息，通常会放置一些类似于调查表的网页，对浏览者进行简单的问卷调查。在本练习中，将运用 Dreamweaver 中的表单功能，详细介绍制作在线调查表的操作方法，如图 6-75 所示。

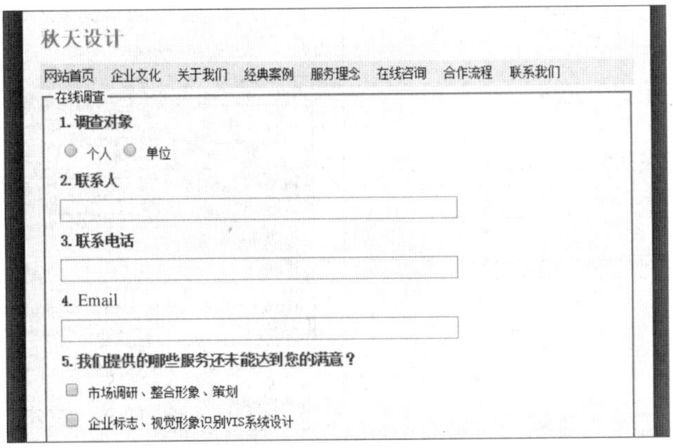

图 6-75 在线调查表

操作步骤：

1 打开素材文件“sucai.html”，将光标置于 ID 为 Container 的层中，执行【插入】lDiv 命令，

设置 ID，单击【确定】按钮，如图 6-76 所示。

图 6-76 插入 Div 层

2 删除 Div 层中的文本，单击【插入】面板中的【表单】按钮，并设置其属性，如图 6-77 所示。

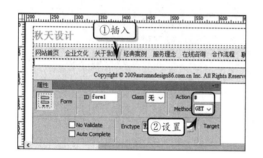

图 6-77 插入表单

3 单击【插入】面板中的【域集】按钮，在弹出的【域集】对话框中输入标签名称，单击【确定】按钮，如图 6-78 所示。

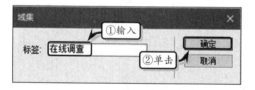

图 6-78 插入"域集"元素

4 换行后输入"1.调查对象"文本，选择文本，将【目标规则】设置为【.tit】，如图 6-79 所示。

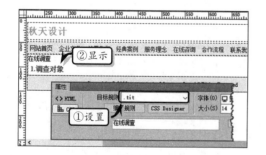

图 6-79 设置文本属性

5 单击【插入】面板中的【单选按钮组】按钮，在弹出的对话框中设置单选按钮标签，并单击【确定】按钮，如图 6-80 所示。

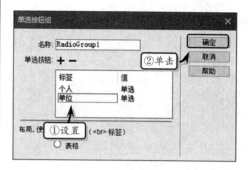

图 6-80 插入单选按钮组

6 调整单选按钮的位置，输入文本，并设置文本的目标规则，如图 6-81 所示。

图 6-81 调整单选按钮位置

7 单击【插入】面板中的【文本】按钮，并在【属性】面板中设置其属性，如图 6-82 所示。使用同样方法，制作联系人和 E-mail 文本和文本元素。

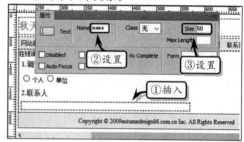

图 6-82 插入"文本"元素

8 输入问题 5 文本并设置其目标规则，单击【插入】面板中的【复选框】按钮，插入元素并修改元素文本，如图 6-83 所示。使用同样方法，插入其他复选框。

图 6-83 插入复选框组

9 输入问题 6 文本并设置其目标规则，单击
【插入】面板中的【单选按钮组】按钮，设
置单选选项，并单击【确定】按钮，如图
6-84 所示。

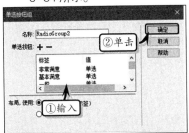

图 6-84 添加单选按钮组

10 调整单选按钮的位置，输入问题 7 文本并设
置文本的目标规则，如图 6-85 所示。

图 6-85 调整单选按钮位置

11 单击【插入】面板中的【文本区域】按钮，
插入文本区域元素并设置其属性，如图

6-86 所示。

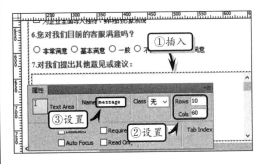

图 6-86 插入文本区域

12 单击【插入】面板中的【提交】按钮，插入
【提交】按钮并设置其 ID，如图 6-87 所示。

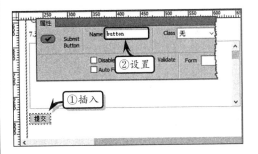

图 6-87 插入【提交】按钮

13 在【提交】按钮下方，输入备注文本并保存
网页文本，如图 6-88 所示。

图 6-88 输入备注文本

6.7 思考与练习

一、填空题

1. 用来输入密码的表单域是_____。

2. 当表单以电子邮件的形式发送，表单信
息不以附件的形式发送，应将【MIME 类型】设
置为_____。

3. 表单对象的名称由_____属性设定；
提交方法由_____属性指定；若要提交大数

据量的数据，则应采用_____方法；表单提交后的数据处理程序由_____属性指定。

4. 表单是_____和_____之间实现信息交流和传递的桥梁。

5. 表单实际上包含两个重要组成部分：一是描述表单信息的_____，二是用于处理表单数据的服务器端_____。

二、选择题

1. 下列哪一项表示的不是按钮？____
   - A. type="submit"
   - B. type="reset"
   - C. type="image"
   - D. type="button"

2. 如果要表单提交信息不以附件的形式发送，只要将表单的【MTME 类型】设置为____。
   - A. text / plain
   - B. password
   - C. submit
   - D. button

3. 若要获得名为 login 的表单中名为 txtuser 的文本输入框的值，以下获取的方法中，正确的是____。
   - A. username=login.txtuser.value
   - B. username=document.txtuser.value
   - C. username=document.login.txtuser
   - C. username=document.txtuser.value

4. 若要产生一个 4 行 30 列的多行文本域，以下方法中，正确的是____。
   - A. <Input type="text" Rows="4" Cols= "30"
        Name="txtintrol">
   - B. <TextArea Rows="4" Cols="30"
        Name= "txtintro">
   - C. <TextArea Rows="4" Cols="30"
        Name="txtintro"></TextArea>
   - D. <TextArea Rows="30" Cols="4"
        Name= "txtintro"></TextArea>

5. 用于设置文本框显示宽度的属性是____。
   - A. Size
   - B. MaxLength
   - C. Value
   - D. Length

三、问答题

1. 概述文本字段与文本区域的区别。
2. 简单介绍复选框的作用。
3. 简单介绍文件域的作用。

四、上机练习

1. 添加域集

本练习中，首先新建空白文档，执行【插入】|【表单】|【域集】命令，在弹出的【域集】对话框中设置【标签】选项，并单击【确定】按钮。然后，选择域集对象，在【属性】面板中设置标题文本的字体格式。最后，在"域集"表单中插入各种表单对象，并按下 F12 键预览最终效果，如图 6-89 所示。

图 6-89 添加域集

2. 添加日期和时间元素

在本练习中，首先新建空白文档，单击【页面属性】按钮，在弹出的【页面属性】对话框中，设置页面背景颜色。然后，在文档中插入一个域集元素，同时在表单元素中插入一个日期和时间元素，并修改表单元素内的文本。最后，在其下方依次插入文本、密码、电子邮件、【提交】按钮和【重置】按钮，如图 6-90 所示。

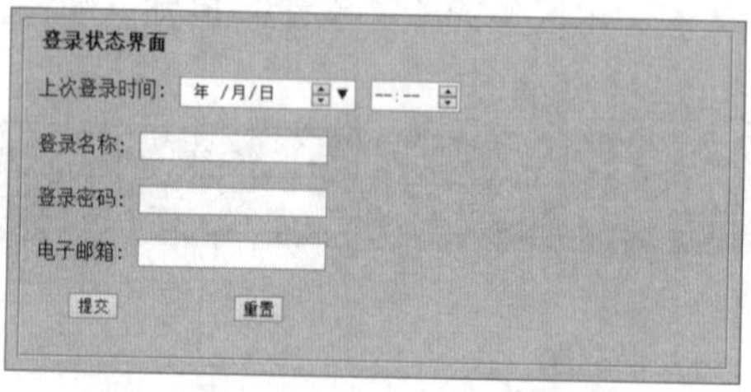

图 6-90 添加日期和时间元素

第 7 章

CSS 基础

在早期的 Web 设计中，网页完全由一些简单排版的文本和图像组成，HTML 语言允许使用一些描述性的标签来对网页进行美化设计。然而随着网页技术的发展，简单的 HTML 标签已不能满足人们对网页美观的要求。于是，W3C 制定了 CSS 的技术规范，希望通过 CSS 来帮助网页设计师们设计出各种精美的网页。

CSS 技术在网页中主要用于布局和美化，与 XHTML 的有机结合可以使 Web 更加结构化、标准化。作为最重要的网页布局与美化工具之一，CSS 在近年普及得非常迅速。国内几乎所有的大型商业网站都在使用 CSS 来为网页布局，并对网页的各种对象进行美化设计。

本章学习内容：

➢ CSS 样式概述
➢ 使用【CSS 设计器】面板
➢ CSS 选择器
➢ CSS 选择方法
➢ 设置 CSS 样式
➢ 使用 CSS 过渡效果

7.1 CSS 样式概述

CSS 样式表是设计网页的一种重要工具，是 Web 标准化体系中最重要的组成部分之一。因此，只有了解了 CSS 样式表，才能制作出符合 Web 标准化的网页。

7.1.1 了解 CSS 样式

CSS 样式在网页设计中，已经成为主导技术。许多网站开发中，都离不开 CSS 样式的应用。

1. 关于层叠样式表

层叠样式表（CSS）是一组格式设置规则，用于控制网页内容的外观。

通过使用 CSS 样式设置页面的格式，可将页面的内容与表示形式分离开。页面内容（即 HTML 代码）存放在 HTML 文件中，而用于定义代码表示形式的 CSS 规则存放在另一个文件（外部样式表）或 HTML 文档的另一部分（通常为文件头部分）中。

将内容与表示形式分离可使得从一个位置集中维护站点的外观变得更加容易，因为进行更改时无须对每个页面上的每个属性都进行更新。

将内容与表示形式分离还可以得到更加简练的 HTML 代码，这样将缩短浏览器加载时间，并为存在访问障碍的人员简化导航过程。

使用 CSS 可以非常灵活并更好地控制页面的确切外观。使用 CSS 可以控制许多文本属性，包括特定字体和字大小；粗体、斜体、下画线和文本阴影；文本颜色和背景颜色；链接颜色和链接下画线等。通过使用 CSS 控制字体，还可以确保在多个浏览器中以更一致的方式处理页面布局和外观。

除设置文本格式外，还可以使用 CSS 控制网页面中块级别元素的格式和定位。块级元素是一段独立的内容，在 HTML 中通常由一个新行分隔，并在视觉上设置为块的格式。例如，<h1>标签、<p>标签和<div>标签都在网页面上产生块级元素。

2. 关于 CSS 规则

CSS 格式设置规则由两部分组成：选择器和声明。其中，选择器主要用于标识已设置格式元素的术语（如 p、h1、类名称或 ID 等名称）。

而声明又称为"声明块"，用于定义样式属性。例如，在下面的 CSS 代码中，h1 是选择器，介于"大括号"({})之间的所有内容都是声明块：

```
h1 { font-size: 16 pixels; font-family: Helvetica; font-weight:bold; }
```

在声明块中，又包含属性（如 font-family）和值（如 Helvetica）两部分组成。

在前面的 CSS 规则中，已经为<h1>标签创建了特定样式：所有链接到此样式的<h1>标签的文本的【字号】为 16 像素；【字体】为 Helvetica；【字形】为【粗体】。

样式（由一个规则或一组规则决定）存放在与要设置格式的实际文本分离的位置。因此，可以将<h1>标签的某个规则一次应用于许多标签。通过这种方式，CSS 可提供非常便利的更新功能。若在一个位置更新 CSS 规则，使用已定义样式的所有元素的格式设置将自动更新为新样式，如图 7-1 所示。

用户可以在 Dreamweaver 中定义以下样式类型：

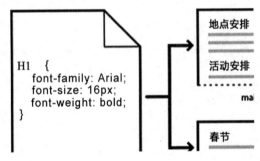

图 7-1　CSS 规则

- ❑ **类样式**　可以让样式属性应用于页面上的任何元素。
- ❑ **HTML 标签样式**　重新定义特定标签的格式。如创建或更改<h1>标签的 CSS 样式时，则应用于所有<h1>标签。
- ❑ **高级样式**　重新定义特定元素组合的格式，或其他 CSS 允许的选择器表单的格式。高级样式还可以重定义包含特定 id 属性的标签的格式。

7.1.2　CSS 样式分类

根据 CSS 样式表存放的位置以及应用的范围，可以将 CSS 样式表分为 3 种，即外部 CSS、内部 CSS 以及内联 CSS 等。

1. 外部 CSS

外部 CSS 是一种独立的 CSS 样式。其一般将 CSS 代码存放在一个独立的文本文件中，扩展名为 ".css"。这种外部的 CSS 文件与网页文档并没有什么直接的关系。如果需要通过这些文件控制网页文档，则需要在网页文档中使用 link 标签导入。

例如，使用 CSS 文档来定义一个网页的大小和边距，代码如下。

```
@charset "gb2312";
/* CSS Document */
body {
width:1003px;
margin:0px;
padding:0px;
font-size:12px
}
```

将 CSS 代码保存为文件后，即可通过<link>标签将其导入到网页文档中。例如，CSS 代码的文件名为 "main.css"，代码如下。

```
<!doctype html>
<html>
<head>
<meta charset="utf-8">
<title>导入 CSS 文档</title>
<link href="main.css" rel="stylesheet" type="text/css" />
<!--导入名为 main.css 的 CSS 文档-->
</head>

<body>
</body>
</html>
```

在外部 CSS 文件中，通常需要在文件的头部创建 CSS 的文档声明，以定义 CSS 文档的一些基本属性。常用的文档声明包括 6 种，其具体情况如表 7-1 所示。

表 7-1　常用文档声明

声明类型	作　　用	声明类型	作　　用
@import	导入外部 CSS 文件	@fontdef	定义嵌入的字体，定义文件
@charset	定义当前 CSS 文件的字符集	@page	定义页面的版式
@font-face	定义嵌入 HTML 文档的字体	@media	定义设备类型

在多数 CSS 文档中，都会使用"@charset"声明文档所使用的字符集。除"@charset"声明以外，其他的声明多数可使用 CSS 样式来替代。

2. 内部 CSS

内部 CSS 与内联 CSS 类似，都是将 CSS 代码放在文档中。但是内部样式并不是放在其设置的标签中，而是放在统一的<style></style>标签中。这样做的好处是将整个页面中所有的 CSS 样式集中管理，以选择器为接口供网页浏览器调用。

例如，使用内部 CSS 定义网页的宽度以及超链接的下画线等，代码如下。

```html
<!doctype html>
<html>
<head>
<meta charset="utf-8">
<title>测试网页文档</title>
<!--开始定义 CSS 文档-->
<style type="text/css">
<!--
body {
width:1003px;
}
a {
text-decoration:none;
}
-->
</style>
<!--内部 CSS 完成-->
</head>
<!--…………-->
```

提　示

虽然 HTML 允许用户将<style>标签放在网页的任意位置，但在浏览器打开网页的过程中，通常会以从上到下的顺序解析代码。因此，将<style>标签放置在网页的头部，可提前下载和解析 CSS 代码，提高样式显示的效率。

3. 内联 CSS

内联 CSS 是利用标签的 style 属性设置的 CSS 样式，又称嵌入式样式。内联式 CSS 与 HTML 中的标签描述一样，只能定义某一个网页元素的样式，是一种过渡型的 CSS 使用方法，在 HTML 中并不推荐使用。内部样式不需要使用选择器，如使用内联式 CSS

设置一个表格的宽度，代码如下。

```
<table style="width:100px;">
<tr>
<td>宽度为 100px 的表格</td>
</tr>
</table>
```

7.1.3　CSS 书写规范

作为一种网页的标准化语言，CSS 有着严格的书写规范和格式。

1．CSS 代码规范

用户在书写 CSS 代码时，需要注意以下几点。

1）单位符号

在 CSS 中，如果属性值是一个数字，用户必须为这个数字匹配具体的单位。除非该数字是由百分比组成的比例或者数字为 0。

例如，分别定义两个层，其中第 1 个层为父容器，以数字属性值为宽度，而第 2 个层为子容器，以百分比为宽度，代码如下。

```
#parentContainer{
Width:1003px
}
#childrenContainer{
Width:50%
}
```

2）使用引号

多数 CSS 的属性值都是数字值或预先定义好的关键字。然而，有一些属性值则是含有特殊意义的字符串。这时，引用这样的属性值就需要为其添加引号。

典型的字符串属性值就是各种字体的名称。

```
Span{
font-family:"微软雅黑"
}
```

3）多重属性

如果在这条 CSS 代码中，有多个属性并存，则每个属性之间需要以"分号"（;）隔开。

```
.content{
color:#999999;
font-family:"新宋体";
font-size:14px;
}
```

4）大小写敏感空格

CSS 与 VBScript 不同，对大小写非常敏感。mainText 和 MainText 在 CSS 中，是两个完全不同的选择器。

除了一些字符串式的属性值（如英文字体"MS Serf"等）以外，CSS 中的属性和属性值必须小写。

为了便于判读和纠错，在编写 CSS 代码时，每个属性值之间添加一个空格。这样，如某条 CSS 属性有多个属性值，则阅读代码的用户可方便地将其分开。

2．添加注释

与多数编程语言类似，用户也可以将 CSS 代码进行注释。但与同样用于网页的 HTML 语言注释方式有所区别。

在 CSS 中，注释以"斜杠"（/）和"星号"（*）开头，以"星号"（*）和斜杠"（/）结尾。

```
.text{
font-family:"微软黑体";
font-size:12px;
/*color:#ffcc00;*/
}
```

在 CSS 代码中，其注释不仅可用于单行，也可用于多行。

7.2 使用【CSS 设计器】面板

Dreamweaver 中的 CSS 样式被集成在一个独特的【CSS 设计器】面板中，包括源、@媒体、选择器和属性 4 个窗格。【CSS 设计器】面板类似于【插入】面板，可支持用户对 CSS 样式进行可视化的操作。

7.2.1 源

在【CSS 设计器】面板的最上部分为【源】窗格，在该窗格中主要列出了与文档相关的所有 CSS 样式表，以协助用户设置网页所使用的 CSS 样式。

1．创建新的 CSS 文件

创建新的 CSS 文件是在网页中创建一个新的 CSS 文件并将其附加到文档。在【CSS 设计器】面板中的【源】窗格中，单击右上角的【添加 CSS 源】按钮，在其列表中选择【创建新的 CSS 文件】选项，如图 7-2 所示。

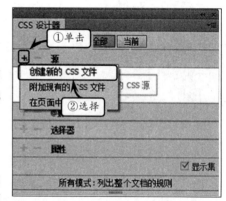

图 7-2 创建新的 CSS 文件

然后，在弹出的【创建新的 CSS 文件】对话框中，单击【浏览】按钮，如图 7-3

166

所示。

在弹出的【将样式表文件另存为】对话框中，设置保存位置和名称，单击【保存】按钮即可，如图 7-4 所示。

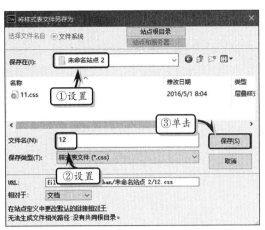

 图 7-3 【创建新的 CSS 文件】对话框   图 7-4 【将样式表文件另存为】对话框

此时，系统会自动返回到【创建新的 CSS 文件】对话框中，选中【链接】选项，单击【确定】按钮，即可创建并链接外部 CSS 样式表文件，如图 7-5 所示。

其中，在【创建新的 CSS 文件】对话框中，主要包括下列 3 种选项：

❑ **链接** 选中该选项，可以将 CSS 文件链接到文档。

❑ **导入** 选中该选项，可以将 CSS 文件导入到文档中。

❑ **有条件使用（可选）** 该选项用于指定要与 CSS 文件关联的媒体查询。

2．附加现有的 CSS 文件

附加现有的 CSS 文件是将现有的 CSS 文件附加到文档中。在【CSS 设计器】面板中的【源】窗格中，单击右上角的【添加 CSS 源】按钮，在其列表中选择【附加现有的 CSS 文件】选项。在弹出的【使用现有的 CSS 文件】对话框中，单击【浏览】按钮，如图 7-6 所示。

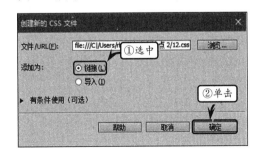

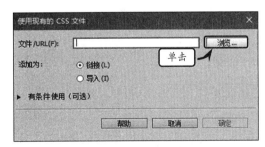

图 7-5 链接外部的 CSS 样式   图 7-6 【使用现有的 CSS 文件】对话框

在弹出的【选择样式表文件】对话框中，选择所需使用的 CSS 样式表文件，并单击【确定】按钮，如图 7-7 所示。

此时，系统会自动返回到【创建新的 CSS 文件】对话框中，选中【链接】选项，单

第 7 章 CSS 基础

击【确定】按钮，即可将所选 CSS 样式表文件附加到现有文档中，如图 7-8 所示。

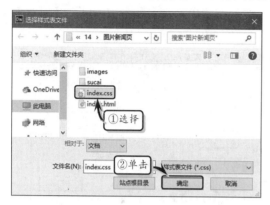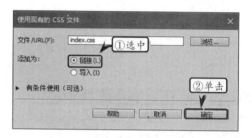

图 7-7　选择样式表文件

图 7-8　附加现有文档

3. 在页面中定义

在【CSS 设计器】面板中的【源】窗格中，单击右上角的【添加 CSS 源】按钮，在其列表中选择【在页面中定义】选项，系统即可创建一个内部的 CSS 样式，并在【源】窗格中添加一个<style>标签，如图 7-9 所示。

在网页中，切换到【代码】视图中，用户会发现代码中多出一个放置内部 CSS 样式的<style>标签，而所创建的内部 CSS 样式则会显示在<style>与</style>标签之间，如图 7-10 所示。

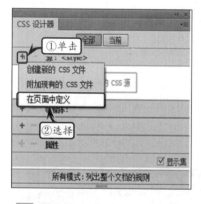
图 7-9　【CSS 设计器】面板

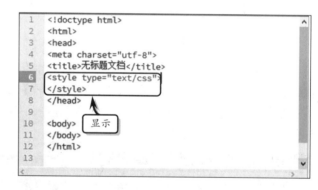
图 7-10　【代码】视图

> **提　示**
>
> 当用户创建 CSS 样式之后，在【源】窗格中选择 CSS 样式，单击右上角的【删除 CSS 源】按钮，即可删除该 CSS 样式。

7.2.2　@媒体

用户可以在【@媒体】窗格中为相应的媒体类型设置不同的 CSS 样式。要设置@媒体，需要先在【源】窗格中选择一个 CSS 源，然后单击【@媒体】窗格右上角的【添加媒体查询】按钮，如图 7-11 所示。

然后，在弹出的【定义媒体查询】对话框中，单击【媒体属性】下拉按钮，选择一种媒体属性；同时，单击其右侧的【属性值】下拉按钮，设置媒体属性值。除此之外，用户还可以通过单击【添加条件】按钮，来添加多个媒体属性，或者通过单击【删除条件】按钮，来删除所添加的媒体属性，如图 7-12 所示。

图 7-11 添加媒体查询

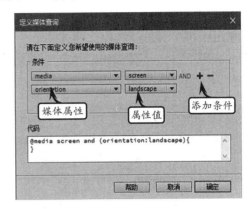

图 7-12 定义媒体查询

设置完媒体条件之后，单击【确定】按钮，即可创建媒体类型的 CSS 样式。

提 示

在【@媒体】窗格中，目前对多个条件只支持 AND 运算。

其中，Dreamweaver 为用户提供了 23 种媒体属性，其具体情况如下所述：

❑ **media** 用于设置提交网页文档的媒体类型，可通过属性值来设置属性媒介。其中，screen 属性值表示计算机显示器，print 属性值表示打印机，handheld 属性值表示小型手持设备，aural 属性值表示语音和音频合成器，braille 属性值表示盲文系统，指有触觉效果的印刷品，projection 属性值表示幻灯片式的方案展示，tty 属性值表示固定密度字母栅格的设备，tv 属性值表示电视机类型的设备。

❑ **orientation** 用于设置目标显示器或纸张方向。

❑ **min-width** 用于设置目标显示区域的最小宽度，可直接在文本框中输入宽度值，并在其后的下拉列表中选择宽度单位。

❑ **max-width** 用于设置目标显示区域的最大宽度，可直接在文本框中输入宽度值，并在其后的下拉列表中选择宽度单位。

❑ **width** 用于设置目标显示区域的宽度，可直接在文本框中输入宽度值，并在其后的下拉列表中选择宽度单位。

❑ **min-height** 用于设置目标显示区域的最小高度，可直接在文本框中输入高度值，并在其后的下拉列表中选择高度单位。

❑ **max-height** 用于设置目标显示区域的最大高度，可直接在文本框中输入高度值，并在其后的下拉列表中选择高度单位。

❑ **height** 用于设置目标显示区域的高度，可直接在文本框中输入高度值，并在其后的下拉列表中选择高度单位。

❑ **min-resolution**　用于设置媒体的最小像素密度，可直接在文本框中输入像素值，其单位包括 dpi、dpcm 和 dppx。

❑ **max-resolution**　用于设置媒体的最大像素密度，可直接在文本框中输入像素值，其单位包括 dpi、dpcm 和 dppx。

❑ **resolution**　用于设置媒体的像素密度，可直接在文本框中输入像素值，其单位包括 dpi、dpcm 和 dppx。

❑ **min-device-aspect-ratio**　用于设置媒体 device-width/ device-height 的最小比率。

❑ **max-device-aspect-ratio**　用于设置媒体 device-width/ device-height 的最大比率。

❑ **device-aspect-ratio**　用于设置媒体 device-width/ device-height 的比率。

❑ **min-aspect-ratio**　用于设置目标显示区域的最小宽度和高度比。

❑ **max-aspect-ratio**　用于设置目标显示区域的最大宽度和高度比。

❑ **aspect-ratio**　用于设置目标显示区域的宽度和高度比。

❑ **min-device-width**　用于设置媒体的最小宽度。

❑ **max-device-width**　用于设置媒体的最大宽度。

❑ **device-width**　用于设置媒体的宽度。

❑ **min-device-height**　用于设置媒体的最小高度。

❑ **max-device-height**　用于设置媒体的最大高度。

❑ **device-height**　用于设置媒体的高度。

7.2.3　选择器

在【CSS 设计器】面板中的【选择器】窗格中，单击右上角的【添加选择器】按钮，系统会自动在窗格中显示一个文本框，输入选择器名称即可，如图 7-13 所示。

另外，在文本框中输入第 1 个字母后，系统会自动列出有关第 1 个字母的所有选择器名称，以供用户进行选择，如图 7-14 所示。

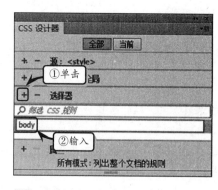

图 7-13　添加选择器

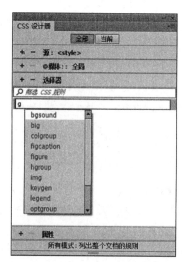

图 7-14　选择选择器

除此之外，用户在列表框中选择选择器名称，单击右上角的【删除选择器】按钮，即可删除所选选择器。而对于列表框中存在大量选择器的现象，则可以通过在【筛选 CSS规则】文本框中输入选择器名称的方法，来搜索选择器。

7.2.4 属性

在【CSS 设计器】面板中的【属性】窗格中，可以为指定的 CSS 样式设置其属性，如图 7-15 所示。

在【属性】窗格中，主要包括下列 5 种类型的属性：

❑ **布局** 激活该选项卡，可以设置 CSS 样式的布局样式，包括宽度、高度、最小宽度等属性。

❑ **文本** 激活该选项卡，可以设置 CSS 样式的文本格式，包括字体大小、字体颜色、字体变形等属性。

❑ **边框** 激活该选项卡，可以设置 CSS 样式的边框格式，包括所有边、顶部、右侧等属性。

❑ **背景** 激活该选项卡，可以设置 CSS 样式的背景格式，包括背景位置、背景大小、背景颜色等属性。

❑ **自定义** 激活该选项卡，可以自定义除内置的布局、文本、边框和背景属性之外的 CSS 样式属性。

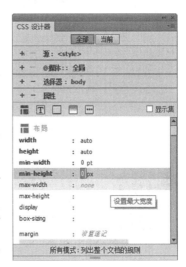

图 7-15 设置属性

7.3 CSS 选择器和方法

虽然用户已通过 CSS 样式概述和【CSS 设计器】面板等基础知识对 CSS 样式有了进一步的了解，但为了可以更好地使用 CSS 样式表，还需要继续了解一下 CSS 选择器和 CSS 选择方法等基础知识。

7.3.1 CSS 选择器

在网页制作中，用户可以通过 CSS 选择器，来实现 CSS 对 HTML 页面中的元素实现一对一、一对多或者多对一的控制。

CSS 选择器的名称只允许包含字母、数字以及下画线，系统不允许将数字放在选择器名称的第 1 位，也不允许选择器使用与 HTML 标签重复的名称，以免出现混乱。

在 CSS 语法规则中，主要包括标签选择器、类选择器、ID 选择器、伪类选择器和伪对象选择器 5 种选择器。

1．标签选择器

CSS 提供了标签选择器，并允许用户直接定义多数 XHMTL 标签样式。

例如，定义网页中所有无序列表的符号为空，可直接使用项目列表的标签选择器。

```
ol{
list-style:none;
}
```

当用户使用标签选择器定义某个标签样式后，其整个网页中的所有该标签都会自动应用这一样式。CSS 在原则上不允许对同一标签的同一个属性进行重复定义，但在实际操作中将会以最后一次定义的属性值为准。

2. 类选择器

CSS 样式中的类选择器可以把不同类型的网页标签归为一类，并为其定义相同的样式，以简化 CSS 代码。

在使用类选择器时，需要在类选择器名称的前面添加类符号"圆点"（.）。

而在调用类的样式时，则需要为 HTML 标签添加 class 属性，并将类选择器的名称作为 class 属性的值。

注 意

在通过 class 属性调用类选择器时，不需要在属性值中添加类符号"."，直接输入类选择器的名称即可。

例如，网页文档中有 3 个不同的标签，一个是层（div），一个是段落（p），一个是无序列表（ul）。如果使用标签选择器为这 3 个标签定义样式，使其中的文本变为红色，则需要编写 3 条 CSS 代码。

```
div{/*定义网页文档中所有层的样式*/
color:#ff0000;
}
p{/*定义网页文档中所有段落的样式*/
color:#ff0000;
}
ul{/*定义网页文档中所有无序列表的样式*/
color:#ff0000;
}
```

但是，使用类选择器，则可以将上述 3 条 CSS 代码合并为 1 条。

```
.redText{
color:#ff0000;
}
```

然后，即可为<div>、<p>和<ul>等标签添加 class 属性，应用类选择器的样式。

```
<div class="redText">红色文本</div>
<p class="redText">红色文本</p>
<ul class="redText">
<li>红色文本</li>
```

```
</ul>
```

一个类选择器可以对应于文档中的多种标签或多个标签, 充分体现了 CSS 代码的可重复性。

类选择器与标签选择器都具有各自的用途, 但相对于标签选择器来讲, 类选择器可以指定某一个范围内的应用样式, 具有更大的灵活性。除此之外, 对于类选择器来讲, 其标签选择则具有操作简单和定义方便的优点, 使用标签选择器可以在不需要为标签添加任何属性的前提下即可应用样式。

3. ID 选择器

ID 选择器是一种只针对某一个标签的、唯一性的选择器, 它不像标签和类选择器那样可以设定多个标签的 CSS 样式。

在 HTML 文档中, 用户可以为任意一个标签设定 ID 属性, 并通过该 ID 定义 CSS 样式。但是, HTML 文档并不允许两个标签使用同一个 ID。

在创建 ID 选择器时, 需要在选择器名称前面添加"井号"(#)。但是, 在为 HTML 标签调用 ID 选择器时, 则需要使用其 id 属性。

例如, 通过 ID 选择器, 分别定义某个无序列表中 3 个列表项的样式。

```
#listLeft{
float:left;
}
#listMiddle{
float:inherit;
}
#listRight{
float:right;
}
```

然后, 便可使用标签的 id 属性, 应用 3 个列表项的样式。

```
<ul>
<li id="listLeft">左侧列表</li>
<li id="listMiddle">中部列表</li>
<li id="listRight">右侧列表</li>
</ul>
```

技 巧

在编写 HTML 文档的 CSS 样式时, 通常在布局标签所使用的样式 (这些样式通常不会重复) 中使用 ID 选择器, 而在内容标签所使用的样式 (这些样式经常会多次重复) 中使用类选择器。

4. 伪类选择器

伪选择器与普通的选择器不同, 它通常不能应用于某个可见的标签, 只能应用于一些特殊标签的状态。其中, 最常见的伪选择器就是伪类选择器。

在定义伪类选择器之前，必须首先声明定义的是哪一类网页元素，并将这类网页元素的选择器写在伪类选择器之前，中间使用"冒号"（:）隔开。

```
selector:pseudo-class{property:value}
/*选择器：伪类{属性：属性值：}*/
```

在 CSS 标准中，共包含了表 7-2 中的 7 种伪类选择器。

表 7-2　伪类选择器及作用

伪类选择器	作　　用
:link	未被访问过的超链接
:hover	鼠标滑过超链接
:active	被激活的超链接
:visited	被访问过的超链接
:focus	输入焦点时的对象样式
:first-child	第 1 个子对象的样式
:first	第 1 页使用的样式

例如，当需要去除网页中所有超链接在默认状态下的下画线时，就需要使用伪类选择器。

```
a:link{
/*定义超链接文本的样式*/
text-decoration:none;
/*去除文本下画线*/
}
```

5. 伪对象选择器

伪对象选择器也是一种伪选择器，其主要作用是为某些特定的选择器添加效果。
在 CSS 标准中，共包含表 7-3 中的 4 种伪对象选择器。

表 7-3　伪对象选择器及作用

伪对象选择器	作　　用
:first-letter	定义选择器所控制的文本第一个字或字母
:first-line	定义选择器所控制的文本第一行
:after	定义某一对象之后的内容
:before	定义某一对象之前的内容

伪对象选择器的使用方法与伪类选择器类似，都需要先声明定义的是哪一类网页元素，并将这类网页元素的选择器写在伪对象选择器之前，并使用"冒号"（:）隔开。
例如，定义某一个段落文本中第 1 个字为 2em，即可使用伪对象选择器。

```
p{
font-size:12px;
}
p:first-letter{
font-size:2em;
```

```
    }
```

7.3.2　CSS 选择方法

通过 CSS 选择方法，可以对各种网页标签进行复杂的选择操作，以提高 CSS 代码的效率。

在 CSS 语法中，存在多种选择方法，其最常用的选择方法为包含选择、分组选择和通用选择。

1．包含选择

包含选择通常应用于定义各种多层嵌套网页元素标签的样式，可根据网页元素标签的嵌套关系，来帮助浏览器精确地查找该元素的位置。

在使用包含选择方法时，需要将具有包含选择关系的各种标签按照指定的顺序写在选择器中，并以空格来分开这些选择器。例如，在网页中，有 3 个标签的嵌套关系如下所示。

```
<tagName1>
<tagName2>
<tagName3>innerText.</tagName3>
</tagName2>
</tagName1>
<tagName3>outerText</tagName3>
```

如上述代码中，tagName1、tagName2 和 tagName3 分别代表 3 个不同的标签。其中，tagName3 标签在网页中出现 3 次。如果直接通过 tagName3 的标签选择器定义 outerText 文本的样式，则势必会影响外部 outerText 文本的样式。

因此，用户如果需要定义 innerText 文本的样式且不影响 tagName3 以外的文本样式，则可以通过包含选择方法进行定义，其代码如下所述。

```
tagName1 tagName2 tagName3{property:value;}
```

在上面的代码中，以包含选择的方式定义了包含 tagName1 和 tagName2 标签中的 tagName3 标签的 CSS 样式。同时，该 CSS 样式不会影响 tagName1 标签外的 tagName3 标签的样式。

包含选择的方法不仅可以将多个标签选择器组合起来使用，而且还适用于 ID 选择器、类选择器等多种选择器。

2．分组选择

分组选择是一种用于同时定义多个相同 CSS 样式的标签时所使用的选择方法，其定义时需要将选择器以"逗号"（,）分开。

```
selector1,selector2{property:value;}
```

在上面的代码中，selector1 和 selector2 分别表示应用于相同样式的两个选择器，而

property 则表示 CSS 样式属性，value 表示 CSS 样式属性值。

例如，在定义网页中的<body>标签，以及所有的段落、列表的行高均为 18px 时，其代码如下所述。

```
body,p,ul,li,ol{
line-height:18px;
}
```

在编写网页的 CSS 样式时，使用分组选择方法可以定义多个 HTML 元素标签的相同样式，提高代码的重用性。

3．通用选择

通用选择方法的作用是通过通配符"*"，对网页标签进行选择操作。

使用通用选择方法，可以方便地定义网页中所有元素的样式，其代码如下所述。

```
*{property:value;}
```

在上面的代码中，通配符"*"可以替换网页中所有的元素标签。例如，定义网页中所有标签的文本大小为 12px，其代码如下所述。

```
*{font-size:12px;}
```

同理，使用通用选择也可以定义某一个网页标签中嵌套的所有标签样式。例如，定义 id 为 testDiv 的层中所有文本的行高为 30px，其代码如下所述。

```
#testDiv*{line-height:30px;}
```

注　意

使用通用选择方法时，会影响所有的元素，不慎使用的话，则会影响整个网页的布局。由于通用选择方法的优先级是最低的，因此在为各种网页元素设置专有的样式后，即需取消通用选择方法的定义。

7.4　设置 CSS 样式

在 Dreamweaver 中，通过 CSS 样式可以定义页面元素的文本、背景、边框、背景等外观效果。用户可通过【CSS 设计器】面板，对 CSS 样式属性进行可视化操作。

7.4.1　设置布局样式

布局样式主要用来设置网页元素的位置属性，包括大小、填充、边距等。在【属性】窗格中，激活【布局】选项卡，设置新选择器样式的各属性，如图 7-16 所示。

其中，在【布局】选项卡中，主要包括下列一些属性：

❑ **width**　用于设置元素的宽度，默认为 auto，单击该选项，可在列表中选择其他选项，并根据选项类型输入宽度值。

- ❏ **height** 用于设置元素的高度，默认为 auto，单击该选项，可在列表中选择其他选项，并根据选项类型输入高度值。
- ❏ **min-width** 用于设置元素的最小宽度。
- ❏ **min-height** 用于设置元素的最小高度。
- ❏ **max-width** 用于设置元素的最大宽度，默认为 none，单击该选项，可在列表中选择其他选项，并根据选项类型输入宽度值。
- ❏ **max-height** 用于设置元素的最大高度，默认为 none，单击该选项，可在列表中选择其他选项，并根据选项类型输入高度值。

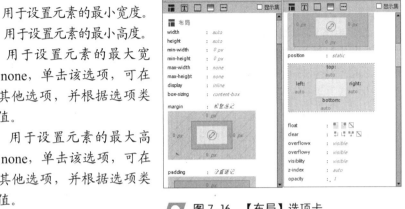

● 图 7-16 【布局】选项卡

- ❏ **display** 用于设置元素的显示方式，默认为 inline，可单击该选项，在其列表中选择相应的显示方式。
- ❏ **box-sizing** 用于以特定的方式定义匹配指定区域的特定元素。
- ❏ **margin** 用于设置元素的边界，当为元素设置边框时，则该选项表示边框外侧的空白区域。用户可通过设置上下左右值来调整元素的边界，或者直接在【设置速记】文本框中输入设置边距的速记值。
- ❏ **padding** 用于设置元素的填充，当为元素设置边框时，则该选项表示边框和内容之间的空白区域。用户可通过设置上下左右值来调整元素的填充，或者直接在【设置速记】文本框中输入设置填充的速记值。
- ❏ **position** 用于设置元素的定位方式，其中，static（静态）选项为默认选项，表示无特殊定位；absolute（绝对）选项表示绝对定位，其左上角的顶点为元素的定位原点，可通过设置 top、right、bottom 和 left 选项控制元素相对于原点的位置；fixed（固定）选项表示固定位置，其位置将保持不变；relative（相对）选项表示相对定位，可通过设置 top、right、bottom 和 left 选项控制元素相对于网页中的位置。
- ❏ **float** 用于设置元素的浮动定位，也就是对象的环绕效果。其中，left▤选项表示对象居左，其文字等内容从另一侧进行环绕；right▤选项表示对象居右，其文字等内容从另一侧进行环绕；而 none▨选项表示取消环绕效果。
- ❏ **clear** 用于清除元素的浮动效果。其中，left▤表示清除元素左侧的浮动效果，right▤选项表示清除元素右侧的浮动效果，both▦选项表示清除元素左侧和右侧的浮动效果，none▨选项表示不清除浮动效果。
- ❏ **overflow-x/y** 用于设置元素水平溢出和垂直溢出的行为方式。
- ❏ **visibility** 用于设置元素的可见性。其中，inherit 选项用于设置嵌套元素，其主元素会继承父元素的可见性；visible 选项表示元素始终处于可见状态；hidden 选项表示元素始终处于隐藏状态。
- ❏ **z-index** 用于设置元素的堆积顺序。
- ❏ **opacity** 用于设置元素的不透明度。

7.4.2 设置文本样式

文本是网页中最基础的元素之一，通过【CSS 设计器】面板中的【属性】窗格，不仅可以设置文本的字体样式，而且还可以设置文本的阴影效果。

1. 设置字体样式

字体样式主要用于设置字体的外观样式，包括文本颜色、字体系列、字体样式等一系列的属性选项，如图 7-17 所示。

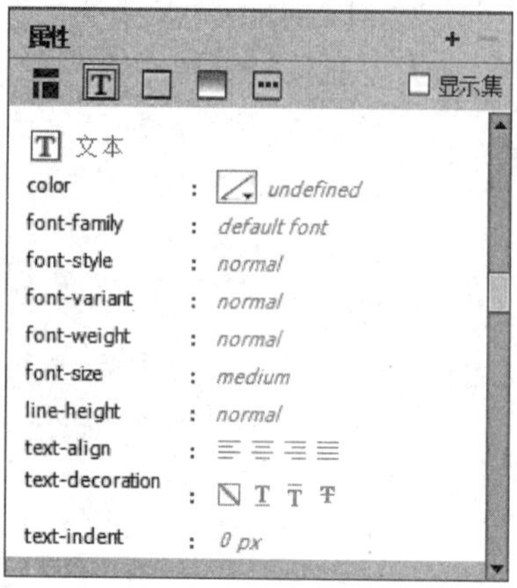

图 7-17 设置字体样式

其中，各种属性选项的具体含义，如下所述：

- **color** 用于设置字体颜色，单击【设置颜色】按钮，可在展开的颜色选择窗口中设置字体颜色；也可以在文本框中直接输入颜色值。
- **font-family** 用于设置字体系列，单击属性值，可在其列表中选择一种字体组合系列。另外，还可通过选择【管理字体】选项，来管理本地字体系列。
- **font-style** 用于设置字体样式，其中，normal 选项表示标准的字体样式，italic 选项表示带有斜体变量的字体所使用的斜体，oblique 选项表示无斜体变量的字体所使用的倾斜。
- **font-variant** 用于设置字体变形效果，其中，normal 选项表示标准的字体样式，small-caps 选项表示小型大写字母的字体样式。
- **font-weight** 用于设置字体的粗细程度。
- **font-size** 用于设置字体的大小，可通过单击属性值来设置字体大小的单位，并输入相应的大小值。
- **line-height** 用于设置文本的行高，可通过单击属性值来设置文本行高的单位，并输入相应的行高值。
- **text-align** 用于设置文本的对齐方式，其中，left选项表示文本左对齐，center选项表示文本居中对齐，right选项表示文本右对齐，justify选项表示文本两端对齐。
- **text-decoration** 用于设置文本的修饰效果，其中，none选项表示不对文本进行任何修饰，underline选项表示对文本添加下画线，overline选项表示对文本添加上画线，line-through选项表示对文本添加删除线。
- **text-indent** 用于设置文本的首行缩进，可以直接输入缩进值。

2. 设置字体阴影

字体阴影效果为 CSS 3.0 中新增的属性，主要用于设置文本的水平阴影、垂直阴影和阴影颜色等阴影效果，如图 7-18 所示。

其中，有关字体阴影属性的各选项的具体含义，如下所述：

❑ **h-shadow** 用于设置文本的水平阴影，其属性值允许负值的存在。

❑ **v-shadow** 用于设置文本的垂直阴影，其属性值允许负值的存在。

❑ **blur** 用于设置文本阴影的模糊半径。

❑ **color** 用于设置文本的阴影颜色。

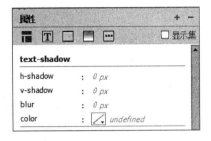

图 7-18 设置字体阴影

3. 设置其他字体样式

在【属性】窗格中，除了普通的字体样式和阴影样式之外，还包括一些其他的字体样式。例如，设置列表项目标记类型、设置垂直对齐方式等字体样式，如图 7-19 所示。

其中，有关其他字体样式属性的各选项的具体含义，如下所述：

❑ **text-lransfom** 用于设置英文字体的大小写格式，其中，none选项表示标准样式，capitalize选项表示每个单词以大写字母开头，uppercase选项表示每个单词都以大写字母进行显示，lowercase选项表示每个单词都以小写字母进行显示。

❑ **letter-spacing** 用于设置文本中字符之间的空格。

图 7-19 设置其他字体样式

❑ **word-spacing** 用于设置单词之间的距离。

❑ **white-space** 用于设置源代码中空格的显示状态，其中，normal 选项表示忽略所有空格，nowrap 选项表示不自动换行，pre 选项表示保留源代码中的所有空格，pre-line 选项表示忽略空格并保留源代码中的换行，pre-wrap 选项表示保留源代码中的空格并正常换行。

❑ **vertical-align** 用于设置垂直对齐方式。

❑ **list-style-position** 用于设置列表对象位置。

❑ **list-style-image** 用于设置列表样式图像。

❑ **list-style-type** 用于设置列表项目的标记类型。

7.4.3 设置边框样式

边框样式主要用于设置边框的高度、颜色和圆角边框效果等边框属性，相对于旧版本的边框样式，新版本的更加简单直观，如图 7-20 所示。

在【边框】选项卡中，系统为用户划分为所有边、顶部、右侧、底部和左侧 5 种不同的边框样式，用户可根据设计需求来设置不同的边框样式。除此之外，用户还可以通过 border 选项，来快速设置边框的速记值，使其应用到所有边框选项中。

Dreamweaver 中的 5 种边框样式具有相同的属性选项，下面根据"所有边"边框样式来详细介绍边框属性选项的具体含义。

❑ **width**　用于设置边框的宽度。

❑ **style**　用于设置边框的样式，包括 none（无）、dotted（点画线）、dashed（虚线）、solid（实线）、double（双线）、groove（槽状线）、ridge（脊状线）、inset（凹进）、outset（凸出）和 hidden（隐藏）。

❑ **color**　用于设置边框线的颜色。

❑ **border-radius**　用于设置圆角边框效果，除了可以通过设置边框半径的速记值来快速设置圆角效果之外；还可以通过分别设置上边框和下边框的左右半径值，来设置圆角效果。

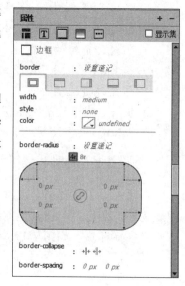

图 7-20 设置边框样式

❑ **border-collapse**　用于设置边框的合成效果，其中，collapse▦选项表示合并单一的边框，separate▦选项表示分开边框。

❑ **border-spacing**　用于设置相邻边框之间的距离，其第 1 个属性值表示垂直距离，第 2 个属性值表示水平距离。

7.4.4　设置背景样式

通过 CSS 样式中的背景属性，可以协助用户制作出漂亮的网页背景。例如，设置背景颜色、渐变颜色、背景大小、背景剪辑、背景滚动模式等，如图 7-21 所示。

其中，【背景】选项卡中各属性选项的具体含义，如下所述：

❑ **background-color**　用于设置背景颜色。

❑ **background-image**　用于设置背景图像样式，用户可以在 url 文本框中输入图像的文件地址，或者文本框右侧的【浏览】按钮来选择图像路径。另外，可通过 gradient 属性，来设置图像的渐变颜色。

图 7-21 设置背景样式

❑ **background-position**　用于设置背景图像的水平和垂直位置。

❑ **background-size**　用于设置背景图像的大小。

❑ **background-clip**　用于设置背景裁剪区域，其中，padding-box 选项表示从 padding

区域向外裁剪区域,border-box选项表示从border 区域向外裁剪区域,content-box表示从content 区域向外裁剪区域。

❑ **background-repeat** 用于设置背景的平铺方式,其中,repeat▦选项表示可以在水平和垂直方向的平铺,repeat-x▦选项表示只能在水平方向上平铺,repeat-y▦选项表示只能在垂直方向上平铺,no-repeat▦选项表示不对背景进行平铺。

❑ **background-origin** 用于设置背景的绘制区域。

❑ **background-attachment** 用于设置背景的滚动模式。

❑ **box-shadow** 用于设置背景的阴影效果,其中,h-shadow 选项用于设置水平阴影,v-shadow 选项用于设置垂直阴影,blur 选项用于设置框阴影的模糊半径,spread 选项用于设置框阴影的扩散半径,color 选项用于设置阴影颜色,inset 选项用于转换外部和内部投影。

7.5 使用 CSS 过渡效果

在 Dreamweaver 中,除了可以视觉性地创建 CSS 样式表之外,还可以通过创建 CSS 过渡效果,来突出网页元素的动态效果。

7.5.1 创建 CSS 过渡效果

首先,执行【窗口】|【CSS 过渡效果】命令,打开【CSS 过渡效果】面板,单击【新建过渡效果】按钮,如图 7-22 所示。

然后,在弹出的【新建过渡效果】对话框中,设置【目标规则】、【过渡效果开启】等选项,并单击【创建过渡效果】按钮,如图 7-23 所示。

图 7-22 新建过渡效果

在该对话框中,主要包括下列 10 种选项:

❑ **目标规则** 用于设置选择器的名称,其选择器可以为任意类型的 CSS 选择器。

❑ **过渡效果开启** 用于设置应用过渡效果的状态,其中,active 选项表示单击或激活,checked 选项表示选中状态,disabled 选项表示禁用状态,enabled 选项表示启用状态,focus 选项表示获得焦点状态,hover 选项表示鼠标经过或悬停状态,indeterminate 选项表示不确定状

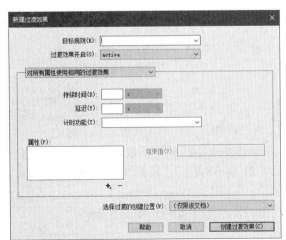

图 7-23 【新建过渡效果】对话框

态，target 选项表示打开超链接状态。

- □ **对所有属性使用相同的过渡效果**　选择该选项，可以为需要过渡的所有 CSS 属性指定相同的【持续时间】、【延迟】和【计时功能】选项。
- □ **对每个层使用不同的过渡效果**　选择该选项，可以为所需要过渡的每个 CSS 属性指定不同的【持续时间】、【延迟】和【计时功能】选项。
- □ **持续时间**　用于设置过渡效果的持续时间，其单位可以为秒（s）或毫秒（ms）。
- □ **延迟**　用于设置过渡效果开始之前的间隔时间，其单位可以为秒（s）或毫秒（ms）。
- □ **计时功能**　用于设置过渡效果的样式。
- □ **属性**　用于显示 CSS 属性，可通过单击加号按钮 ➕ 来添加 CSS 属性，通过单击减号按钮 ➖ 删除 CSS 属性。
- □ **结束值**　用于设置过渡效果的结束值。
- □ **选择过渡的创建位置**　用于设置过渡效果的嵌入位置。

7.5.2　编辑 CSS 过渡效果

创建 CSS 过渡效果之后，用户可以对该过渡效果进行相应的编辑操作，包括修改过渡效果值、删除过渡效果等内容。

1．修改过渡效果值

在【CSS 过渡效果】面板中选择某个过渡效果，单击【编辑所选过渡效果】按钮，如图 7-24 所示。

图 7-24　【CSS 过渡效果】面板

然后，在弹出的【编辑过渡效果】对话框中，修改相应的效果选项，单击【保存过渡效果】按钮即可，如图 7-25 所示。

2．删除过渡效果

当用户创建重复或多余的 CSS 过渡效果时，可通过删除功能，来删除无用的 CSS 过渡效果。

在【CSS 过渡效果】面板中，选择一个过渡效果，单击【删除 active 伪装】按钮，如图 7-26 所示。

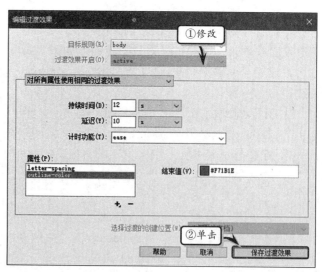

图 7-25　编辑过渡效果

然后，在弹出的【删除过渡效果】对话框中，选择所需删除的规则内容，单击【删除】按钮即可，如图 7-27 所示。

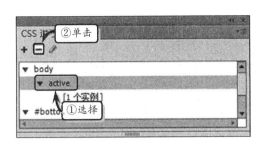

图 7-26 选择过渡效果　　　　　　　　　图 7-27 删除过渡效果

7.6 课堂练习：制作节日简介页

在一些内容介绍、概述、简介等网页页面中，会有许多文字来描述一些内容。为增强其阅读性，可以将一些文字字号变大，或者更改为其他颜色等。本练习将通过制作一个"节日简介"页面，来介绍修饰文字内容的操作方法，如图 7-28 所示。

图 7-28 节日介绍页

操作步骤：

1 在 index.html 文件中，先定义网页布局，如添加一张背景图片，定义<div>标签位置，插入图片，以及插入按钮，如图 7-29 所示。

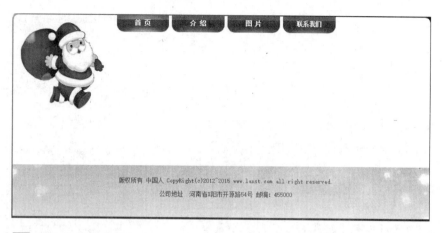

版权所有 中国人 CopyRight(c)2012~2015 www.lanst.com all right reserved.

公司地址　河南省邓州市开源路54号 邮编: 455000

图 7-29 布局网页

2　在页面中添加标题内容，并在标题下面添加一条虚线，用来分隔标题与内容，其代码如下所述。

```
<div class="right_box">
    <div>
      <ul class="menu">
          <li><a href="#" class="nav2">首 页</a>
          </li>
          <li><a href="#" class="nav">介 绍</a>
          </li>
          <li><a href="#" class="nav">图 片</a>
          </li>
          <li><a href="#" class="nav">联系我们</a>
          </li>
      </ul>
    </div>
<h1>节日简介</h1>
</div>
```

3　定义"节日简介"标题样式，如在 style.css 文件中添加<h1>选择器，并设置其样式内容，其代码如下所述。

```
h1 {
    padding:5px;
    font-size:16px;
    font-weight:bold;
    color: #510000;
    margin:20px 0px 5px 0px;
    text-decoration:none;
    border-bottom:1px #FEAFAF dotted;
}
```

4　在页面中插入文本内容，并调整其段落结构。例如，用户可以在文本之间添加<p>标签，来进行分段操作，如图 7-30 所示。

图 7-30 添加文本内容

5 在 CSS 代码文件中，添加<p>标签的样式。如设置其字体、字号、颜色和段落缩进等，其具体代码如下所述。

```
p {
    font-family:"宋体";
    font-size:12px;
    color:#666;
    text-indent:2em;
}
```

6 在文本中，针对特殊文字或者词语，添加<span>标签和<a>标签，并设置所应用的样式及链接地址，其具体代码如下所述。

```
<p><span class="text_jc">圣诞节(ChristmasDay)
    </span>这个名称是"<span class="text_ys">基督恺撒"
    </span>的缩写……
```

7 在 CSS 代码文件中，分别定义不同文字样式的效果，如加粗、改变字体大小、改变字体颜色等，其具体代码如下所述。

```
.text_jc {
    font-family:"黑体";
    font-size:16px;
    font-weight:bold;
    color:#FF6600;
}
.text_ys {
    color:#3399FF;
}
.text_js {
    font-weight:bold;
    color:#333;
```

}

8 此时，用户可以浏览网页查看所添加的效果。如果文字添加有链接，则在文字下将添加有下画线，如图7-31所示。

节日简介

　　圣诞节(Christmas Day) 这个名称是"基督恺撒"的缩写。中国除大陆地区外基本翻译为"耶诞节"，是比较准确的翻译。基督徒庆祝其信仰的耶稣基督诞生的庆祝日圣诞节" 圣诞节的庆祝与基督教同时西班牙圣诞节美景**(4张)**产生，被推测始于西元1世纪。很长时间以来圣诞节的日期都是没有确定的，因为耶稣确切的出生日期是存在争议的，除了《新约》以外，没有任何记载提到过耶稣；《新约》不知道日期，当然就没有人知道确切日期了。[1]

　　在西元后的头三百年间，耶稣的生日是在不同的日子庆祝的。西元3世纪以前的作家们想把圣诞节定在春分日上下。直到西元3世纪中期，基督教在罗马合法化以后，西元354年罗马主教指定儒略历12月25日为耶稣诞生日。现在的圣诞节日期跟西元纪年的创制是密不可分的。 西元纪年创制于西元5世纪，后来圣诞节这一天就按格里高利历法，即西元纪年的美景**"公历"**来确定了，而且日历按着假定日期把时间分为公元前美景**(耶稣基督诞生前)**和公元后**(A. D. 是拉丁文缩写，意思是"有了我们主一耶稣的年代")**。后来，虽然普遍教会都接受12月25日为圣诞节，但又因各地教会使用的历书不同，具体日期不能统一，于是就把12月24日到第二年的1月6日定为圣诞节节期**(Christmas,我国圣诞气氛(7张)s Tide)**，各地教会可根据当地具体情况在这段节期之内庆祝圣诞节。

图 7-31 文本效果

7.7 课堂练习：布局产品信息网页

　　在网页制作中通常使用 CSS 和 Div，把页面分为 Header、Nav、Main、Footer 这 4 部分，然后在 Main 里具体又分为 left、right，这样便可以将网页进行一层层的细分。在本练习中，将通过制作布局产品信息网页，来详细介绍使用 CSS 和 Div 的操作方法，如图 7-32 所示。

图 7-32 产品信息网页

操作步骤：

1. 新建空白网页，单击【页面属性】按钮，在【页面属性】对话框中，设置大小、背景图像和边距，如图 7-33 所示。

图 7-33 设置页面属性

2. 执行【插入】|Div 命令，在弹出的对话框中设置 Div 的 ID，并单击【新建 CSS 规则】按钮，如图 7-34 所示。

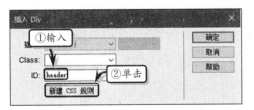

图 7-34 插入 Div

3. 在弹出的【新建 CSS 规则】对话框中，单击【确定】按钮，如图 7-35 所示。

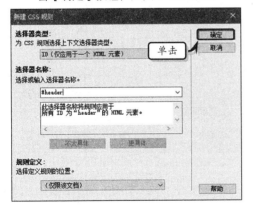

图 7-35 新建 CSS 规则

4. 在弹出的【#header 的 CSS 规则定义】对话框中，激活【方框】选项卡，设置各项参数，单击【确定】按钮，如图 7-36 所示。

图 7-36 定义方框规则

5. 删除 Div 中的文本，执行【插入】|【图像】命令，插入 "header.jpg" 图像，如图 7-37 所示。

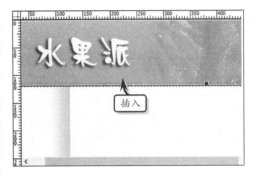

图 7-37 插入图像

6. 新建 ID 为 "nav" 的 Div 层，在【#nav 的 CSS 规则定义】对话框中设置 height 为 "40px"，【背景图像】为 "menu_bg.gif"，其他设置与 "#header" 一样，如图 7-38 所示。

图 7-38 创建 nav 层

7 新建 ID 为 "main" 的 Div 层，在【#main 的 CSS 规则定义】对话框中设置 height 为 "620px"，【背景图像】为 "content_bg.gif"，其他设置与 "#header" 一样，如图 7-39 所示。

图 7-39 创建 main 层

8 删除 main 层中的文本，创建 ID 为 "left" 的 Div 层，在【#left 的 CSS 规则定义】对话框中设置 Width 为 "540px"，Float 为 "left"，Padding-left、Padding-right 均为 "15px"，如图 7-40 所示。

图 7-40 创建 left 层

9 新建 ID 为 "right" 的 Div 层，在【#right 的 CSS 规则定义】对话框中设置 Width 为 "180px"，Float 为 "right"，如图 7-41 所示。

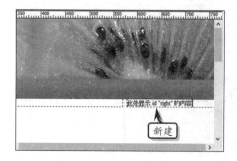

图 7-41 创建 right 层

10 将光标定位在 "nav" 层中，输入 "网站首页" 文本并设置文本链接，如图 7-42 所示。

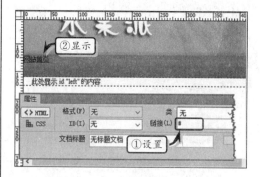

图 7-42 设置文本链接

11 创建名称为 "a1" 的 CSS 规则，然后将光标置于链接的文本上，将【类】设置为 "a1"，如图 7-43 所示。

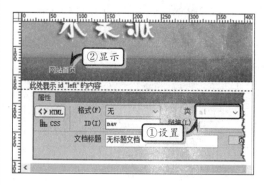

图 7-43 应用 CSS 规则

12 创建名为 "a1:hover" 的 CSS 规则，在 "left" 层中插入一个类名称为 "left" 的 Div 层，并设置 CSS 规则。然后将该层复制一遍，如图 7-44 所示。

图 7-44 创建类名称为 "left" 的 Div 层

13 在第 1 个类名称为"left"的 Div 层中插入一个类名称为"title"的 Div 层,并设置其 CSS 规则,如图 7-45 所示。然后,再创建一个普通 Div 层。

图 7-45 创建类名称为"title"的 Div 层

14 在第 2 个类名称为"left"的 Div 层中,插入同样一个类名称为"title"的 Div 层和一个普通层,如图 7-46 所示。

图 7-46 复制 Div 层

15 分别在类名称为"title"的 Div 层和普通层中输入文本并插入图像,选中图像设置其对齐格式,如图 7-47 所示。

图 7-47 输入文本并插入图像

16 将光标定位在 ID 为"right"的 Div 层中,插入一个类名称为"yb"的 Div 层,并设置其 CSS 规则,如图 7-48 所示。

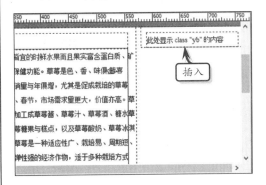

图 7-48 创建类名称为"yb"的 Div 层

17 在类名称为"yb"的 Div 层中插入一个类名称为"rb"的 Div 层和一个普通层,并复制类名称为"yb"的 Div 层,如图 7-49 所示。

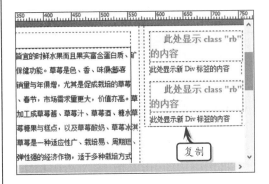

图 7-49 插入类名称为"rb"的 Div 层

18 在第 1 个类名称为"rb"的 Div 层中输入标题文本,在其下的普通层中创建项目列表和 <ul> 标签的 CSS 规则,如图 7-50 所示。

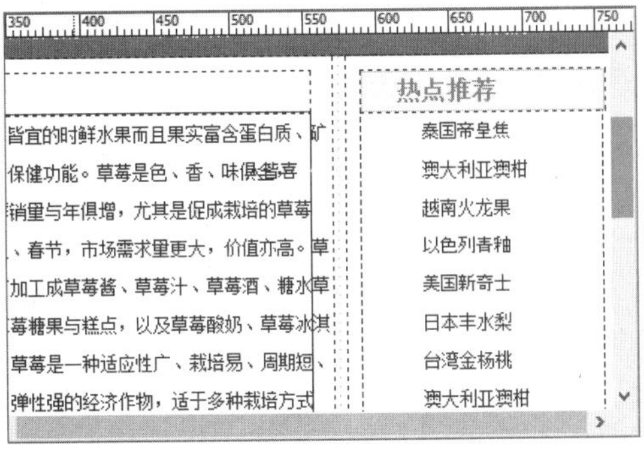

图 7-50 设置项目列表

19 在第 2 个类名称为"rb"的 Div 层中输入标题文本，插入图片并创建项目列表，如图 7-51 所示。

图 7-51 插入图片

20 在文档的最底部插入 ID 为"footer"的 Div 层，设置 CSS 规则并输入文本，如图 7-52 所示。

图 7-52 制作版尾

7.8 思考与练习

一、填空题

1. _____技术为网页提供了一种新的设计方式，通过简洁、标准化和规范性的代码，提供了丰富的表现形式。

2. 层叠样式表（CSS）是一组格式设置规则，用于控制_____。

3. CSS 格式设置规则由两部分组成：_____。

4. 根据 CSS 样式表存放的位置以及其应用的范围，可以将 CSS 样式表分为 3 种，即_____、_____以及_____等。

5. Dreamweaver 中的 CSS 样式被集成在一个独特的【CSS 设计器】面板中，包括_____、_____、_____和_____4 个窗格。

6. 在 CSS 语法规则中，主要包括_____、_____、_____、_____和_____5 种选择器。

二、选择题

1. 外部 CSS 是一种独立的 CSS 样式。其一般将 CSS 代码存放在一个独立的文本文件中，扩展名为"_____"。

　　A．.css

　　B．.swf

　　C．.html

　　D．.jpg

2. 使用内部 CSS 的好处在于可以将整个页面中所有的 CSS 样式集中管理，以选择器为_____供网页浏览器调用。

　　A．集合

　　B．样式

　　C．函数

　　D．接口

3. 内联 CSS 是利用 XHTML 标签的 style 属性设置的 CSS 样式，又称_____样式。

　　A．外嵌式

　　B．嵌入式

　　C．外联式

　　D．关联式

4. _____属性用于检测表格单元格中的内容，并根据其内容的有无决定是否显示单元格的边框。

　　A．color

　　B．font

　　C．empty-cells

　　D．src

5. 在 Dreamweaver 中，除了可以视觉性地创建 CSS 样式表之外，还可以通过创建 CSS_____，来突出网页元素的动态效果。

    A．背景颜色

    B．过渡效果

    C．字体样式

    D．边框样式

三、问答题

1．概述 CSS 样式表的作用。

2．简单介绍 CSS 样式的几种类型。

3．简单介绍 CSS 选择器的概念。

四、上机练习

1．布局产品信息页面

本练习中，首先新建空白文档，设置页面属性，并在【代码】视图中的<head>标签处输入 CSS 规则代码。同时，在【设计】视图中，插入版头和导航栏 Div 标签层，插入版头和正文图像，输入导航栏文本并设置文本的链接属性，如图 7-53 所示。

2．制作文章页面

在本练习中，首先打开素材文件，将光标定位在"leftmain" Div 层中，插入一个名为"title"的 Div 层，输入标题文本并设置文本的链接属性。同时，在其下方插入一个"homeText" Div 层，并嵌入"homeTitle"和"mainHome" Div 层。然

后，将光标定位在"homeTitle"层中，分别嵌入"htitle""publish"和"mark"3 个层。在"publish"层中再嵌入 3 个 Div 层，关联 CSS 规则并输入内容文本；而在"title"和"mark"层中关联 CSS 规则并输入相应的文本。最后，将光标定位在"mainHome" Div 层中，输入说明性文本，并设置文本的字体格式，如图 7-54 所示。

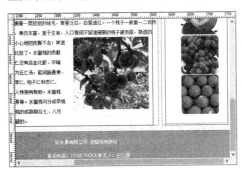

图 7-53 布局产品信息页面

```
72    <div id="mainHome">
73        <p>地中海蔚蓝色的浪漫情怀，海天一色、艳阳高照的纯美自然
      只有体验过的人才知道它的真正内涵；北极的涛茫冰冷、广阔无垠，
      只有置身北极的人才能真正的感受到它湛冷的气息。同样，MSVI卓越完
      美的设计必然要通过纯适天然的亲肤体验的传达给消费者。</p>
74        <p>MSVI在今天的韩国、今天的世界，已经不再是一个简单的英
      文字母组成的品牌名称了，它代表的优雅、睿智、雕琢和灵动已经成为
      了全世界年轻女性的时尚之选。</p>
75        <p>MSVI的设计宗旨是追求搭配的经典和极致，追求服装搭配的
      多样性和适应性。&ldquo;最经典的款式即为最经典的流行&rdquo;MSVI的精英
      设计团队运用经典的款式配合时尚的细节设计、舒适的面料以及时下流
      行的各种时尚元素设计出最易搭配的款式，设计师要将时尚的触角伸向
      世界各地，将生活的感悟和细节融入服装的设计中，即希望能使每一位
      选择MSVI品牌的女性都能利用衣橱中的MSVI的时装来达到最搭配出属于自
      己的风格。</p>
76        <p>MSVI的品牌核心理念就是       &ldquo;选择快乐、定义自我&rdquo;
      ，希望选择MSVI的女人更是快乐自信的女人，选择MSVI任何一款的同时
      也定义了此时自己独特的气质与魅力。自信的女人最美丽，MSVI的VI更
```

图 7-54 文章页面

第8章

网页表格和 Div 标签

在网页设计过程中，为了将网页元素按照一定的序列或位置进行排列，首先需要对页面进行布局，而最简单、最传统的布局方式就是使用表格和 Div 标签。表格是由行和列组成的，每一行或每一列又包含有一个或多个单元格，网页元素可以放置在任意一个单元格中。而<div>标签是 HTML 众多标签中的一个，它相当于一个容器或一个方框，用户可以将网页中的文字、图片等元素放到这个容器中。

在本章中，将详细介绍表格的创建和设置方法，以及使用 Div 布局网页的操作方法，使读者在 Dreamweaver 中能够进行简单的页面布局。

本章学习内容：

➢ 应用 Div 标签
➢ 创建表格
➢ 编辑表格
➢ 处理表格数据

8.1 应用 Div 标签

CSS 页面布局使用层叠样式表格式（而不是传统的 HTML 表格或框架），用于组织网页上的内容。CSS 布局的基本构造块是<div>标签，它是一个 HTML 标签，在大多数情况下用作文本、图像或其他页面元素的容器。

8.1.1 插入 Div 标签

Div 布局层是网页中最基本的布局对象，也是最常见的布局对象。它可以结合 CSS 强大的样式定义功能，比表格更简单、更自由地控制页面版式和样式。

首先，在网页中定位插入 Div 标签的位置。然后，在【插入】面板中的 HTML 选项卡中，单击 Div 按钮，如图 8-1 所示。

在弹出的【插入 Div】对话框中，可以命名<div>标签或者 Div 层的名称，并单击【确定】按钮，如图 8-2 所示。

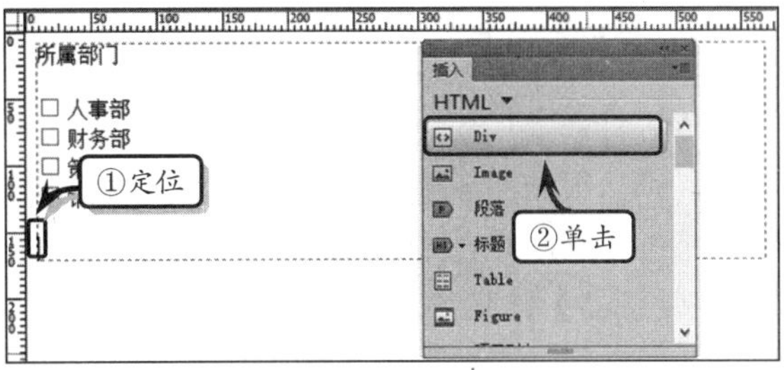

图 8-1　选择标签位置

提 示

【插入】选项会随着网页插入位置所在的内容的改变而改变，例如当用户将 Div 的插入点定在表单元素内时，其【插入】选项内容则增加【在标签开始之后】和【在标签结束之前】两项内容。

其中，【插入 Div】对话框中各选项的具体含义，如表 8-1 所示。

图 8-2　插入 Div

表 8-1　【插入 Div】对话框选项及含义

选　项		含　义
插入	在插入点	将<div>标签插入到当前光标所指示的位置
	在标签开始之后	将<div>标签插入到选择的开始标签之后
	在标签结束之前	将<div>标签插入到选择的开始标签之前
开始标签		如在【插入】的下拉列表中选择【在标签开始之后】或【在标签结束之前】选项后，即可在此列表中选择文档中所有的可用标签，作为开始标签
Class		定义<div>标签可用的 CSS 类
ID		定义<div>标签在网页中唯一的编号标识
新建 CSS 规则		根据该<div>标签的 CSS 类或编号标记等，为该<div>标签建立 CSS 样式

此时，在文档中会显示所插入的<div>标签，并在 Div 层中显示一段文本以方便用户选择该层，如图 8-3 所示。

提 示

用户也可以执行【插入】|Div 命令，在弹出【插入 Div】对话框，设置属性，并插入<div>标签。

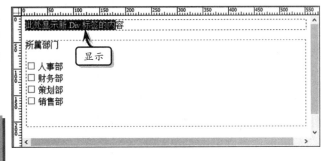

图 8-3　显示<div>标签

8.1.2　编辑 Div 标签

插入<div>标签之后，便可以对其进行相应的操作了，例如添加文本、添加 Div 层等。

1．查看 Div 层

将指针移到\<div>标签上时，Dreamweaver 将高亮显示此标签。如果用户选择该 Div 层时，则边框将以"蓝色"显示，如图 8-4 所示。

另外，当用户在【插入 Div】对话框中创建 CSS 规则之后，选择\<div>标签即可以在【CSS 设计器】面板中查看和编辑它的规则，如图 8-5 所示。

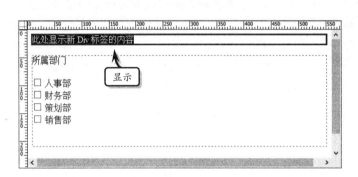

图 8-4　选择\<div>标签　　　　　　　　　　　　图 8-5　编辑 CSS 规则

2．插入文本

在 Dreamweaver 中，可以向\<div>标签中插入文本。即，选择该标签，将插入点放在标签中，然后直接输入文本内容即可，如图 8-6 所示。

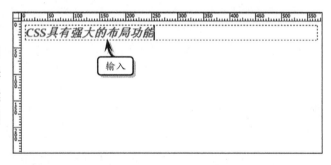

图 8-6　输入文本

3．插入多个 Div 层

Dreamweaver 允许用户在网页中插入多个 Div 层。首先，将光标定位在已经插入 Div 层的边框外。然后，在【插入】面板中的 HTML 选项卡中单击 Div 按钮，如图 8-7 所示。

然后，在弹出的【插入 Div】对话框中，设置各选项，并单击【确定】按钮，如图 8-8 所示。

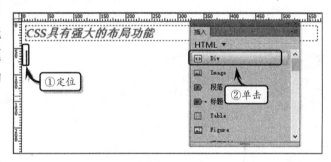

图 8-7　选择插入位置

此时，在文档中将显示所插入的 Div 层。用户可以使用该方法，依次添加更多的 Div

层，如图 8-9 所示。

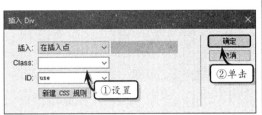

图 8-8 设置 Div 选项

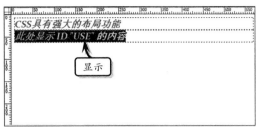

图 8-9 插入多个 Div 层

4．插入嵌套 Div 层

用户还可以在 Div 层中，插入
其他 Div 层，并实现层与层之间嵌
套。首先，将光标置于已插入的
Div 层中，并在【插入】面板中的
HTML 选项卡中单击 Div 按钮，
如图 8-10 所示。

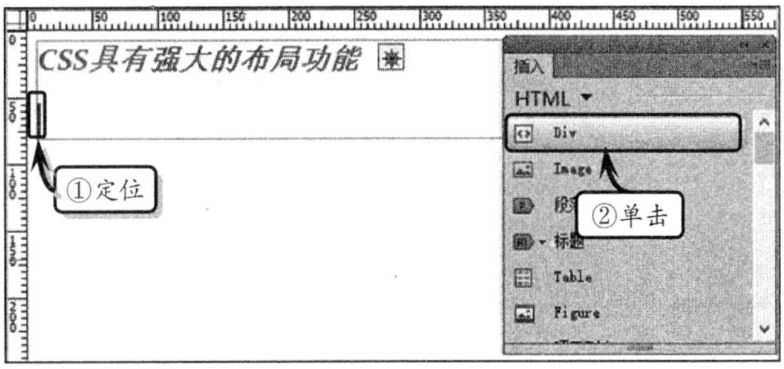

然后，在弹出的【插入 Div】
对话框中，设置各选项，并单击【确
定】按钮，如图 8-11 所示。

此时，可以看到所插入的 ID

图 8-10 定位位置

为 use 层，嵌套在第 1 个 Div 层的内部，如图 8-12 所示。

图 8-11 设置 Div 选项

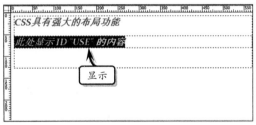

图 8-12 嵌套 Div 层

提 示

嵌套 Div 层时，其被嵌套的二级 Div 层中的 CSS 样式将会使用第一级的 Div 层 CSS 样式。

8.1.3 CSS 控制页面元素样式

Dreamweaver 提供了可视化的方式，帮助用户定义各种 CSS 规则。CSS 控制页面元
素样式包括类型、背景、区块性、方框、边框等 9 种属性，下面将详细介绍常用的 7 种
属性。

在【插入 Div】对话框中，单击【新建 CSS 规则】按钮，然后在弹出的【新建 CSS 规则】对话框中，设置相应选项，单击【确定】按钮，如图 8-13 所示。

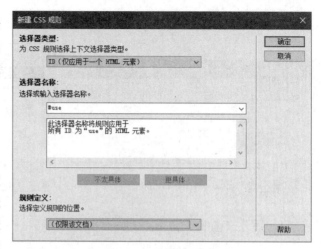

图 8-13 【新建 CSS 规则】对话框

1. 设置【类型】属性

在弹出的【#use 的 CSS 规则定义】对话框中，选择【分类】列表框中的【类型】选项，在右侧列表中定义文档中所有文本的各种属性，如图 8-14 所示。

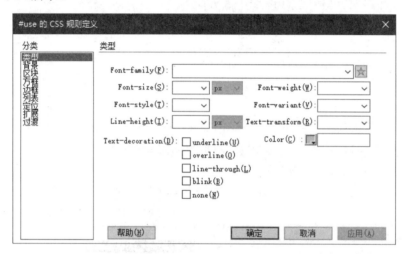

图 8-14 设置【类型】属性

在【类型】属性中，共包含 9 种属性，如表 8-2 所示。

表 8-2 【类型】规则属性

属 性 名	作 用	典型属性值及解释
Font-family	定义文本的字体类型	"微软雅黑""宋体"等字体的名称
Font-size	定义文本的字体大小	可使用 pt（点）、px（像素）、em（大写 M 高度）和 ex（小写 x 高度）等单位
Font-style	定义文本的字体样式	normal（正常）、italic（斜体）、oblique（模拟斜体）
Line-height	定义段落文本的行高	可使用 pt（点）、px（像素）、em（大写 M 高度）和 ex（小写 x 高度）等单位，默认与字体的大小相等，可使用百分比
Text-decoration	定义文本的描述方式	none（默认值）、underline（下画线）、line-through（删除线）、overline（上穿线）
Font-weight	定义文本的粗细程度	normal、bold、bolder、lighter 以及自 100 到 900 之间的数字。当填写数字值时，数字越大则字体越粗。其中 400 相当于 normal，800 相当于 bold，900 相当于 bolder

…

属 性 名	作 用	典型属性值及解释
Font-variant	定义文本中所有小写字母为小型大写字母	normal（默认值，正常显示）、small-caps（所有小写字母变为 1/2 大小的大写字母）
Font-transform	转换文本中的字母大小写状态	normal（默认值，无转换）、capitalize（将每个单词首字母转换为大写）、uppercase（将所有字母转换为大写）、lowercase（将所有字母转换为小写）
Color	定义文本的颜色	以十六进制数字为基础的颜色值。可通过颜色拾取器进行选择

2. 设置【背景】属性

【背景】规则的作用是设置网页中各种容器对象的背景属性。在该规则所在的列表对话框中，用户可设置网页容器对象的背景颜色、图像以及其重复的方式和位置等，如图 8-15 所示。

在【背景】属性中，共包含 6 种属性，如表 8-3 所示。

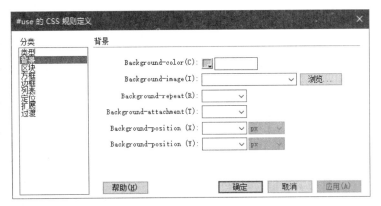

图 8-15　设置【背景】属性

表 8-3　【背景】规则属性

属 性 名	作 用	典型属性值及解释
Background-color	定义网页容器对象的背景颜色	以十六进制数字为基础的颜色值。可通过颜色拾取器进行选择
Background-image	定义网页容器对象的背景图像	以 URL 地址为属性值，扩展名为 JPEG、GIF 或 PNG
Background-repeat	定义网页容器对象的背景图像重复方式	no-repeat（不重复）、repeat（默认值，重复）、repeat-x（水平方向重复）、repeat-y（垂直方向重复）等
Background-attachment	定义网页容器对象的背景图像滚动方式	scroll（默认值，定义背景图像随对象内容滚动）、fixed（背景图像固定）
Background-position(X)	定义网页容器对象的背景图像水平坐标位置	长度值（默认为 0）或 left（居左）、center（居中）和 right（居右）
Background-position(Y)	定义网页容器对象的背景图像垂直坐标位置	长度值（默认为 0）或 top（顶对齐）、center（中线对齐）和 bottom（底部对齐）

3. 设置【区块】属性

【区块】规则是一种重要的规则，其作用是定义文本段落及网页容器对象的各种属性，如图 8-16 所示。

在【区块】规则中，用户可设置单词、字母之间插入的间隔宽度、垂直或水平对齐方式、段首缩进值以及空格字符的处理方式和网页容器对象的显示方式等，详细介绍如表 8-4 所示。

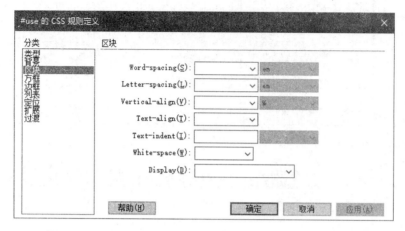

图 8-16 设置【区块】属性

表 8-4 【区块】规则属性

属 性 名	作 用	典型属性值或解释
Word-spacing	定义段落中各单词之间插入的间隔	由浮点数字和单位组成的长度值，允许为负值
Letter-spacing	定义段落中各字母之间插入的间隔	由浮点数字和单位组成的长度值，允许为负值
Vertical-align	定义段落的垂直对齐方式	baseline（基线对齐）、sub（对齐文本的下标）、super（对齐文本的上标）、top（顶部对齐）、text-top（文本顶部对齐）、middle（居中对齐）、bottom（底部对齐）、text-bottom（文本底部对齐）
Text-align	定义段落的水平对齐方式	left（文本左对齐）、right（文本右对齐）、center（文本居中对齐）、justify（两端对齐）
Text-indent	定义段落首行的文本缩进距离	由浮点数字和单位组成的长度值，允许为负值，默认值为 0
White-space	定义段落内空格字符的处理方式	normal（XHTML 标准处理方式，默认值，文本自动换行）、pre（换行或其他空白字符都受到保护）、nowrap（强制在同一行内显示所有文本，直到 BR 标签之前）
Display	定义网页容器对象的显示方式	display 属性共有 18 种属性，IE 浏览器支持其中的 7 种，即 block（显示为块状对向）、none（隐藏对象）、inline（显示为内联对象）、inline-block（显示为内联对象，但对其内容做块状显示）、list-item（将对象指定为列表项目，并为其添加项目符号）、table-header-group（将对象指定为表格的标题组显示）以及 table-footer-group（将对象指定为表格的脚注组显示）等

4. 设置【方框】属性

【方框】规则的作用是定义网页中各种容器对象的属性和显示方式，如图 8-17 所示。在【方框】规则中，用户可设置网页容器对象的宽度、高度、浮动方式、禁止浮动方式，以及网页容器内部和外部的补丁等。根据这些属性，用户可方便地定制网页容器对象的位置，如表 8-5 所示。

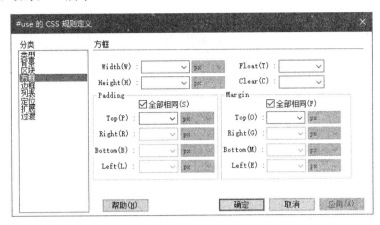

图 8-17　设置【方框】属性

表 8-5　【方框】规则属性

属 性 名	作　用	典型属性值或解释
Width	定义网页容器对象的宽度	由浮点数字和单位组成的宽度值，默认值可在【编辑】|【首选参数】|【AP 元素】中定义
Height	定义网页容器对象的高度	由浮点数字和单位组成的高度值，默认值可在【编辑】|【首选参数】|【AP 元素】中定义
Float	定义网页容器对象的浮动方式	left（左侧浮动）、right（右侧浮动）、none（不浮动，默认值）
Clear	定义网页容器对象的禁止浮动方式	left（禁止左侧浮动）、right（禁止右侧浮动）、both（禁止两侧浮动）、none（不禁止浮动，默认值）
Padding|Top	定义网页容器对象的顶部内补丁	由浮点数字和单位组成的长度值，允许为负值，默认值为 0
Padding|Right	定义网页容器对象的右侧内补丁	由浮点数字和单位组成的长度值，允许为负值，默认值为 0
Padding|Bottom	定义网页容器对象的底部内补丁	由浮点数字和单位组成的长度值，允许为负值，默认值为 0
Padding|Left	定义网页容器对象的左侧内补丁	由浮点数字和单位组成的长度值，允许为负值，默认值为 0
Margin|Top	定义网页容器对象的顶部外补丁	由浮点数字和单位组成的长度值，允许为负值，默认值为 20
Margin|Right	定义网页容器对象的右侧外补丁	由浮点数字和单位组成的长度值，允许为负值，默认值为 15
Margin|Bottom	定义网页容器对象的底部外补丁	由浮点数字和单位组成的长度值，允许为负值，默认值为 0
Margin|Left	定义网页容器对象的左侧外补丁	由浮点数字和单位组成的长度值，允许为负值，默认值为 0

5. 设置【边框】属性

【边框】规则的作用是定义网页容器对象的 4 条边框线样式。在【边框】规则中，Top

代表顶部的边框线，Right 代表右侧的边框线，Bottom 代表底部的边框线，而 Left 代表左侧的边框线。如用户选择【全部相同】，则 4 条边框线将被设置为相同的属性值，如图 8-18 所示。

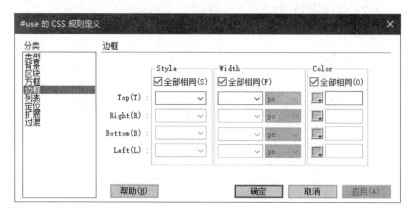

图 8-18　设置【边框】属性

在【边框】属性中，共包含 3 种类型的属性，如表 8-6 所示。

表 8-6　【边框】规则属性

属 性 名	作 用	典型属性值及解释
Style	定义边框线的样式	none（默认值，无边框线）、dotted（点画线）、dashed（虚线）、solid（实线）、double（双实线）、groove（3D 凹槽）、ridge（3D 凸槽）、inset（3D 凹边）、outset（3D 凸边）
Width	定义边框线的宽度	由浮点数字和单位组成的长度值，默认值为 0
Color	定义边框线的颜色	以十六进制数字为基础的颜色值。可通过颜色拾取器进行选择

提　示

如边框线的宽度小于 2 像素，则所有边框线的样式（none 除外）都将显示为实线。如边框线的宽度小于 3 像素，则 groove、ridge、inset 以及 outset 等属性将被显示为实线。

6. 设置【列表】属性

【列表】规则的作用是定义网页中列表对象的各种相关属性，包括列表的项目符号类型、项目符号图像以及列表项目的定位方式等，如图 8-19 所示。

在【列表】属性中，共包含 3 种属性，如表 8-7 所示。

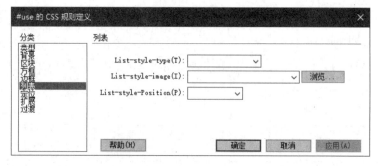

图 8-19　设置【列表】属性

表 8-7 【列表】规则属性

属 性 名	作 用	典型属性值及解释
List-style-type	定义列表的项目符号类型	disc（实心圆项目符号，默认值）、circle（空心圆项目符号）、square（矩形项目符号）、decimal（阿拉伯数字）、lower-roman（小写罗马数字）、upper-roman（大写罗马数字）、lower-alpha（小写英文字母）、upper-alpha（大写英文字母）以及 none（无项目列表符号）
List-style-image	自定义列表的项目符号图像	none（默认值，不指定图像作为项目列表符号）、url(file)（指定路径和文件名的图像地址）
List-style-Position	定义列表的项目符号所在位置	outside（将列表项目符号放在列表之外，且环绕文本，不与符号对齐，默认值）、inside（将列表项目符号放在列表之内，且环绕文本根据标记对齐）

7. 设置【定位】属性

【定位】规则多用于 CSS 布局的网页，可设置各种 AP 元素、层的布局属性，如图 8-20 所示。

在【定位】规则中，Width 和 Height 两个属性与【方框】规则中的同名属性完全相同，Placement 属性用于设置 AP 元素的定位方式，Clip 属性用于设置 AP 元素的剪切方式，各属性介绍如表 8-8 所示。

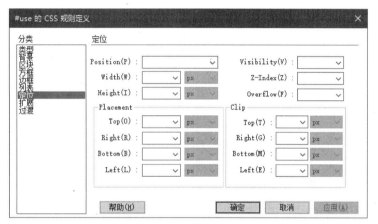

图 8-20 设置【定位】属性

表 8-8 【定位】规则属性

属 性 名	作 用	典型属性值及解释
Position	定义网页容器对象的定位方式	absolute（绝对定位方式，以 Placement 属性的值定义网页容器对象的位置）、fixed（IE 7 以上版本支持，遵从绝对定位方式，但需要遵守一些规则）、relative（遵从绝对定位方式，但对象不可层叠）、static（默认值，无特殊定位，遵从 XHTML 定位规则）
Visibility	定义网页容器对象的显示方式	inherite（默认值，继承父容器的可见性）、visible（对象可视）、hidden（对象隐藏）
Z-Index	定义网页容器对象的层叠顺序	auto（默认值，根据容器在网页中的排列顺序指定层叠顺序）以及整型数值（可为负值，数值越大则层叠优先级越高）
Overflow	定义网页容器对象的溢出设置	visible（默认值，溢出部分可见）、hidden（溢出部分隐藏）、scroll（总是以滚动条的方式显示溢出部分）、auto（在必要时自动裁切对象或像是滚动条）

属 性 名		作 用	典型属性值及解释
Placement	Top	定义网页容器对象与父容器的顶部距离	auto（默认值，无特殊定位）以及由浮点数字和单位组成的长度值，可为负数
	Right	定义网页容器对象与父容器的右侧距离	auto（默认值，无特殊定位）以及由浮点数字和单位组成的长度值，可为负数
	Bottom	定义网页容器对象与父容器的左侧距离	auto（默认值，无特殊定位）以及由浮点数字和单位组成的长度值，可为负数
	Left	定义网页容器对象与父容器的底部距离	auto（默认值，无特殊定位）以及由浮点数字和单位组成的长度值，可为负数
Clip	Top	定义网页容器对象顶部剪切的高度	auto（默认值，无特殊定位）以及由浮点数字和单位组成的长度值，可为负数
	Right	定义网页容器对象右侧剪切的宽度	auto（默认值，无特殊定位）以及由浮点数字和单位组成的长度值，可为负数
	Bottom	定义网页容器对象底部剪切的高度	auto（默认值，无特殊定位）以及由浮点数字和单位组成的长度值，可为负数
	Left	定义网页容器对象左侧剪切的宽度	auto（默认值，无特殊定位）以及由浮点数字和单位组成的长度值，可为负数

提 示

Placement 属性只有在 Position 属性被设置为 absolute、fixed 或 relative 时可用；而 Clip 属性则只有 Position 属性被设置为 absolute 时可用。在 IE 6.0 及之前版本的浏览器中，Position 属性不允许使用 fixed 属性值。该属性值只允许在 IE 7.0 及之后的浏览器中使用。另外，IE 浏览器还支持两个属性 overflow-x 和 overflow-y，分别用于定义水平溢出设置和垂直溢出设置，但不被 Firefox 和 Opera 等浏览器支持，也不被 W3C 的标准认可，应尽量避免使用。

8.2　创建表格

在 Dreamweaver 中，表格的主要功能是对网页元素进行定位与排版。熟练地运用表格，不仅可以任意定位网页元素，而且还可以丰富网页的页面效果。

8.2.1　插入表格

Dreamweaver 为用户提供了极其方便的插入表格的方法。首先，在网页中将光标定位在所需插入表格的位置。然后，执行【插入】|【表格】命令，或者在【插入】面板中的 HTML 选项卡中单击 Table 按钮，如图 8-21 所示。

然后，在弹出的 Table 对话框中，设置相应的参数，单击【确定】

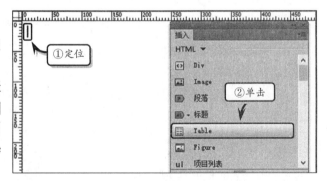

图 8-21　选择插入位置

网页设计与网站组建标准教程（2018—2020 版）

按钮，即可在网页中插入一个表格，如图 8-22 所示。

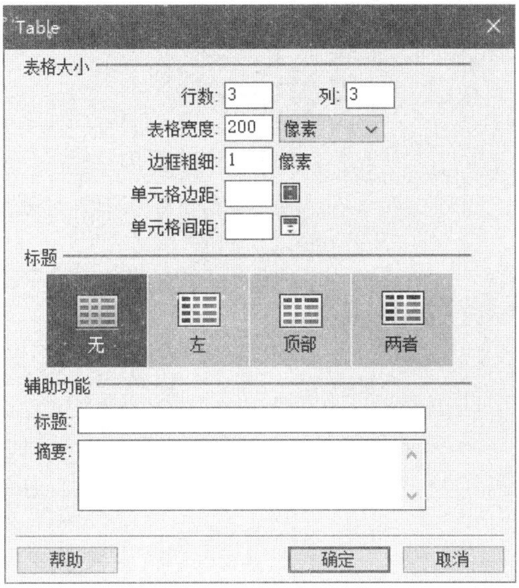

图 8-22 Table 对话框

在 Table 对话框中，主要包括表 8-9 中的一些选项。

表 8-9 【Table】对话框选项

选 项		作 用
行数		指定表格行的数目
列		指定表格列的数目
表格宽度		以像素或百分比为单位指定表格的宽度
边框粗细		以像素为单位指定表格边框的宽度
单元格边距		指定单元格边框与单元格内容之间的像素值
单元格间距		指定相邻单元格之间的像素值
标题	无	对表格不启用行或列标题
	左	将表格的第一列作为标题列，以便可为表格中的每一行输入一个标题
	顶部	将表格的第一行作为标题行，以便可为表格中的每一列输入一个标题
	两者	在表格中输入列标题和行标题
标题		提供一个显示在表格外的表格标题
摘要		用于输入表格的说明

提 示

当表格宽度的单位为百分比时，表格宽度会随着浏览器窗口的改变而变化。当表格宽度的单位设置为像素时，表格宽度是固定的，不会随着浏览器窗口的改变而变化。

8.2.2 创建嵌套表格

嵌套表格是在另一个表格单元格中插入的表格，其设置属性的方法与任何其他表格相同。首先，在网页中插入一个表格，并将光标置于表格中任意一个单元格内。然后，在【插入】面板中的 HTML 选项卡中单击 Table 按钮，如图 8-23 所示。

在弹出的 Table 对话框中，设置相应的参数，单击【确定】按钮，即可在原表格中插入一个表格。此时，所插入的表格对于原先表格称之为嵌套表格，如图 8-24 所示。

8.2.3 添加表格内容

创建表格之后，用户便可以向表格中添加文本或图像了，其添加方法与普通输入文本和插入图像的方法大体一致。

1. 输入文本

首先，将光标定位在表格中的任意一个单元格中。然后，在单元格中直接输入文本即可，如图 8-25 所示。

在表格中输入文本时，当表格的单位为百分比（%）时，其单元格的宽度将随着内容不断增多而向右延伸。

当表格的单位为像素时，其单元格的宽度不会随着内容增多而发生变化；而单元格的高度则会随着内容的增多而发生变化。

2. 插入图像

首先，将光标定位在表格中的任意一个单元格中，并在【插入】面板中的 HTML 选项卡中单击 Image 按钮，如图 8-26 所示。

然后，在弹出的【选择图像源文件】对话框中选择图片文件，单击【确定】按钮即可，如图 8-27 所示。

此时，在所选中的单元格中，将显示插入的图像。用户可以使用调整图像的操作方法，来调整单元格中的

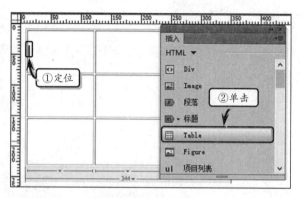

图 8-23　选择插入位置

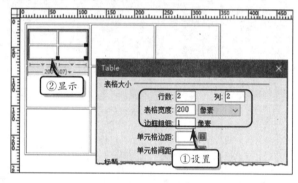

图 8-24　嵌套表格

图 8-25　输入文本

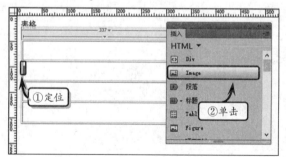

图 8-26　插入图像元素

图像大小，如图 8-28 所示。

图 8-27 选择图像文件   图 8-28 调整图像

8.2.4 设置属性

对于文档中已创建的表格，可以通过【属性】面板来设置表格的结构、大小、显示样式效果等表格属性。

1. 设置表格属性

选择表格，在【属性】面板中将显示该表格的基本属性，包括表格的 ID 名称、列数、行数、对齐方式等属性，如图 8-29 所示。

图 8-29 【属性】面板

其中，【属性】面板中各选项的具体含义，如表 8-10 所示。

表 8-10 表格属性选项及作用

选 项	作 用
表格	用于定义表格在网页文档中唯一的编号标识
行	用于定义表格中包含的行数量
宽	用于设置表格的宽度，可直接输入数值，单位为像素或百分比
Cols	用于定义表格中包含的列数量
CellPad	用于设置单元格边框与内容之间的距离，单位为像素
CellSpace	用于设置单元格之间的距离，单位为像素
Align	用于设置表格中单元格内容的对齐方式，包括【默认】、【左对齐】、【居中对齐】和【右对齐】4 种方式
Border	用于设置表格边框的格式，单位为像素
Class	用于设置表格的类 CSS 样式

选 项		作 用
功能按钮	清除列宽	将已定义宽度的表格宽度清除，转换为无宽度定义的表格，使表格随内容增加而自动扩展宽度
	清除行高	将已定义行高的表格行高清除，转换为无行高定义的表格，使表格随内容增加而自动扩展行高
	将表格宽度转换成像素	将以百分比为单位的表格宽度转换为具体的以像素为单位的表格宽度
	将表格宽度转换成百分比	将以像素为单位的表格宽度转换为具体的以百分比为单位的表格宽度
Fireworks 源文件		如在设计表格时使用了 Fireworks 源文件作为表格的样式设置，则可通过此项目管理 Fireworks 的表格设置，并将其应用到表格中

2. 设置单元格属性

选择表格中的任意一个单元格，在【属性】面板中将显示该单元格的基本属性，包括合并所选单元格、背景颜色、标题等属性，如图 8-30 所示。

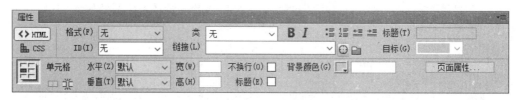

图 8-30 【属性】面板

其中，【属性】面板中有关单元格属性的各选项的具体含义，如下所述。

❑ **合并所选单元格，使用跨度** 将所选的多个同行或同列单元格合并为一个单元格。

❑ **拆分单元格为行或列** 将已选择的位于多行或多列中的独立单元格拆分为多个单元格。

❑ **水平** 定义单元格中内容的水平对齐方式。

❑ **垂直** 定义单元格中内容的垂直对齐方式。

❑ **宽** 定义单元格的宽度。

❑ **高** 定义单元格的高度。

❑ **不换行** 选中该项目单元格中的内容将不自动换行，单元格的宽度也将随内容的增加而扩展。

❑ **标题** 选中该项目，则将普通的单元格转换为标题单元格，单元格内的文本加粗并水平居中显示。

❑ **背景颜色** 单击该项目的颜色拾取器，可选择颜色并将颜色应用到单元格背景中。

8.3 编辑表格

创建表格之后，为使表格符合网页的整体设计要求，还需要对表格进行选择、添加行或列、调整大小等一系列的编辑操作。

8.3.1 调整表格

调整表格是调整表格的大小，以及添加或删除表格行或列等操作，既确保了整个网页的布局符合设计要求，又准确地定位网页中的各个元素。

1. 调整表格大小

选择整个表格之后，用户会发现在表格的右边框、下边框和右下角出现 3 个控制点。此时，将光标移至控制点上，当光标变成"双向箭头"时，拖动鼠标即可调整表格的大小，如图 8-31 所示。

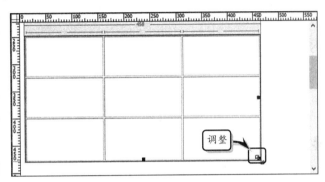

图 8-31　调整表格大小

另外，将光标移动到单元格的边框上，当光标变成"左右双向箭头" ◄╟► 或者"上下双向箭头" ╪ 时，拖动鼠标即可调整单元格的行高或列宽，如图 8-32 所示。

提　示

在调整表格的列宽时，可通过按住 Shift 键拖动边框的方法，在保留其他单元格列宽的情况下，调整该单元格的列宽。

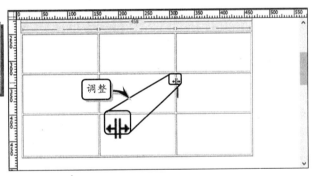

图 8-32　调整行高或列宽

2. 添加表格行与列

选择任意一个单元格，执行【修改】|【表格】|【插入行】命令，或者右击表格，执行【表格】|【插入行】命令，即可在所选单元格的上方插入一个新行，如图 8-33 所示。

另外，用户也可以右击，执行【表格】|【插入列】命令，在所选单元格的左侧插入一个新列。或者单击表格列标题，在展开的菜单中选择【左侧插入列】或在【右侧插入列】命令，选择性地插入新列，如图 8-34 所示。

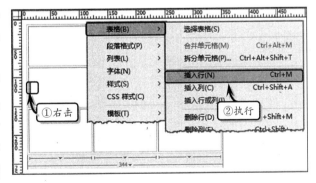

图 8-33　插入行

除此之外，用户还可以右击表格，执行【表格】|【插入行或列】命令，在弹出的【插入行或列】对话框中，设置所添加行或列的数目和位置，如图8-35所示。

提 示

选择表格中的任意一个单元格，执行【修改】|【表格】|【删除行】或【删除列】命令，即可删除该行或该列。

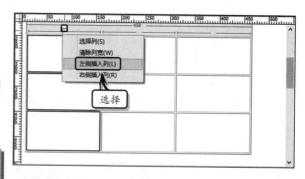

🔵 图8-34　插入列

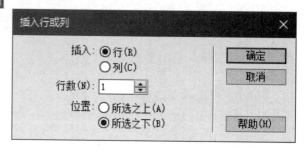

🔵 图8-35　【插入行或列】对话框

● 8.3.2　操作单元格

在网页设计过程中，经常会遇到一些不规则的数据排列。此时，可通过合并或拆分单元格的方法，使网页的排版样式符合网页的设计要求。

1．合并单元格

合并单元格可以将同行或同列中的多个连续单元格合并为一个单元格，但所选连续的单元格必须可以组成一个矩形形状，否则将无法合并单元格。

选择两个或两个以上连续的单元格，执行【修改】|【表格】|【合并单元格】命令，或在【属性】面板中单击【合并所选单元格】按钮▣，即可将所选的多个单元格合并为一个单元格，如图8-36所示。

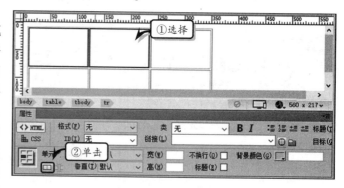

🔵 图8-36　合并单元格

提 示

选择连续的多个单元格，右击表格，执行【表格】|【合并单元格】命令，也可合并所选单元格。

2．拆分单元格

拆分单元格可以将一个单元格以行或列的形式拆分成多

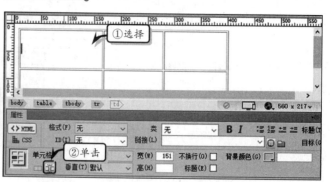

🔵 图8-37　选择单元格

个单元格。选择所需拆分的单元格，执行【修改】|【表格】|【拆分单元格】命令，或者单击【属性】面板中的【拆分单元格为行或列】按钮▦，如图8-37所示。

然后，在弹出的【拆分单元格】对话框中选中【行】或【列】选项，并设置所需拆分的行或列数，单击【确定】按钮即可，如图 8-38 所示。

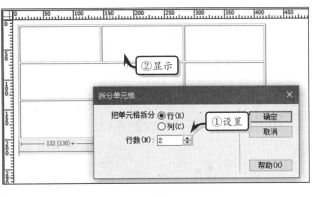

②显示

技 巧

用户可以使用 Ctrl+C 组合键和 Ctrl+V 组合键，来复制与粘贴单元格及内容。

图 8-38　拆分单元格

8.4　处理表格数据

Dreamweaver 除了为用户提供插入表格、编辑和设置表格属性等基础表格功能之外，还为用户提供了排序表格数据和导入/导出表格数据等数据处理功能，以方便用户使用外部数据来设计网页。

8.4.1　排序数据

排序数据是指按照一定的规律对表格内的单列数据进行升序或降序排列。

选择表格，执行【命令】|【排序表格】命令。在弹出的【排序表格】对话框中，设置相应选项，单击【确定】按钮即可，如图 8-39 所示。

其中，【排序表格】对话框中，各选项的具体含义，如下所述。

❏ **排序按**　用于设置进行排序所依据的列。

❏ **顺序（顺序按）**　用于设置排序的顺序和方向，选择【按字母顺序】选项将按照字母的排列进行排序，而选择【按数字顺序】选项则按照数字的排列进行排序。当选择【升序】方向时，则表示

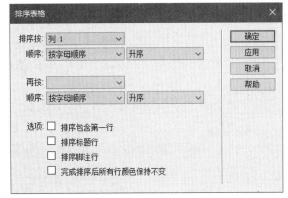

图 8-39　【排序表格】对话框

排序按照数字从小到大，字母从 A 到 Z 的方向进行排列；当选择【降序】方向时，则表示排序按照数字从大到小，字母从 Z 到 A 的方向进行排列。

❏ **再按**　用于设置进行排序所依据的第二依据的列。

❏ **顺序（再按）**　用于设置第二依据的排序顺序和方向。

❏ **排序包含第一行**　启用该复选框，可以将表格第一行包含在排序中。

- ❑ **排序标题行** 启用该复选框，可以指定使用与主体行相同的条件对表格的标题部分中的所有行进行排序。
- ❑ **排序脚注行** 启用该复选框，可以指定按照与主体行相同的条件对表格的脚注部分中所有的行进行排序。
- ❑ **完成排序后所有行颜色保持不变** 启用该复选框，可以指定排序之后表格行属性应该与同一内容保持关联。

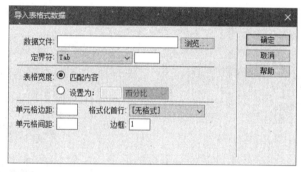

8.4.2 导入/导出表格数据

Dreamweaver 为用户提供了导入/导出表格数据功能，通过该功能不仅可以将文本格式、Excel 和 Word 等格式的数据导入到 Dreamweaver 中，而且还可以将 Dreamweaver 中的数据导出为普通的表格式数据。

1. 导入表格式数据

在 Dreamweaver 文档中，执行【文件】|【导入】|【表格式数据】命令，在弹出的【导入表格式数据】对话框中，设置相应选项，单击【确定】按钮即可，如图 8-40 所示。

其中，在【导入表格式数据】对话框中，主要包括下列 7 种选项：

- ❑ **数据文件** 用于设置所需导入的文件路径，可通过单击【浏览】按钮，在弹出的对话框中选择导入文件。
- ❑ **定界符** 用于设置导入文件中所使用的分隔符，包括【逗号】、【引号】、【分号】、Tab 和【其他】5 种分隔符；当用

图 8-40 【导入表格式数据】对话框

户选择"其他"分隔符时，则需要在右侧的文本框中输入新的分隔符。
- ❑ **表格宽度** 用于设置表格的宽度，选中【匹配内容】选项可以使每个列足够宽以适应该列中最长的文本字符串；选中【设置为】选项既可以以像素为单位指定表格的固定列宽，又可以按照浏览器窗口宽度的百分比来指定表格的列宽。
- ❑ **单元格边距** 用于指定单元格内容与单元格边框之间的距离，以像素为单位。
- ❑ **单元格间距** 用于指定相邻单元格之间的距离，以像素为单位。
- ❑ **格式化首行** 用于设置表格首行的格式，包括【无格式】、【粗体】、【斜体】和【加粗斜体】4 种格式。
- ❑ **边框** 用于指定表格边框的宽度，以像素为单位。

2. 导入 Excel 数据

在 Dreamweaver 文档中，选择导入位置，执行【文件】|【导入】|【Excel 文档】

命令，在弹出的【导入 Excel
文档】对话框中选择 Excel
文件，单击【打开】按钮，
如图 8-41 所示。

此时，用户可以在
Dreamweaver 文档中，查看
所导入的 Excel 文档中的数
据。对于导入的 Excel 数据
表，用户也可以选择该表，
在【属性】面板中设置表
格的基本属性，如图 8-42
所示。

3. 导入 Word 数据

在 Dreamweaver 文档
中，选择导入位置，执行【文
件】|【导入】|【Word 文档】
命令，在弹出的【导入 Word
文档】对话框中选择 Word
文件，单击【打开】按钮，
如图 8-43 所示。

此时，用户可以在
Dreamweaver 文档中，查看
所导入的 Word 文档中的数
据，如图 8-44 所示。

> **提 示**
>
> 导入 Word 文档时，其 Word 文
> 档中的内容必须以表格的形式
> 进行显示，否则所导入的 Word
> 文档内容将会以普通文本的格
> 式进行显示。

4. 导出数据

在 Dreamweaver 文档

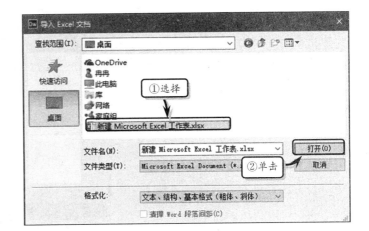

图 8-41　【导入 Excel 文档】对话框

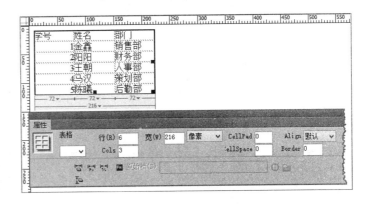

图 8-42　设置表格属性

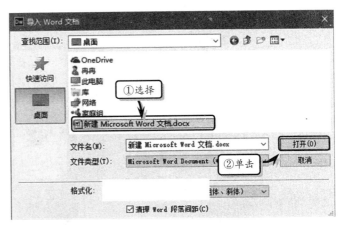

图 8-43　【导入 Word 文档】对话框

中，除了可以导入外部数据之外，还可以将 Dreamweaver 文档中的表格导出为普通的表
格式数据。

首先，选择表格或选择任意一个单元格，执行【文件】|【导出】|【表格】命令。然后，在弹出的【导出表格】对话框中设置【定界符】选项，用于指定分隔符样式；同时设置【换行符】选项，用于指定打开文件所使用的操作系统版本，并单击【导出】按钮，如图 8-45 所示。

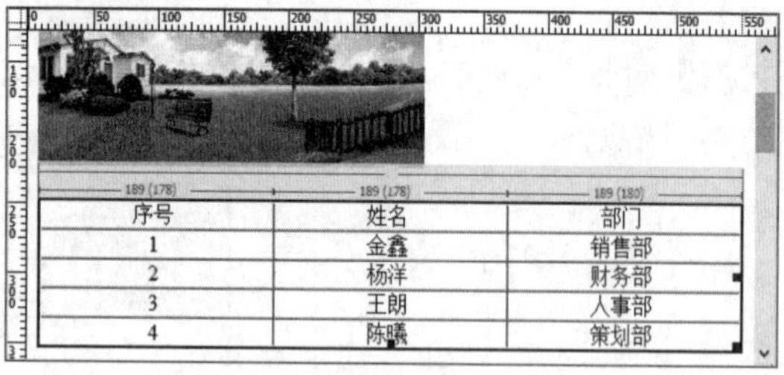

最后，在弹出的【表格导出为】对话框中，设置保存位置和名称，单击【保存】按钮即可，如图 8-46 所示。

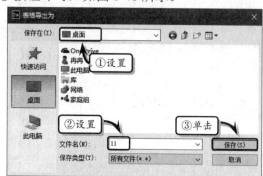

图 8-44　查看导入效果

图 8-45　【导出表格】对话框

图 8-46　【表格导出为】对话框

8.5　课堂练习：制作健康网页内容

块状标签不仅可以为网页布局，还可以整理网页的各种内容，使网页的内容更加有条理。除了块状标签外，用户还可以使用内联标签，创建网页的具体内容。在本练习中，将通过制作健康网页内容，来详细介绍块状标签和内联标签的使用方法，如图 8-47 所示。

图 8-47　健康网页内容

操作步骤:

1 打开素材文件,在 ID 为"content"的 Div 层中执行【插入】IDiv 命令,插入类名称为"leftmain"的 Div 层,并设置其 CSS 规则,如图 8-48 所示。

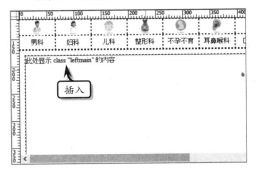

图 8-48 插入"**leftmain**"层

2 在"leftmain"层中插入类名称为"title"的 Div 层,设置其 CSS 规则,并输入标题名称,如图 8-49 所示。

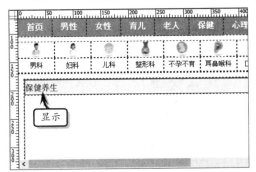

图 8-49 制作"**title**"层

3 在"leftmain"层中插入类名称为"rows"的 Div 层,设置其 CSS 规则,如图 8-50 所示。

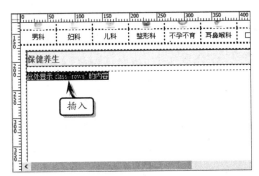

图 8-50 插入"**rows**"层

4 在"rows"层中插入类名称为"bjPic"和"bjText"的 Div 层,设置其 CSS 规则,如图 8-51 所示。

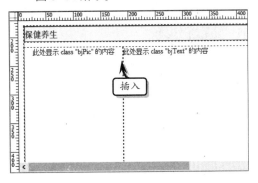

图 8-51 插入"**bjPic**"和"**bjText**"层

5 在"bjPic"层中插入类名称为"pic"和"bjpicText"的 Div 层,并设置其 CSS 规则,如图 8-52 所示。

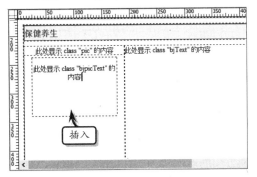

图 8-52 插入"**pic**"和"**bjpicText**"层

6 将光标置于类名称为"pic"的 Div 层中,执行【插入】||【图像】命令,插入"bjys.jpg"图像,如图 8-53 所示。

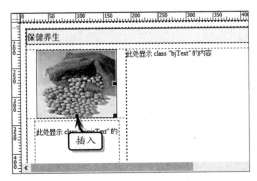

图 8-53 添加"**pic**"层内容

7 将光标置于名称为"bjpicText"的 Div 层中，输入文本，单击【项目列表】按钮，创建列表并设置 CSS 规则，如图 8-54 所示。

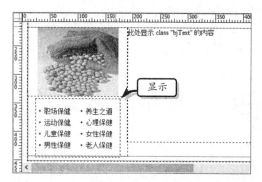

图 8-54 添加"bjpicText"层内容

8 将光标置于"bjText"层中，插入类名称为"bigTitle"和"Listmain"的 Div 层，设置其 CSS 规则，如图 8-55 所示。

图 8-55 插入 Div 层

9 在"bigTitle"层中输入标题文本，在"Listmain"层中输入项目列表内容，如图 8-56 所示。

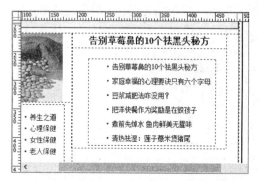

图 8-56 添加"bjText"层内容

10 设置<a>标签的 CSS 规则，选择文本，在【属性】中设置【链接】为"javascript: void(null);"，如图 8-57 所示。

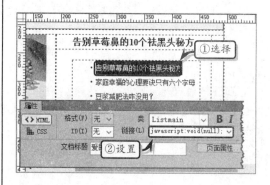

图 8-57 设置链接

11 设置 a:hover 的 CSS 规则，使用上述方式分别创建【减肥频道】、【饮食健康】和【老年健康】版块，如图 8-58 所示。

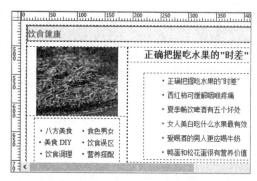

图 8-58 制作其他版块

12 将光标置于文档底部，插入 ID 为"footer"的 Div 层，设置 CSS 样式，输入文本并设置文本格式，如图 8-59 所示。

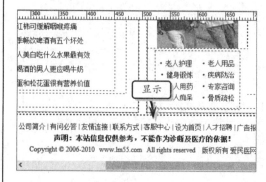

图 8-59 制作版尾内容

在网页制作过程中，需要在固定并有限的区域中显示较多的信息。此时，可以使用浮动框架页面来实现，浮动框架既可以在网页中插入，也可以在表格中插入。在本练习中，将通过制作宠物之家网页，来详细介绍浮动框架的使用方法，如图 8-60 所示。

图 8-60　宠物之家网页

操作步骤：

1　新建空白文档，保存文档后单击【属性】面板中的【页面属性】按钮，设置背景颜色，如图 8-61 所示。

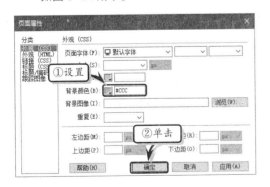

图 8-61　设置背景颜色

2　执行【插入】|【表格】命令，插入一个 1 行 1 列、【宽】为"800 像素"的表格，如

图 8-62 所示。

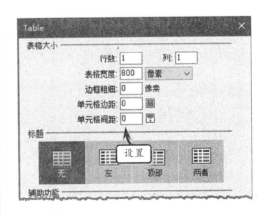

图 8-62　插入 1 行 1 列的表格

3　选择表格，在【属性】面板中，将 Align 设置为【居中对齐】，如图 8-63 所示。

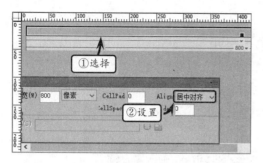

图 8-63 设置对齐方式

4 将光标定位在单元格中,在【属性】面板中,将【背景颜色】设置为 "#666666",如图 8-64 所示。

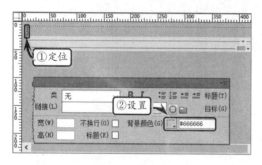

图 8-64 设置表格背景颜色

5 光标放置在单元格中,执行【插入】|【表格】命令,插入一个 4 行 2 列、【宽】为 "712 像素"、【单元格间距】为 "5" 的表格,如图 8-65 所示。

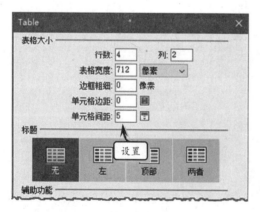

图 8-65 插入嵌套表格

6 选择表格,在【属性】面板中,将 Align 设置为【居中对齐】,如图 8-66 所示。

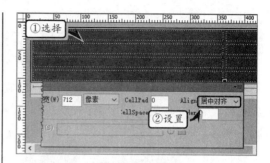

图 8-66 设置对齐方式

7 合并第 1 行的单元格,将光标置于第 1 行中,执行【插入】|【图像】命令,插入 "title.jpg" 图像,如图 8-67 所示。

图 8-67 插入图像

8 合并第 2 行的单元格,将光标置于第 2 行中,执行【插入】|【表格】命令,插入一个 1 行 6 列的表格,如图 8-68 所示。

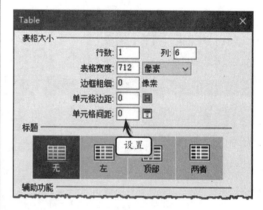

图 8-68 插入嵌套表格

9 选择所有单元格,将【宽】设为 "100",将【高】设为 "35",将【水平】设置为【居中对齐】,将【背景颜色】设置为 "#7d9a17",如图 8-69 所示。

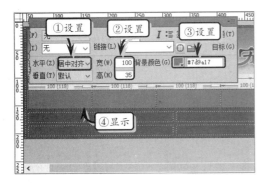

图 8-69 设置表格属性

10 在表格中分别输入相应文本，选择【关于我们】文本，单击【链接】文本框右侧的【浏览文件】按钮，选择 "welcome.html" 页面，如图 8-70 所示。

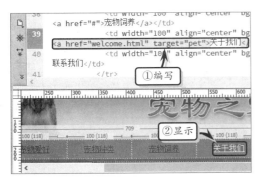

图 8-70 链接页面 1

11 选择【联系我们】文本，单击【链接】文本框右侧的【浏览文件】按钮，选择 "contentus.html" 页面，如图 8-71 所示。

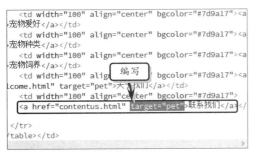

图 8-71 链接页面 2

12 选择【首页】文本，在【链接】文本框中输入 "#"，创建空链接，如图 8-72 所示。使用同样方法，创建其他空链接。

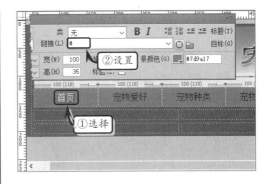

图 8-72 创建空链接

13 将光标置于第 3 行第 1 列中，执行【插入】IHTMLIIFRAME 命令，进入【拆分】模式，如图 8-73 所示。

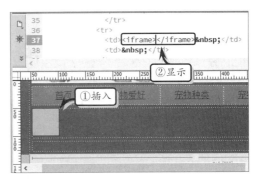

图 8-73 插入浮动框架

14 切换到【代码】视图中，为 iframe 元素添加 src、width、height、frameborder 等属性，设置浮动框，如图 8-74 所示。

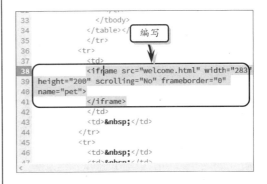

图 8-74 设置浮动框架属性

15 将光标置于第 3 行第 2 列中，将【垂直】设置为【顶端】，将【宽】设置为 "420"，将【高】设置为 "204"，并插入 "beijixiong.jpg"

图像，如图 8-75 所示。

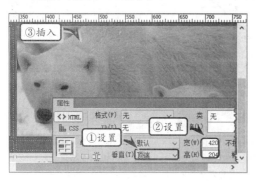

16 合并第 4 行中的单元格，将光标置于单元格中，执行【插入】|【表格】命令，插入一个 3 行 3 列的表格，如图 8-76 所示。

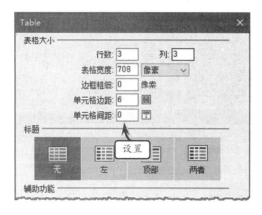

17 分别合并第 1 和 3 行中的单元格，并将第 1 和 2 行单元格的【背景颜色】设置为 "#b0ae75"，如图 8-77 所示。

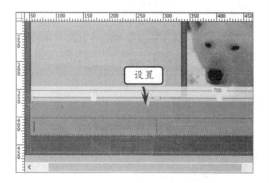

18 在第 1 行中插入 "gallery.jpg" 图像，选择第 2 行第 1 列，将【宽】设置为 "84"，并插入 "bai.jpg" 图像，如图 8-78 所示。

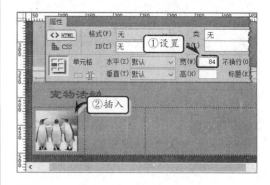

19 使用同样方法，设置第 2 行第 2 列单元格的宽度，并插入图像。然后，在第 2 行第 3 列中输入文本，并设置文本属性，如图 8-79 所示。

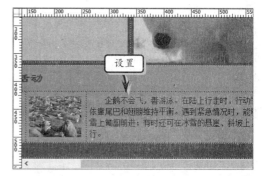

20 选择第 3 行，将【水平】设置为【居中对齐】，将【高】设置为 "50"，并输入版尾文本，如图 8-80 所示。

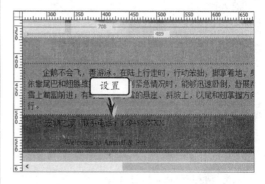

8.7 思考与练习

一、填空题

1. <div>标签是 HTML 众多标签中的一个，它相当于一个容器或一个_____，用户可以将网页中的文字、图片等元素放到这个容器中。

2. 当表格宽度的单位设置为_____时，表格宽度是固定的，不会随着浏览器窗口的改变而变化。

3. 在表格中输入文本时，当表格的单位为百分比（%）时，其单元格的宽度将随着内容不断增多，而向_____延伸。

4. 在调整表格的列宽时，可通过按住_____键拖动边框的方法，在保留其他单元格列宽的情况下，调整该单元格的列宽。

5. 用户也可以使用_____组合键和_____组合键，来复制与粘贴单元格及内容。

6. 导入 Word 文档时，其 Word 文档中的内容必须以_____的形式进行显示，否则所导入的 Word 文档内容将会以普通文本的格式进行显示。

二、选择题

1. 在 Table 对话框中，【标题】选项包括无、左、顶部和_____。

    A．底部   B．两者

    C．上   D．下

2. 将鼠标移至表格中行的最左端或列的最上端，当光标变成"向右"或"_____"箭头时，单击鼠标即可选择整行或整列。

    A．向左   B．向上

    C．向下   D．双向

3. 选择整个表格之后，用户发现在表格的右边框、下边框和右下角会出现_____个控制点。

    A．1   B．2

    C．3   D．4

4. 合并单元格可以将同行或同列中的多个连续单元格合并为一个单元格，但所选连续的单元格必须可以组成一个_____形状，否则将无法合并单元格。

    A．矩形   B．长方形

    C．椭圆形   D．圆形

5. Dreamweaver 除了为用户提供插入表格、编辑和设置表格属性等基础表格功能之外，还为用户提供了_____和导入/导出表格数据等数据处理功能，以方便用户使用外部数据来设计网页。

    A．计算表格数据   B．降序表格数据

    C．升序表格数据   D．排序表格数据

三、问答题

1. 如何插入嵌套 Div 层？

2. CSS 控制页面元素的具体属性有哪几种？

3. 简述创建嵌套表格的操作方法。

4. 如何合并和拆分单元格？

5. 如何排序数据？

四、上机练习

1. 使用 XHTML 制作特定表格

在本练习中，将使用 XHTML 代码制作一个 3 行×4 列、宽度为 200 像素、边框粗细为 1、单元格边距和间距为 2，以及表格标题位于顶部的一个特定表格，如图 8-81 所示。首先创建一个空白文档，并切换到【代码】视图中。将光标放置在<body></body>标签之间，输入定义表格基本属性的标签。然后，输入<caption></caption>标签，并在标签之间输入表格标题"特定表格"文本。最后输入<tbody></tbody>、<tr></tr>、<td></td>、<th></th>标签，来定义表格和表格列组标题。

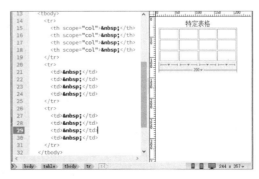

图 8-81　特定表格

2．排序数据

在本练习中，首先新建空白文档，执行【插入】|【表格】命令，插入一个12行11列的表格。然后，在表格中输入数据，并在【属性】面板中设置单元格区域的背景颜色。最后，选择表格，

执行【命令】|【排序表格】命令，在弹出的【排序表格】对话框中，将【排序按】设置为【列11】，将【顺序】设置为【按数字排序】，单击【确定】按钮后，表格中的数据即按总成绩的升序进行排列，如图8-82所示。

编号	姓名	企业概论	规章制度	法律知识	财务知识	电脑操作	商务礼仪	质量管理	平均成绩	总成绩
018760	王小童	80	84	68	79	86	80	72	78.43	549
018759	张 康	89	85	80	75	69	82	76	79.43	556
018766	东方祥	80	76	83	85	81	67	92	80.57	564
018768	赵 刚	87	83	85	81	65	85	80	80.86	566
018765	苏 户	79	82	85	76	78	86	84	81.43	570
018763	郝莉莉	88	78	90	69	80	83	90	82.57	578
018761	李圆圆	80	77	84	90	87	84	80	83.14	582
018762	郑 远	90	89	83	84	75	79	85	83.57	585
018764	王 浩	80	86	81	92	91	84	80	84.86	594
018767	李 宏	92	90	89	80	78	83	85	85.29	597
018758	刘 韵	93	76	86	85	88	86	92	86.57	606

◢◗ 图8-82 排序数据

第 9 章

网页高级设计

在了解了基本的网页设计元素和 CSS 基础以后，用户已经可以将设计的网页连接起来，组成一个网站。在建立网站过程中，会经常遇到文本、图像、多媒体以及包含这些对象的表格等在多个网页中重复出现的情况。通常可以通过复制和粘贴等操作来提高制作这部分内容的效率。

事实上，还有一些其他的工具可以更快的速度制作和更新这部分网页内容，这就需要使用框架、模板和容器。例如，设计者可以将重复的内容制作成为一个单独的页面，通过框架将几个页面连接在一起，制成框架网页，可以有效地减少网页中重复的内容，减小网站中网页代码的体积。

本章学习内容：

➤ 应用模板
➤ 使用库项目
➤ 应用容器
➤ 应用 IFrame 框架

9.1 应用模板

模板是一种提高网页制作效率的有效工具，主要用于设计一些布局结构比较"固定"的页面。借助 Dreamweaver 中的模板功能，可以使用简单的操作，快速生成大量固定版式的网页。

9.1.1 创建模板

模板是一种特殊类型的文档，用于设计"固定的"页面布局，然后通过模板来创建文档，而创建的文档则会继承模板的页面布局。

1. 模板概述

使用模板可以一次更新多个页面。从模板创建的文档与该模板保持连接状态（除非用户以后分离该文档）。用户可以修改模板并立即更新基于该模板的所有文档中的设计。

而设计模板时，可以指定在基于模板的文档中，确定可编辑的区域。

提　示

使用模板可以控制大的设计区域，以及重复使用完整的布局。如果要重复使用个别设计元素，如站点的版权信息或徽标，可以创建库项目。

将文档另存为模板以后，文档的大部分区域就被锁定。模板创作者在模板中插入可编辑区域或可编辑参数，从而指定在基于模板的文档中哪些区域可以编辑。

而在建模板中，可编辑区域和锁定区域都可以更改。但基于模板的文档中，用户只能在可编辑区域中进行更改，不能修改锁定区域。

如果模板文件是通过现有页面另存为模板来创建的，则新模板将保存在 Templates 文件夹中，并且模板文件中的所有链接都将更新以保证相应的文档相对路径是正确的。

如果用户基于该模板创建文档，并保存该文档，则所有文档相对链接将再次更新，从而依然指向正确的文件。

向模板文件中添加相对链接时，如果在【属性】面板中的链接文本框中输入路径，则输入的路径名很容易出错。

模板文件中正确的路径是从 Templates 文件夹到链接文档的路径，而不是从基于模板的文档的文件夹到链接文档的路径。

在模板中创建链接时，可以使用【属性】面板中【指向文件】图标，以确保保存在正确的链接路径。

2. 直接创建模板

在 Dreamweaver 中，用户既可以直接将现有网页另存为模板，又可以创建一个空白模板。无论是另存为模板还是创建空白模板，其操作方法大体相同。

打开现有的页面,执行【文件】|【另存为模板】命令，或在【插入】面板中的【模板】选项卡中，单击【创建模板】按钮，如图 9-1 所示。

然后，在弹出的【另存模板】对话框中，设置相应选项，单击【保存】按钮，如图 9-2 所示。

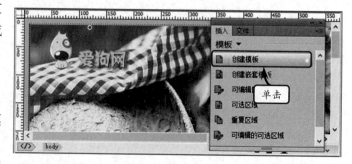

图 9-1　创建模板

网页设计与网站组建标准教程（2018—2020 版）

其中，在【另存模板】对话框中，主要包括下列4种选项：

- ❑ **站点**　用来选择所保存模板的站点。
- ❑ **现存的模板**　在该列表中可以显示站点根目录下的模板文件，如果没有创建模板文件则会显示"（没有模板）"文本。
- ❑ **描述**　用于输入描述模板文件的说明性文本。
- ❑ **另存为**　用于设置所保存的模板文件名。

图 9-2　【另存模板】对话框

此时，系统会自动弹出提示框，提示用户是否更新页面中的链接。单击【否】按钮，完成另存为模板的操作，该模板文件将被保存在站点中的 Templates 文件夹中，如图9-3所示。

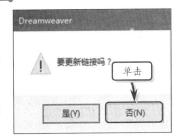

图 9-3　提示框

3. 创建嵌套模板

嵌套模板是指其设计和可编辑区域都基于另一个模板的模板，它是基本模板的一种变体，主要用于控制共享站点页面中的设计元素。用户可通过嵌套多个模板的方法，来定义更加精确的网页布局。

如想创建嵌套模板，首先需要创建一个基础模板。然后，执行【文件】|【新建】命令，在弹出的【新建文档】对话框中，选择【网站模板】选项卡中的模板文件，单击【创建】按钮，如图9-4所示。

图 9-4　创建模板文档

此时，在打开的模板文档中，单击【插入】面板中的【创建嵌套模板】按钮，准备创建嵌套模板，如图9-5所示。

最后，在弹出的【另存模板】对话框中，设置保存名称和站点，单击【保存】按钮即可，如图9-6所示。

图 9-5　创建嵌套模板

9.1.2 编辑模板

在 Dreamweaver 中，创建模板文件之后，可在模板中通过创建一些可以编辑的区域，来编辑模板。其中，编辑模板主要包括定义可编辑区域、定义可选区域、定义重复区域、定义重复表格等内容。

图 9-6 【另存模板】对话框

1. 定义可编辑区域

可编辑区域是在模板中未锁定的区域，也是模板中唯一可以允许用户修改、添加内容的区域。在模板文件中，选中需要定义的可编辑区域的内容，单击【插入】面板中的【可编辑区域】按钮，如图 9-7 所示。

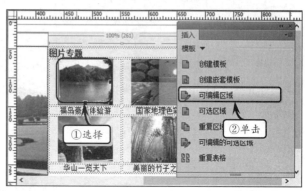
图 9-7 选择可编辑区域

然后，在弹出的【新建可编辑区域】对话框中，输入定义的区域名称，单击【确定】按钮，即可将可编辑区域插入到页面中，如图 9-8 所示。

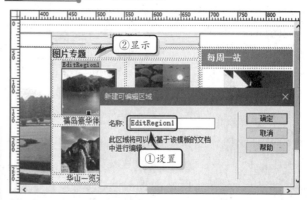
图 9-8 新建可编辑区域

> **提 示**
>
> 在 Dreamweaver 中，可以选择层、活动框架、文本段落、图像、其他类型模板区域和表格等，将其设置为可编辑区域中的内容。但是，可编辑区域不能设置为表格的单元格。

定义可编辑区域之后，用户可通过直接单击可编辑区域上的标签，来选择可编辑区域。另外，用户还可执行【修改】|【模板】命令，在其级联菜单中通过选择可编辑区域名称，来选择可编辑区域。而当用户选择可编辑区域后，可在【属性】面板中修改可编辑区域的名称，如图 9-9 所示。

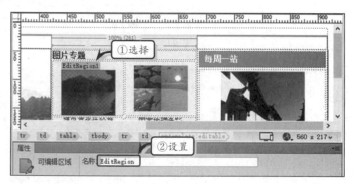
图 9-9 编辑区域名称

2．定义可选区域

可选区域是 Dreamweaver 中另一种特殊的区域，用户可以对其进行隐藏或显示。在模板文件中，选中需要定义的可选区域的内容，单击【插入】面板中的【可选区域】按钮，如图 9-10 所示。

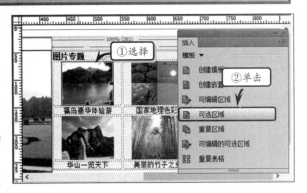

图 9-10 选择区域

在弹出的【新建可选区域】对话框中的【高级】选项卡中，设置相应的选项，如图 9-11 所示。

然后，激活【基本】选项卡，设置可选区域的名称和显示方式，单击【确定】按钮即可，如图 9-12 所示。

其中，在【新建可选区域】对话框中，主要包括下列选项：

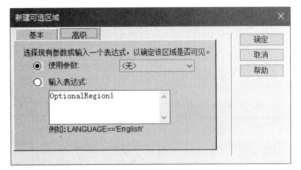

图 9-11 【高级】选项卡

- ❏ **名称** 用于设置可选区域的名称。
- ❏ **默认显示** 启用该复选框，将在基于模板的页面中显示可选区域。
- ❏ **使用参数** 选中该选项，可在其后的列表中选择需将所选内容链接到的现有参数。
- ❏ **输入表达式** 选中该选项，可在文本框中通过编写模板表达式，来控制可选区域的显示情况。

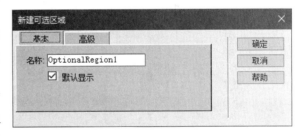

图 9-12 【基本】选项卡

3．定义可编辑的可选区域

可编辑的可选区域是在可选区域中嵌套可编辑区域。这样，用户除了选择是否在模板中显示外，还可以在模板生成的网页中编辑该区域的内容。

在模板文件中，选中具体内容，单击【插入】面板中的【可编辑的可选区域】按钮，如图 9-13 所示。

然后，在弹出的【新建可选区域】

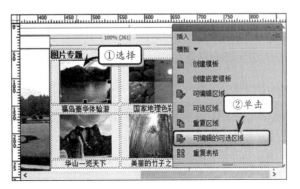

图 9-13 选择可编辑可选区域

对话框中的【高级】选项卡中，设置各项选项，并单击【确定】按钮，如图9-14所示。

4．定义重复区域

重复区域是可以根据需要在基于模板的网页文档中，复制任意次数的模板区域。重复区域通常存在于表格以及表格的单元格内容等，以显示大量数据。

在网页模板中创建重复区域的方法和其他区域类似，选择需要创建重复区域的网页对象或模板区域，单击【插入】面板中的【重复区域】按钮，如图9-15所示。

然后，在弹出的【新建重复区域】对话框中，设置重复区域的名称，单击【确定】按钮即可创建一个重复区域，如图9-16所示。

5．定义重复表格

重复表格是重复区域的扩展，是创建包含可编辑区域的重复区域表格。

选择需要创建重复区域的网页对象或模板区域，单击【插入】面板中的【重复表格】按钮。然后，在弹出的【插入重复表格】对话框中，设置相应的选项，单击【确定】按钮即可，如图9-17所示。

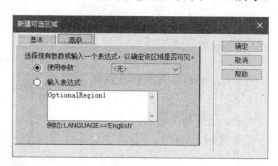

图 9-14 【高级】选项卡

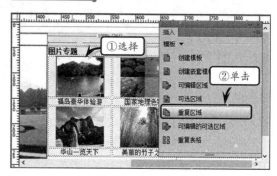

图 9-15 选择重复区域

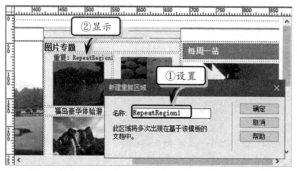

图 9-16 显示重复区域

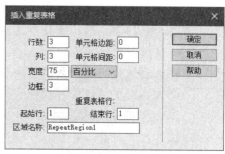

图 9-17 插入重复表格

在【插入重复表格】对话框中，主要包括表9-1中的一些选项。

表9-1 【插入重复表格】对话框选项及作用

选　项	作　用
行数	定义重复表格的行数
列	定义重复表格的列数
单元格边距	定义重复表格中各单元格之间的距离
单元格间距	定义各单元格内容之间的距离

网页设计与网站组建标准教程（2018—2020版）

选 项	作 用
宽度	定义重复表格的宽度
边框	定义重复表格的边框宽度
起始行	定义重复表格的重复区域开始行
结束行	定义重复表格的重复区域结束的行数
区域名称	定义重复表格的名称

在重复表格中，用户可以嵌套多个可编辑区域，以供用户输入内容。

6. 设置可编辑标签属性

设置可编辑标签属性，可以帮助用户在模板网页中修改指定标记的属性。

在网页中选择一个对象，执行【修改】|【模板】|【令属性可编辑】命令，在弹出的【可编辑标签属性】对话框中，单击【添加】按钮，如图 9-18 所示。

其中，在【可编辑标签属性】对话框中，主要包括下列 5 种选项：

- ❏ **属性** 用于选择页面元素已设置的属性，所选中的属性即可变为可编辑的属性。用户可通过单击【添加】按钮，来添加属性。

- ❏ **令属性可编辑** 启用该复选框，可以将所选属性更改为可编辑的属性。

- ❏ **标签** 用于设置属性的唯一名称。

- ❏ **类型** 用于设置属性所使用的值的类型，选择【文本】选项表示为属性输入文本值，选择 URL 选项表示要插入元素的链接，选择【颜色】选项表示可使用颜色选择器，选择【真/假】选项表示可以在页面中选择 true 或 false 值，选择【数字】选项表示可以通过输入高度、宽度等数值以更新属性。

- ❏ **默认** 用于设置所选标签属性的默认值。

然后，在弹出的对话框中的文本框中，输入属性标签，单击【确定】按钮即可，如图 9-19 所示。

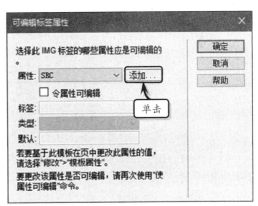

图 9-18 【可编辑标签属性】对话框

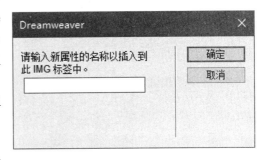

图 9-19 输入属性标签

9.2 使用库项目

库项目是 Dreamweaver 中的一种自定义网页元素，可以在多个页面中重复使用。在 Dreamweaver 中，除了可以创建和编辑库项目之外，还可以将库项目插入到网页中。

9.2.1 创建库项目

库项目是在【资源】面板中进行创建的，但在创建库项目之外，还需要先来了解一下库的基础知识。

1．了解库

库是一种特殊的 Dreamweaver 文件，包含了一组可放置在网页中的单个资源或资源副本，而库中的这些资源则被称为库项目。

Dreamweaver 中可在库中存储的项目包括图像、表格、声音和使用 Flash 创建的文件。当编辑某个库项目时，其使用该项目的页面则会随着库项目的编辑而自动更新。

例如，假设正在为某公司创建一个大型站点，公司希望在站点的每个页面中显示一个广告语。此时，用户可以创建一个包含该广告语的库项目，并在每个页面中使用这个库项目。当需要更改广告语时，则可以通过更改库项目，来达到自动更新所有广告语的目的。

Dreamweaver 将库项目存储在每个站点的本地根文件夹下的 Library 文件夹中，其每个站点都有自己的库。

用户可以从文档的<body>标签中的任意元素创建库项目，而这些元素包括文本、表格、表单、插件、图像等。

对于链接项（如图像），库只存储对该项的引用。其中，原始文件必须保留在指定的位置，这样才能使库项目正确地工作。

不过，在库项目中存储图像也很有用处。例如，可以在库项目中存储一个完整的<img>标签，这将允许用户方便地在整个站点中更改图像的 alt 属性文本，甚至更改 src 属性。

> **提 示**
>
> 如果库项目中包含链接，则链接可能无法在新站点中工作。而且，库项目中的图像也不会被复制到新站点中。

使用库项目时，Dreamweaver 将在网页中插入该项目的链接，而不是项目本身。也就是说，Dreamweaver 向文档中插入该项目的 HTML 源代码副本，并添加一个包含对原始外部项目的引用的 HTML 注释。其中，自动更新过程就是通过这个外部引用来实现的。

2．新建库项目

首先，执行【窗口】|【资源】命令，打开【资源】面板。然后，在【资源】面板中，选择左侧的【库】选项卡。同时，单击右侧下方的【新建库项目】按钮，创建一个库项目，如图 9-20 所示。

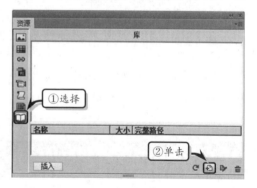

图 9-20 【库】面板

网页设计与网站组建标准教程（2018—2020版）

3. 编辑库项目

新创建的库项目通常为空的库项目，此时选择库项目，单击列表下方的【编辑】按钮，即可打开库项目，对其进行编辑操作，如图 9-21 所示。

图 9-21　编辑库项目

9.2.2　应用库项目

创建并编辑库项目之后，用户便可以将库项目插入到网页中了。同时，还可以使用更新功能，来更改整个网页中的库项目，以及使用分离功能，来分离库项目。

1. 插入库项目

在【资源】面板中的【库】选项卡中，选择库项目，单击【插入】按钮，即可将库项目插入到当前网页中，如图 9-22 所示。

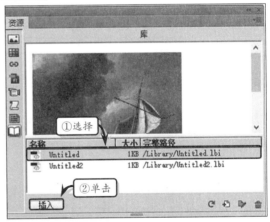

图 9-22　插入库项目

2. 更新库项目

对库项目进行修改并关闭时，系统会自动弹出【更新库项目】对话框。此时，如需更改应用于整个站点的库项目，则需要单击【更新】按钮，如图 9-23 所示。

然后，在弹出的【更新页面】对话框中，设置相应选项，单击【开始】按钮即可，如图 9-24 所示。

图 9-23　更新库项目

技 巧

用户也可以通过执行【修改】|【库】|【更新页面】命令，来打开【更新页面】对话框，对库项目进行更新。

3. 设置库项目属性

在网页中选中所插入的库项目，在【属性】面板中将显示库项目的有关属性，如图 9-25 所示。

🔵 图 9-24　【更新页面】对话框

其中，在库项目的【属性】面板中，主要包括下列 4 种属性：

🔵 图 9-25　设置库项目属性

- ❑ 源文件　用于显示与该元素相关的库项目的文件名和路径。
- ❑ 打开　单击该按钮，可打开库项目的源文件进行编辑。
- ❑ 从源文件中分离　单击该按钮，可以断开库项目和所选项目之间的链接。
- ❑ 重新创建　单击该按钮，可以使用当前所选定的内容覆盖库中的已有项目。

在将当前选中的库项目与源库项目分离之后，其当前库项目将转换为普通网页内容。而当源库项目被修改时，已分离的库项目将不会随之更新。

使用【重新创建】按钮进行重建库项目时，如果该库项目不存在，单击该按钮后，系统将会在【资源】面板中重新创建一个库项目。

当用户在【资源】面板中误删除了某个库项目，并且用该库项目的页面仍然存在时，用户可以打开该页面，选中库项目的副本，单击【重新创建】按钮，即可重新创建库项目。

技 巧

在【资源】面板中，选中创建的库项目，单击其下方的【删除】按钮，即可删除所选库项目。

9.3　应用容器

在标准化的 Web 页设计中，将 XHTML 中所有块状标签和部分可变标签视为网页内容的容器。使用 CSS 样式表，用户可以方便地控制这些容器型标签，为网页的内容布局，定义这些内容的位置、尺寸等布局属性。

9.3.1　了解 CSS 盒模型

盒模型是一种根据网页中的块状标签结构抽象化而得出的一种理想化模型。其将所有网页中的块状标签看作是一个矩形的盒子，通过 CSS 样式表定义盒子的高度、宽度、填充、边框以及补白等属性，实现网页布局的标准化。

盒模型理论是 Web 标准化布局的基础。理解盒模型，有助于将复杂的 Web 布局简化为一个个简单的矩形块，从而提高布局的效率。

1. 盒模型结构

在 CSS 中，所有网页都被看作一个矩形框，或者称为标签框。CSS 盒模型正是描述这些标签在网页布局中所占的空间和位置的基础，如图 9-26 所示。

在 CSS 盒模型中，将网页的标签拆分为 4 个组成部分，即内容区域、填充、边框、补白等。使用 CSS 样式表，用户可以方便地定义盒模型各部分的属性。

2. 设置内容（content）属性

在 CSS 样式表中，允许用户定义内容区域的尺寸，包括内容区域的宽度、高度、最大宽度、最小宽度以及最大高度和最小高度 6 种属性，如表 9-2 所示。

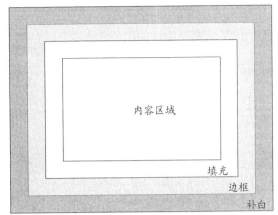

图 9-26　盒模型结构

表 9-2　内容属性

属　　　性	作　　　用
width	可以定义内容区域的宽度
height	可以定义内容区域的高度
min-width	可以定义内容区域的最小宽度
max-width	可以定义内容区域的最大宽度
min-height	可以定义内容区域的最小高度
max-height	可以定义内容区域的最大高度

表 9-2 中的各属性的属性值均为关键帧 auto 或长度值，而 auto 为所有属性的默认属性值。

在 CSS 中，width 和 height 指的是内容区域的宽度和高度。增加内边距、边框和外边距不会影响内容区域的尺寸，但是会增加元素框的总尺寸。

假设框的每个边上有 10 个像素的外边距和 5 个像素的内边距，如果这个元素框达到 100 个像素，就需要将内容的宽度设置为 70 像素，如图 9-27 所示。

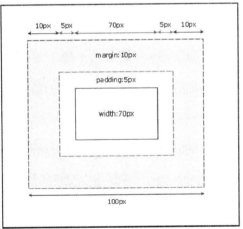

图 9-27　设置内容区域属性

```
#box{
width:70px;
margin:10px;
padding:5px;
}
```

例如，定义网页标签的宽度在 100px 到 200px 之间，则可以使用内容区域的最大宽度和最小宽度属性，其代码如下所述。

```
min-width:100px;
max-width:200px;
```

3. 设置填充（padding）属性

填充是网页标签边框线内部的一种扩展区域。其与内容区域的区别在于，用户如为网页标签添加了各种文本、图像等内容，则这些内容只会在内容区域显示，无法显示于填充区域。填充可以拉开网页标签内容与边框之间的距离。在 CSS 样式表中，用户可以通过 5 种属性定义网页标签的填充尺寸，如表 9-3 所示。

表 9-3　填充属性

属　　性	作　　用
padding	定义网页标签 4 个方向的填充尺寸
padding-top	定义网页标签顶部的填充尺寸
padding-right	定义网页标签右侧的填充尺寸
padding-bottom	定义网页标签底部的填充尺寸
padding-left	定义网页标签左侧的填充尺寸

表 9-3 内各属性的属性值均表示填充尺寸的长度值，其 padding 属性可以使用 1~4 个长度值作为属性值。

当 padding 属性值为一个独立的长度值时，表示所有 4 个方向的填充尺寸均为该长度值。例如，定义某个标签 4 个方向的填充尺寸为 20px，其代码如下所述。

```
padding:20px;
```

当 padding 属性值为以空格隔开的 2 个长度值时，则第 1 个长度值表示顶部和底部的填充尺寸，第 2 个长度值表示左侧和右侧的填充尺寸。例如，定义某个标签顶部和底部填充尺寸为 20px，左侧和右侧的填充尺寸为 15px，其代码如下所述。

```
padding:20px 15px;
```

当 padding 属性值为以空格隔开的 3 个长度值时，其第 1 个长度值表示顶部的填充尺寸，第 2 个长度值表示左侧和右侧的填充尺寸，第 3 个长度值表示底部的填充尺寸。例如，定义某个标签顶部填充尺寸为 20px，左侧和右侧的填充尺寸为 15px，底部的填充尺寸为 0px，其代码如下所述。

```
padding:20px 15px 0px;
```

当 padding 属性值为以空格隔开的 4 个长度值时，则分别表示网页标签的顶部、右侧、底部和左侧 4 个方向的填充尺寸。例如，定义某个网页标签顶部填充尺寸为 30px，底部填充尺寸为 20px，左侧填充尺寸为 15px，右侧的填充尺寸为 15px，其代码如下所述。

```
padding:30px 20px 15px 15px;
```

4．设置边框（border）属性

边框属性主要用于区分内边框和外边距，其外边框表示元素的最外围。在 CSS 样式表中，用户可以通过表 9-4 中的 3 种属性来定义网页标签的边框属性。

表 9–4　边框属性

属　　性	作　　用
border-style	定义边框的样式
border-width	定义边框的宽度
border-color	定义边框的颜色

边框属性中的各属性组值也需要使用空格进行隔开，分别表示边框样式、边框宽度和边框颜色。例如，定义某个网页标签边框的样式为实线，边框宽度为 10px，边框颜色为红色时，其代码如下所述。

```
border:solid 10px #F51216;
```

5．设置补白属性

补白是网页标签边框线外部的一种扩展区域。为网页标签建立补白，可以使网页标签与其父标签和其他同级别标签拉开距离，从而实现各种复杂的布局效果。

与填充属性类似，CSS 样式表提供了 5 种补白属性，用于定义网页标签的补白尺寸，如表 9-5 所示。

表 9–5　补白属性

属　　性	作　　用
margin	定义网页标签 4 个方向的补白尺寸
margin-top	定义网页标签顶部的补白尺寸
margin-right	定义网页标签右侧的补白尺寸
margin-bottom	定义网页标签底部的补白尺寸
margin-left	定义网页标签左侧的补白尺寸

表 9-5 中 5 种补白属性的属性值都与填充属性相同，均为补白尺寸的长度值。其中，margin 属性可以使用 1～4 个长度值作为属性值。

当 margin 属性值为一个独立长度值时，表示 4 个方向的补白尺寸均为该长度值。例如，定义某个标签在 4 个方向的填充尺寸均为 20px 时，其代码如下所述。

```
margin:20px;
```

当 margin 属性值为以空格隔开的 2 个长度值时，则第 1 个长度值表示顶部和底部的补白尺寸，第 2 个长度值表示左侧和右侧的补白尺寸。例如，定义某个标签顶部和底部补白尺寸为 30px，左侧和右侧的补白尺寸为 20px 时，其代码如下所述。

```
margin:30px 20px;
```

当 margin 属性值为以空格隔开的 3 个长度值时，则分别表示顶部、左侧和右侧、底部的补白尺寸。例如，定义某个标签顶部补白尺寸为 25px，左侧和右侧的补白尺寸为

20px，底部的补白尺寸为 30px 时，其代码如下所述。

```
margin:25px 20px 30px;
```

当 padding 属性值为以空格隔开的 4 个长度值时，则分别表示顶部、右侧、底部和左侧的补白尺寸。例如，定义某个网页标签的顶部补白尺寸为 30px，右侧的补白尺寸为 25px，底部的补白尺寸为 20px，左侧的补白尺寸为 10px 时，其代码如下所述。

```
margin:30px 25px 20px 10px;
```

9.3.2 流动布局

在 Web 标准化布局中，通常包括 3 种基本的布局方式，即流动布局、浮动布局和绝对定位布局。其中，最简单的布局方式就是流动布局，其特点是将网页中各种布局元素按照其在 XHTML 代码中的顺序，以类似水从上到下的流动一样依次显示。

在流动布局的网页中，用户无须设置网页各种布局元素的补白属性，例如，一个典型的 XHTML 网页，其 body 标签中通常包括头部、导航条、主题内容和版尾 4 个部分，使用 div 标签建立这 4 个部分所在的层后，代码如下所示。

```
<div id="header"></div>
<!--网页头部的标签。这部分主要包含网页的logo和banner等内容-->
<div id="navigator"></div>
<!--网页导航的标签。这部分主要包含网页的导航条-->
<div id="content"></div>
<!--网页主题部分的标签。这部分主要包含网页的各种版块栏目-->
<div id="footer"></div>
<!--网页版尾的标签。这部分主要包含尾部导航条和版权信息等内容-->
```

在上面的 XHTML 网页中，用户只需要定义 body 标签的宽度、外补丁部分，然后即可根据网页的设计，定义各种布局元素的高度，即可实现各种上下布局或上中下布局。例如，定义网页的头部高度为 100px，导航条高度为 30px，主题部分高度为 500px，版尾部分高度为 50px，代码如下所示。

```
body {
  width : 1003px ;
  margin : 0px ;
}//定义网页的body标签宽度和补白属性
#header { height : 100px ; }
//定义网页头部的高度
#navigator{ height : 30px; }
//定义网页导航条的高度
#content{ height : 500px; }
//定义网页主题内容部分的高度
#footer{ height : 50px; }
//定义网页版尾部分的高度
```

网页设计与网站组建标准教程（2018—2020 版）

流动布局方式的特点是结构简单，兼容性好，所有的网页浏览器对流动布局方式的支持都是相同的，不需要用户单独为某个浏览器编写样式。然而，其无法实现左右分栏的样式，因此只能制作上下布局或上中下布局，具有一定的应用局限性。

9.3.3 浮动布局

浮动布局是将所有的网页标签设置为块状标签的显示方式，然后再进行浮动处理。最后，通过定义网页标签的补白属性来实现布局。

浮动布局可以将各种网页标签紧密地分布在页面中，不留空隙，同时还支持左右分栏等样式，是目前最主要的布局手段。

在使用浮动布局方式时，用户需要先将网页标签设置为块状显示。即设置其 display 属性的值 block。然后，还需要使用 float 属性，定义标签的浮动显示。

float 属性的作用是定义网页布局标签在脱离网页的流动布局结构后显示的方向。其在网页设计中主要可应用于两个方面，即实现文本环绕图像或实现浮动的块状标签布局。float 属性主要包含 4 个关键字属性值，如表 9-6 所示。

表 9-6　float 属性

属 性 值	作 用
none	定义网页标签以流动方式显示不浮动
left	定义网页标签以左侧浮动的方式脱离流动布局
right	定义网页标签以右侧浮动的方式脱离流动布局
inherit	定义网页标签继承其父标签的浮动

float 属性通常和 display 属性结合使用，先使用 display 属性定义网页布局标签以块状方式显示。再使用 float 属性定义左右浮动，其代码如下所述。

```
display:block;
float:left;
```

技 巧

所有网页浏览器都支持 float 属性，但是 inherit 属性值只有非 Internet Explorer 浏览器中才支持。

以网页设计中最常见的 div 布局标签为例，在默认状态下，块状的 div 布局标签在网页中会以上下流动的方式显示，如图 9-28 所示。

将布局标签设置为块显示方式，并定义其尺寸后，这些标签仍然会以流动的方式显示，如图 9-29 所示。

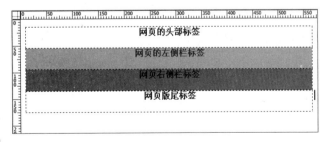

图 9-28　上下流动

为"网页左侧栏标签"和"网页右侧栏标签"两个标签定义浮动属性后，即可使其左右分列布局，如图 9-30 所示。

在图 9-30 的布局中，左侧栏标签的 CSS 样式代码如下所述：

```
display:block;
float:left;
width:150px;
height:60px;
line-height:60px;
background-color:#C8C2C2;
```

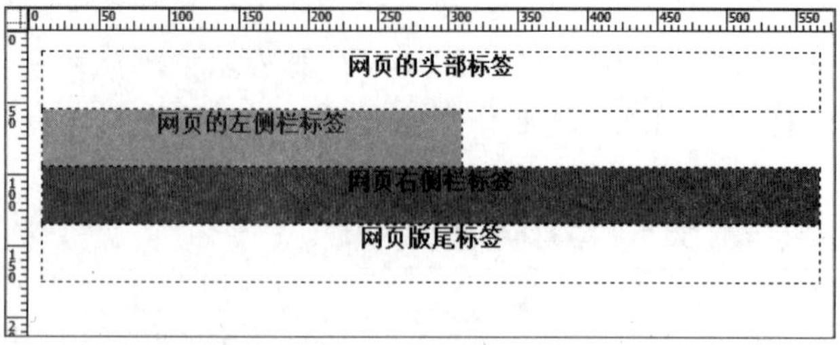

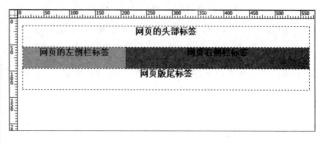

图 9-29 流动方式

右侧栏标签的 CSS 样式代码如下所述。

```
display:block;
float:left;
width:1350px;
height:60px;
line-height:60px;
background-color: #D56466;
```

图 9-30 左右分列布局

9.3.4 绝对定位布局

绝对定位布局为每一个网页标签进行定义，精确地设置标签在页面中的具体位置和层次次序。绝对定位使元素的位置与文档流无关，因此不占据空间。这一点与相对定位不同，相对定位实际上被看成普通流定位模型的一部分，因为元素的位置是相对于它在普通流中的位置。

普通流中其他元素的布局就像绝对定位的元素不存在一样，如图 9-31 所示。

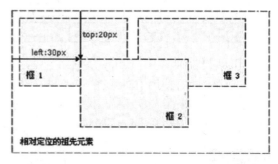

图 9-31 绝对定位布局

```
#box-relative{
position:absolute;
left:30px;
top:20px
}
```

绝对定位的元素的位置相对于最近的已定位祖先元素（父元素），如果元素没有已定位的祖先元素（父元素），那么它的位置相对于最初的包含块。

对于定位的主要问题是要记住每种定位的意义。其中，相对定位是"相对于"元素在文档中的初始位置，而绝对定位是"相对于"最近的已定位祖先元素（父元素），如果不存在已定位的祖先元素（父元素），那么"相对于"最初的包含块。

1. 设置精确位置

设置网页标签的精确位置，可使用 CSS 样式表中的 position 属性先定义标签的性质。position 属性的作用是定义网页标签的定位方式，其属性值为表 9-7 中的 4 种关键字。

表 9-7　精确位置

属　性　值	作　　用
static	默认值，无特殊定位，遵循网页布局标签原来的定位方式
absolute	绝对定位方式，定义网页标签按照 left、top、bottom 和 right 这 4 种属性定位
relative	定义网页布局标签按照 left、top、bottom 和 right 这 4 种属性定位，但不允许发生层叠，即忽视 z-index 属性设置
fixed	修改的绝对定位方式，其定位方式与 absolute 类似，但需要遵循一些规范，例如 position 属性的定位是相对于 body 标签，fixed 属性的定位则是相对于 html 标签

将网页布局标签的 position 属性值设置为 relative 后，可以通过设置左侧、顶部、底部和右侧 4 种 CSS 属性，定义网页标签在网页中的偏移方式。而这种设置结果与通过 margin 属性定义网页布局标签的补白类似，都可以实现网页布局的相对定位。

将网页布局标签的 position 属性定义为 absolute 之后，会将其从网页当前的流动布局或浮动布局中脱离出来。此时，用户必须最少通过定义其左侧、上方、右侧和下方 4 种针对 <body> 标签的距离属性中的一种，来实现其定位。否则 position 的属性值将不起作用（通常需要定义顶部和左侧两种）。例如，定义网页布局标签距离网页顶部为 100px，左侧为 30px，其代码如下所述。

```
position:absolute;
top:100px;
left:30px;
```

position 的属性的 fixed 属性值是一种特殊的属性值。通常在网页设计过程中，绝大多数的网页布局标签定位（包括绝对定位）都是针对网页中的 <body> 标签。而 fixed 属性值所定义的网页布局标签则是针对 <html> 标签，所以可以设置网页标签在页面中漂浮。

提　示

在绝大多数主流浏览器中，都支持 position、left、top、right、bottom 和 z-index 这 6 种属性。但是在 Internet Explorer 6.0 及其以下版本的 Internet Explorer 浏览器中，不支持 position 属性的 fixed 属性值。

2. 设置层叠次序

使用 CSS 样式表，除了可以精确地设置网页标签的位置之外，还可以设置网页标签的层叠顺序。首先，需要通过 CSS 样式表的 position 属性定义网页标签的绝对定位，然后再使用 CSS 样式表的 z-index 属性。

在层叠后，将按照用户定义的 z-index 属性决定层叠位置，或自动按照其代码在网页中出现的顺序依次层叠显示。z-index 属性的值为 0 或任意正整数，无单位。z-index 属性值越大，则网页布局标签的顺序越高。例如，两个 id 分别为 div1 和 div2 的层，其中 div1 覆盖在 div2 上方，则代码如下所述。

```
#div1 {
position:absolute;
z-index:2;
}
#div2 {
position:absolute;
z-index:1;
}
```

3．可视化布局

可视化布局是指通过 CSS 样式表，来定义各种布局标签在网页中的显示情况。在
CSS 样式表中，允许用户使用 visibility 属性，定义网页布局标签的可视化性能。其中，
该属性包括表 9-8 中的 4 种关键字属性值。

表 9-8 可视化布局属性值

属 性 值	作 用
visible	默认值，定义网页布局标签可见
hidden	定义网页布局标签隐藏
collapse	定义表格的行或列隐藏，但可被脚本程序调用
inherit	从父网页布局标签中继承可视化方式

在 visibility 属性中，用户可以方便地通过 visible 和 hidden 属性值切换网页布局标签
的可视化性能，使其显示或隐藏。

用户在设置 visibility 属性与 display 属性时，有一定的区别。如设置 display 属性的
值为 none 之后，被隐藏的网页布局标签往往不会在网页中再占据相应的空间。通过设置
visibility 属性定义 hidden 的网页布局标签，则会保留其占据的空间，除非将其设置为绝
对定位。

提 示

绝大多数主流浏览器都支持 visibility 属性。然而，所有版本的 Internet Explorer 浏览器都不支持其
collapse 属性和 inherit 属性。在 Firefox 等非 Internet Explorer 浏览器中，visibility 属性的默认属性值
是 inherit。

4．布局剪切

在 CSS 样式表中，还提供了一种可剪切绝对定位布局标签的工具，将所有位于显示
区域外的部分剪切掉，使其无法在网页中显示。

在剪切绝对定位的标签时，需要使用 CSS 样式表中的 clip 属性，其属性值包括矩形、
auto 和 inherit。auto 属性值是 clip 属性的默认属性值，其作用为不对网页布局标签进行
任何剪切操作，或剪切的矩形与网页布局标签的大小和位置相同。

矩形属性值与颜色、URL 类似，都是一种特殊的属性值对象。在定义矩形属性值时，
需要为其使用 rect()方法，同时将矩形与网页的 4 条边之间的距离作为参数，填写到 rect()

方法中。例如，定义一个距离网页左侧 20px，顶部 45px，右侧 30px，底部 26px 的矩形，其代码如下所述。

```
rect(20px 45px 30px 26px)
```

用户可以方便地将上述代码应用到 clip 属性中，以绝对定位的网页布局标签进行剪切操作，其代码如下所述。

```
position:absolute;
clip:rect(20px 45px 30px 26px);
```

提 示

clip 属性只能应用于绝对定位的网页布局元素中。所有主流的网页浏览器都支持 clip 属性，但是任何版本的 Internet Explorer 浏览器均不支持其 inherit 属性值。

9.4 应用 IFrame 框架

IFrame 框架（浮动框架）又被称作嵌入帧，是一种特殊的框架结构，它可以像层一样插入到普通的 HTML 网页中。IFrame 框架是一种特殊的框架技术，但由于 Dreamweaver 中没有提供该框架的可视化操作，因此在应用该框架时还需要编写一些网页源代码。

9.4.1 IFrame 框架概述

IFrame 框架是一种灵活的框架，是一种块状对象，其与层（div）的属性非常类似，所有普通块状对象的属性都可以应用在浮动框架中。当然，浮动框架的标签也必须遵循 HTML 的规则，例如必须闭合等。在网页中使用 IFrame 框架，其代码如下所示。

```
<iframe src="index.html" id="newframe"></iframe>
```

IFrame 框架可以使用所有块状对象可以使用的 CSS 属性以及 HTML 属性。IE 5.5 以上版本的浏览器已开始支持透明的 IFrame 框架。只需将 IFrame 框架的 allowTransparency 属性设置为 true，并将嵌入的文档背景颜色设置为 allowTransparency，即可将框架设置为透明。

在使用 IFrame 框架时需要了解和注意，该标签仅在微软的 IE 4.0 以上版本浏览器中被支持。并且该标签仅仅是一个 HTML 标签。因此在使用 IFrame 框架时，网页文档的 DTD 类型不能是 Strict（严格型）。

9.4.2 插入 IFrame 框架

插入 IFrame 框架的方法非常简单，用户只需在页面中选择插入位置，然后在【插入】面板中的【常用】选项卡中，单击 IFRAME 按钮即可，如图 9-32 所示。

此时，在【代码】视图中，将生成 IFrame 框架的代码，即<iframe> </iframe>标签，如图 9-33 所示。

为了完善框架，还需要在<iframe></iframe>标签中输入源代码，即用于规范框架大小的源代码。

```
<iframe width="700" name=
"bow"height="600" scrolling=
"auto" frameborder="1" src=
"Untitled-4.html"></iframe>
```

此时，页面中插入的 IFrame 框架的位置会变成灰色区域，而 Untitled-4 页面则会出现在 IFrame 框架内容，用户可在浏览器中查看最终效果，如图 9-34 所示。

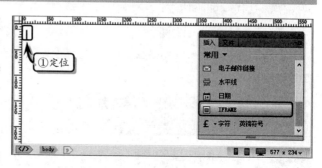

图 9-32 插入 IFrame 框架

IFrame 框架除了可以使用普通块状对象的属性，也可以使用一些专有的属性，其各种属性的具体含义，如下所述。

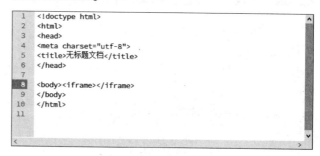

图 9-33 代码标签

- ❑ **width** 定义 IFrame 框架的宽度，其属性值为由整数与单位或百分比组成的长度值。

- ❑ **height** 定义浮动框架的高度，其属性值为由整数与单位或百分比组成的长度值。

- ❑ **name** 用于设置浮动框架的唯一名称。

- ❑ **scrolling** 用于设置浮动框架的滚动条显示方式.

- ❑ **frameborder** 用于控制框架的边框，定义其在网页中是否显示。其属性值为 0 或者 1。0 代表不显示，而 1 代表显示。

- ❑ **align** 用于设置浮动框架在其父对象中的对齐方式，top 属性值表示对齐在其父对象的顶端，middle 属性值

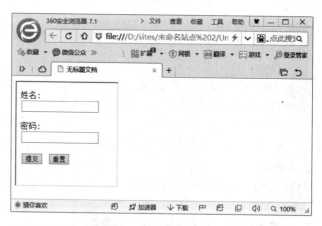

图 9-34 最终结果

表示对齐在其父对象的中间，left 属性值表示对齐在其父对象的左侧，right 属性值表示对齐在其父对象的右侧，bottom 属性值表示对齐在其父对象的底端。

- ❑ **longdesc** 定义获取描述浮动框架的网页的 URL。通过该属性，可以用网页作为浮动框架的描述。

❑ **marginheight** 用于设置浮动框架与父对象顶部和底部的边距。其值为整数与像素组成的长度值。

❑ **marginwidth** 用于设置浮动框架与父对象左侧和右侧的边距。其值为整数与像素组成的长度值。

❑ **src** 用于显示浮动框架中网页的地址，其可以是绝对路径，也可以是相对路径。

● 9.4.3 链接 IFrame 框架页面

链接 IFrame 框架页面的方法与创建普通链接的方法基本相同，其不同在于所设置的"目标"属性必须与 IFrame 框架名称保持一致。

首先，在页面中选择左侧的图像，并在【属性】面板中将【链接】属性设置为 Untitled-4.html，将【目标】属性设置为 bow，如图 9-35 所示。

然后，在页面中选择右侧的图像，并在【属性】面板中将【链接】属性设置为 Untitled-5.html，将【目标】属性设置为 bow，如图 9-36 所示。

图 9-35 设置左侧图像属性

图 9-36 设置右侧图像属性

> **提示**
>
> 其【目标】属性所设置的 bow 必须与<iframe>标签中的 name="bow"的定义保持一致，否则将无法正常打开 IFrame 框架中所链接的页面。

保持当前页面，在浏览器中可以预览 IFrame 框架页面的最终效果。当用户单击浏览器右侧的图片时，在 IFrame 框架中将会显示所链接的页面，如图 9-37 所示。

> **提示**
>
> 当用户单击右侧图像时，在 IFrame 框架中出现了滚动条，这是因为 IFrame 框架的大小是固定的，而右侧图像所链接的页面宽度超过了框架高度，因此会出现滚动条。

图 9-37 最终结果

商品列表页的作用是展示各种商品的样式、名称及价格等信息。在制作商品列表时，可以使用 CCS 样式表的浮动布局，不仅可以实现页面的布局，而且还可以为网页中各种块状标签定位。在本练习中，将通过制作一个简单的商品显示页面，来详细介绍 CSS 样式表的使用方法，如图 9-38 所示。

图 9-38　商品列表页

操作步骤:

1. 打开素材页面,将光标置于 ID 为"content"的 Div 层中,执行【插入】IDiv 命令,插入 ID 为"leftmain"的 Div 层,并设置 CSS 规则,如图 9-39 所示。

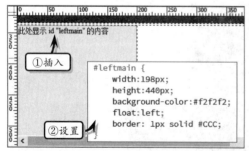

图 9-39　插入"leftmain"层

2. 将光标置于 ID 为"content"的 Div 层中,插入 ID 为"rightmain"的 Div 层,并设置 CSS 规则,如图 9-40 所示。

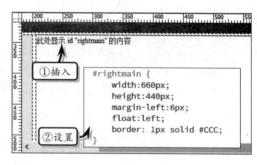

图 9-40　插入"rightmain"层

3. 将光标置于 ID 为"leftmain"的 Div 层中,插入 ID 为"menutTitle"的 Div 层,并设置 CSS 规则,如图 9-41 所示。

4. 将光标置于 ID 为"leftmain"的 Div 层中,插入 ID 为"menu"的 Div 层,并设置 CSS

规则，如图 9-42 所示。

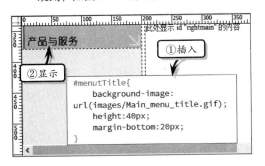

图 9-41 插入 "menutTitle" 层

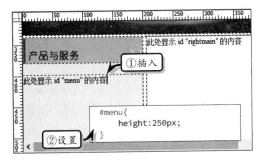

图 9-42 插入 "menu" 层

5 将光标置于 ID 为 "menu" 的 Div 层中，输入文本 "礼品袋"，单击【项目列表】按钮，创建项目列表，并输入列表文本，如图 9-43 所示。

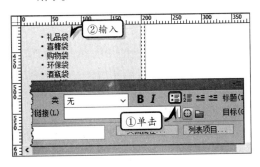

图 9-43 创建项目列表

6 在标签栏选择<ul>标签，设置其 CSS 规则。使用同样方法，设置<li>标签的 CSS 样式，如图 9-44 所示。

7 将光标置于 "礼品袋" 文本之前，执行【插入】|【图像】命令，插入 "ico.gif" 图像，如图 9-45 所示。使用同样方法，插入其他文本前图像。

```
#content #leftmain #menu ul {
    margin: 0px;
    padding: 0px;
    list-style-type: none;
}
#content #leftmain #menu ul li {
    display: block;
    width: 150px;
    border-bottom-width: 1px;
    border-bottom-style: dashed;
    border-bottom-color: #333;
    line-height: 30px;
    height: 30px;
    margin-top: 0;
    margin-right: auto;
    margin-bottom: 0;
    margin-left: auto;
}
```

图 9-44 设置<ul>和<li>标签 CSS 规则

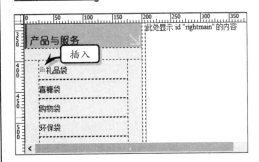

图 9-45 插入 "ico.gif" 图像

8 选择文本，在【属性】面板中，将【链接】设置为 "javascript:void(null);"，如图 9-46 所示。

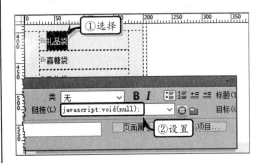

图 9-46 设置链接

9 使用同样方法，设置其他文本链接。在标签栏中选择<a>标签，设置其 CSS 规则，如图 9-47 所示。

10 将光标置于 ID 为 "rightmain" 的 Div 层中，插入 ID 为 "newsTitle" 的 Div 层，并设置其 CSS 规则，如图 9-48 所示。

11 将光标置于 "newsTitle" 中，执行【插入】【图像】命令，插入 "Main_news_top.gif"

图像，如图 9-49 所示。

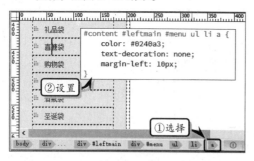

网页设计与网站组建标准教程（2018—2020 版）

图 9-47 设置 <a> 标签 CSS 规则

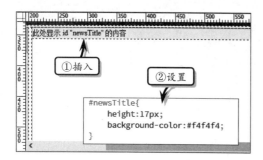

图 9-48 插入 "newsTitle" 层

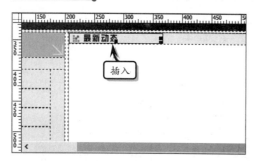

图 9-49 插入 "Main_news_top.gif" 图像

12 在 ID 为 "newsTitle" Div 层的下方插入类名称为 "rows" 的 Div 层，并设置其 CSS 规则，如图 9-50 所示。

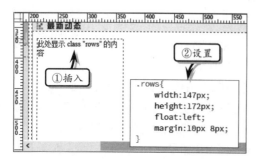

图 9-50 插入 "rows" 层

13 将光标置于类名称为 "rows" 的 Div 层中，插入类名称为 "pic" 的 Div 层，并设置其 CSS 规则，如图 9-51 所示。

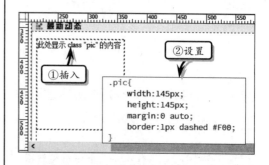

图 9-51 插入 "pic" 层

14 将光标置于类名称为 "rows" 的 Div 层中，插入类名称为 "picText" 的 Div 层，并设置其 CSS 规则，如图 9-52 所示。

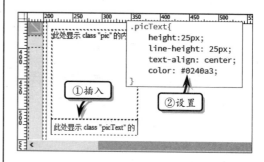

图 9-52 插入 "picText" 层

15 将光标置于类名称为 "pic" 的 Div 层中，执行【插入】|【图像】命令，插入 "pic1.jpg" 图像，如图 9-53 所示。

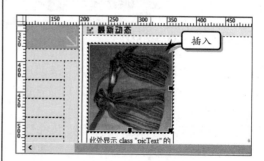

图 9-53 插入 "pic1.jpg" 图像

16 将光标置于类名称为"picText"的Div层中，插入图像并输入文本，如图9-54所示。使用同样方法，制作其他"rows"层。

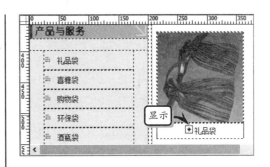

图 9-54　插入图像并输入文本

9.6　课堂练习：制作网页相册

在制作网页相册时，太多的图片容易占据网页空间。为了节省网页空间，需要缩小图片并在浏览时放大图片。此时，可以使用 Dreamweaver 中的"显示-隐藏元素"行为，为图片添加鼠标单击行为，通过定义 AP 元素的显示和隐藏状态，实现节约网页空间的目的，如图 9-55 所示。

图 9-55　网页相册

操作步骤：

1 新建空白文档，在【属性】面板中，将【文档标题】设置为"网页相册"，并保存文档，如图 9-56 所示。

2 在【CSS 设计器】面板中，单击【添加 CSS 源】按钮，选择【附加现有的 CSS 文件】选项，如图 9-57 所示。

3 在弹出的【使用现有的 CSS 文件】对话框中，单击【浏览】按钮，如图 9-58 所示。

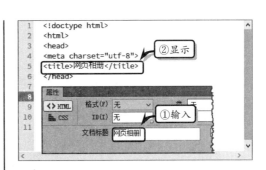

图 9-56　设置文档标题

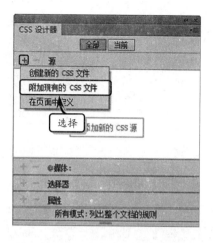

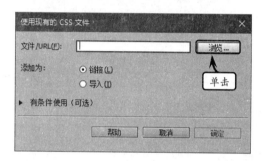

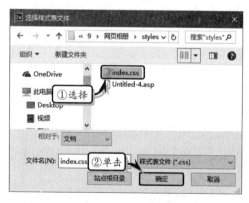

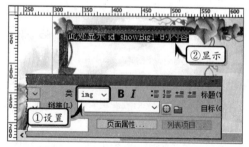

图 9-57 【CSS 设计器】面板

图 9-58 【使用现有的 CSS 文件】对话框

4   在弹出的【选择样式表文件】对话框中，选择 CSS 样式表文件，单击【确定】按钮，如图 9-59 所示。

图 9-59 选择 CSS 样式表文件

5   切换到【设计】视图中，执行【插入】|Div 命令，插入 ID 为 "showBig0" 的 Div 层，如图 9-60 所示。

图 9-60 插入 "showBig0" 层

6   删除层中的文本，执行【插入】|【图像】命令，插入 "rahmen.png" 图像，如图 9-61 所示。

图 9-61 插入 "rahmen.png" 图像

7   执行【插入】|Div 命令，插入 ID 为 "showBig1" 的 Div 层，如图 9-62 所示。

图 9-62 插入 "showBig1" 层

8   在【属性】面板中，将 "showBig1" Div 层的【类】设置为 img，如图 9-63 所示。

图 9-63 设置【类】属性

9 删除层中的文本，执行【插入】|【图像】命令，插入 "A_Dreamy_World_7th.jpg" 图像，如图 9-64 所示。

图 9-64 插入 "A_Dreamy_World_7th.jpg" 图像

10 重复(7)~(9)步骤，分别插入 "showBig2" ~ "showBig8" Div 层，设置其【类】属性并插入图像，如图 9-65 所示。

```
12 <div class="img" id="showBig2"><img src=
"images/A_Dreamy_World_9th.jpg" width="1600" height=
"1200" alt=""/></div>
13 <div class="img" id="showBig3"><img src=
"images/A_Dreamy_World_10th.jpg" width="1600" height=
"1200" alt=""/></div>
14 <div class="img" id="showBig4"><img src=
"images/A_Dreamy_World_19th.jpg" width="1600" height=
"1200" alt=""/></div>
15 <div class="img" id="showBig5"><img src=
"images/A_Dreamy_World_25th.jpg" width="1600" height=
"1280" alt=""/></div>
16 <div class="img" id="showBig6"><img src=
"images/A_Dreamy_World_29th.jpg" width="1600" height=
"1280" alt=""/></div>
17 <div class="img" id="showBig7"><img src=
"images/A_Dreamy_World_31st.jpg" width="1600" height=
"1280" alt=""/></div>
18 <div class="img" id="showBig8"><img src=
"images/A_Dreamy_World_32nd.jpg" width="1600" height=
"1200" alt=""/></div>
```

图 9-65 制作其他 "showBig" 层

11 在页面的下方，执行【插入】|Div 命令，插入 ID 为 "choose1" 的 Div 层，如图 9-66 所示。

图 9-66 插入 "choose1" 的层

12 在【属性】面板中，将 "showBig1" Div 层的【类】设置为 smImg，如图 9-67 所示。

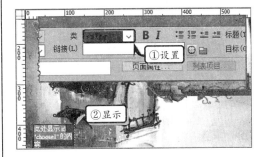

图 9-67 设置【类】属性

13 删除层中的文本，执行【插入】|【图像】命令，插入 "A_Dreamy_World_7th.jpg" 图像，如图 9-68 所示。

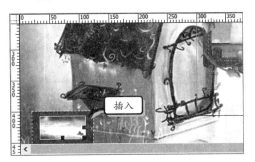

图 9-68 再次插入 "A_Dreamy_World_7th.jpg" 图像

14 重复步骤(11)~(13)，分别插入 "choose2" ~ "choose8" Div 层，设置其【类】属性并插入图像，如图 9-69 所示。

图 9-69 制作其他 "choose" 层

15 选中 "choose1" Div 层中的图像，单击【行为】面板中的【添加行为】按钮，选择【显示-隐藏元素】选项，如图 9-70 所示。

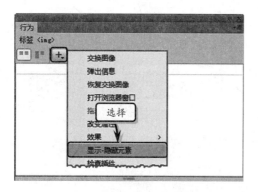

图 9-70　【行为】面板

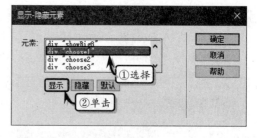

图 9-71　设置显示图像

16 在【显示-隐藏元素】对话框中，选择列表中对应的图像，单击【显示】按钮，显示该图像，如图 9-71 所示。

17 将固定不变图像设置为【默认】，其他图像设置为【隐藏】，如图 9-72 所示。使用同样方法，设置其他图像的"显示-隐藏"行为。

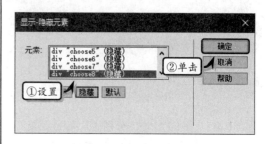

图 9-72　设置隐藏图像

9.7　思考与练习

一、填空题

1. _____是一种提高网页制作效率的有效工具，主要用于设计一些布局结构比较"固定"的页面。

2. 在模板中创建链接时，可以使用【属性】面板中【_____】图标，以确保存在正确的链接路径。

3. _____是指其设计和可编辑区域都基于另一个模板的模板，它是基本模板的一种变体，主要用于控制共享站点页面中的设计元素。

4. _____是重复区域的扩展，是创建包含可编辑区域的重复区域表格。

5. _____是 Dreamweaver 中的一种自定义网页元素，可以在多个页面中重复使用。

6. _____又被称作嵌入帧，是一种特殊的框架结构，它可以像层一样插入到普通的 HTML 网页中。

二、选择题

1. _____为每一个网页标签进行定义，精确地设置标签在页面中的具体位置和层次次序。

A．绝对定位布局

B．相对定位布局

C．流动布局

D．浮动布局

2．将网页布局标签的 position 属性值设置为_____后，可以通过设置左侧、顶部、底部和右侧 4 种 CSS 属性，定义网页标签在网页中的偏移方式。

A．static　　　　B．relative

C．absolute　　　D．fixed

3．设置 CSS 盒模型的填充属性时，_____属性可以使用 1~4 个长度值作为属性值。

A．padding

B．padding-top

C．padding-right

D．padding-bottom

4．创建库项目通常只会包含被选择的代码。如果网页中的元素使用的样式为_____的 CSS，则无法在库中显示。

A．内联　　　　B．非内联

C．非外联　　　D．外联

5．_____属性只能应用于绝对定位的网页布局元素中。

A. clip   B. position

C. inherit   D. relative

6. _____是 Dreamweaver 中另一种特殊的区域，用户可以对其进行隐藏或显示。

    A. 可编辑区域

    B. 重复区域

    C. 可选区域

    D. 可编辑的可选区域

三、问答题

1. 如何创建嵌套模板？

2. 如何插入和链接 IFrame 框架？

3. 如何设置盒模型属性？

4. 简述流动布局的作用。

四、上机练习

1. 分离模板

在本练习中，将运用模板功能，详细介绍分离模板的操作方法，如图 9-73 所示。首先执行【文件】|【打开】命令，在弹出的【打开】对话框中，选择【网站模板】选项卡中的模板文件，并单击【新建】按钮，打开模板文件。然后，执行【修改】|【模板】|【从模板中分离】命令，即可将网页与

模板的联系完全切断。最后，执行【文件】|【另存为】命令，设置保存位置和名称，单击【保存】按钮即可。之后模板的更新将不会改变该网页，而该网页中的所有内容也都可以自由编辑。

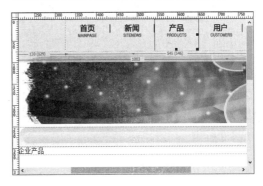

图 9-73   分离模板

2. 制作商品展示页

本练习中，将使用 CSS 样式等功能，来制作一个商品展示页网页，如图 9-74 所示。首先新建空白文档，关联外部 CSS 样式表文件。在网页中，插入嵌套 Div 层，插入图像和表单元素，输入标题文本来制作版头内容。然后，插入一个名为 "menu" 的层，指定 CSS 样式，输入文本并设置文本的链接属性，用以显示导航栏内容。

图 9-74   商品展示页

第 10 章

网页交互行为

为了丰富网页内容，使网页新颖有风格，设计者在制作网页时通常会添加各种特效。网页中的特效一般是由 JavaScript 脚本代码完成的，对于没有任何编程基础的设计者而言，可以使用 Dreamweaver 中内置的行为。行为丰富了网页的交互功能，它允许访问者通过与页面的交互来改变网页内容，或者让网页执行某个动作。

在本章中，主要介绍了行为的概念，以及 Dreamweaver 中常用内置行为的使用方法，使读者能够在网页中添加各种行为以实现与访问者的交互功能。

本章学习内容：

- ➢ 网页行为概述
- ➢ 设置文本信息行为
- ➢ 设置窗口信息行为
- ➢ 设置图像信息行为
- ➢ 设置跳转信息行为
- ➢ JavaScript 语言

10.1 网页行为概述

行为是一种由 Dreamweaver 提供的可视化特效编辑工具。其主要用来使网页可以动态地响应用户操作、改变当前页面效果或执行某些特定的任务。Dreamweaver 的行为是由 JavaScript 代码预先编写成的代码。这些代码可以被网页设计者通过简单的操作调用并嵌入到网页中，通过一些特定的事件触发代码的执行。

● 10.1.1 什么是行为

行为是由某个事件和该事件所触发的动作组合，任何一个动作都需要一个事件激活，两者是相辅相成的。

Dreamweaver 行为将 JavaScript 代码放置到文档中，这样访问者就可以通过多种方式更改网页，或者启动某些任务。行为可以被添加到各种网页元素上，如图像、文本、多媒体文件等，除此之外还可以被添加到 HTML 标签中。

1. 事件

事件是浏览器生成的消息，它指示该页的访问者已执行了某种操作。不同的页面元素定义了不同的事件。例如，在大多数浏览器中，onMouseOver 和 onClick 是与链接关联的事件，而 onLoad 是与图像和文档的 body 部分关联的事件。

单个事件可以触发多个不同的动作，用户可以指定这些动作发生的顺序。

2. 动作

动作是一段预先编写的 JavaScript 代码，可用于执行诸如打开浏览器窗口、显示或隐藏 AP 元素、播放声音或停止播放 Adobe Shockwave 影片等任务。

当行为添加到某个网页元素中后，每当该元素的某个时间发生时，行为即会调用与这一事件关联的动作（JavaScript 代码）。例如，将"弹出消息"动作附加到一个链接上，并制定它将由 onMouseOver 事件触发，则只要将指针放在该链接上，就会弹出消息。

Dreamweaver 所提供的动作提供了最大程度的跨浏览器兼容性。

10.1.2 【行为】面板

Dreamweaver 提供了一个面板来专门管理和编辑行为，即【行为】面板。在 Dreamweaver 中执行【窗口】|【行为】命令（按 Shift+F4 组合键）即可打开该面板。使用【行为】面板，可以为对象添加所有的行为，还可以修改当前选择行为的一些参数，如图 10-1 所示。

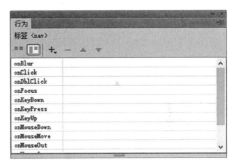

图 10-1　【行为】面板

在【行为】面板中，除了可以显示当前标签名称和所添加的行为信息之外，还提供了用于编辑网页行为的 6 个按钮，具体情况如表 10-1 所示。

表 10-1　行为面板中的按钮

名　称	图　标	作　用
显示设置事件	==	显示添加到当前文档中的事件
显示所有事件		显示所有添加的行为事件
添加行为	+.	单击弹出行为菜单，添加行为
删除事件	−	从当前行为表中删除所选事件
增加事件值	▲	动作项向前移，改变执行顺序
降低事件值	▼	动作项向后移，改变执行顺序

使用这些按钮可以方便地为网页中各种对象添加行为，以及管理已添加的各种行为

事件。

　　Dreamweaver 内置的各种行为，形成了一个 JavaScript 程序库。用户只需用鼠标选择各种动作，并设置一些简单的参数，即可为其设置激发的事件，将库中的 JavaScript 代码应用到网页中。

　　在编辑行为前首先应选择对象。在 Dreamweaver 中，可以将网页中所有的标签（包括整个网页、网页中各种文本、图像、多媒体、表格、层、框架等）作为行为的对象。不同的对象可以添加不同的行为，并可以设置各种触发动作的事件。在 Dreamweaver 中，支持所有 JavaScript 事件作为行为触发的条件，如表 10-2 所示。

表 10-2　常见的 JavaScript 行为

事 件 类 型	浏览器支持	应 用 对 象	事 件 含 义
onAbort	IE 4.0、NetScape 3.0	图像、页面等	中断对象载入触发该事件
onAfterUpdate	IE 4.0	图像、页面等	对象更新时触发事件
onBeforeUpdate	IE 4.0	图像、页面等	对象更新前触发事件
onBlur	IE 3.0、NetScape 2.0	按钮、链接、文本框等	对象移开焦点触发事件
onBounce	IE 4.0	滚动字幕等	框元素延伸至边界外时触发事件
onChange	IE 3.0、NetScape 3.0	表单等	改变对象值时触发事件
onClick	IE 3.0、NetScape 2.0	所有元素	单击对象
onDblClick	IE 4.0、NetScape 4.0	所有元素	双击对象
onError	IE 4.0、NetScape 3.0	图像、页面等	载入对象时发生错误触发事件
onFinish	IE 4.0	滚动字幕等	框元素完成一个循环时触发事件
onFocus	IE 3.0、NetScape 2.0	按钮、链接、文本框等	对象获取焦点时触发事件
onHelp	IE 4.0	图像等	调用帮助时触发事件
onKeyDown	IE 4.0、NetScape 4.0	链接图像、文字等	按下键盘上某个键时触发事件
onKeyPress	IE 4.0、NetScape 4.0	链接图像、文字等	按下键盘上某个键并释放时触发事件
onKeyUp	IE 4.0、NetScape 4.0	链接图像、文字等	释放被按下的键时触发事件
onLoad	IE 3.0、NetScape 2.0	页面、图像等	当对象被完全载入时触发事件
onMouseDown	IE 4.0、NetScape 4.0	链接图像、文字等	按下鼠标左键时触发事件
onMouseMove	IE 3.0、NetScape 4.0	链接图像、文字等	鼠标指针移动时触发事件
onMouseOut	IE 4.0、NetScape 3.0	链接图像、文字等	鼠标指针离开对象范围时触发事件
onMouseOver	IE 3.0、NetScape 2.0	链接图像、文字等	鼠标指针移到对象范围上方时触发事件
onMouseUp	IE 4.0、NetScape 4.0	链接图像、文字等	鼠标左键按下后松开时触发事件
onMove	IE 4.0、NetScape 4.0	页面等	浏览器窗口被移动时触发事件
onReadyStateChange	IE 5.0	图像等	对象初始化属性值发生变化时触发事件

事 件 类 型	浏览器支持	应 用 对 象	事 件 含 义
onReset	IE 4.0、NetScape 3.0	表单等	对象属性被激发时触发事件
onResize	IE 4.0、NetScape 4.0	主窗口、帧窗口等	浏览器窗口大小被改变时触发事件
onRowEnter	IE 5.0	Shockwave 等	数据发生变化并有新数据时触发事件
onRowEixt	IE 5.0	Shockwave 等	数据将要发生变化时触发事件
onScroll	IE 4.0	主窗口、帧窗口等	滚动条位置发生变化时触发事件
onSelect	IE 4.0	文字段落或选择相等	文本内容被选择时触发事件
onStart	IE 4.0、NetScape 4.0	滚动字幕等	对象开始显示内容时触发事件
onSubmit	IE 3.0、NetScape 2.0	表单等	对象被递交时触发事件
onUnload	IE 3.0、NetScape 2.0	主页面等	对象将被改变时触发事件

编辑行为的触发事件，可以直接在【行为】面板中选择已添加好的行为，单击行为的触发事件，即可在弹出的下拉菜单中选择相应的事件或直接在事件的菜单文本框中输入事件的类型。

10.2　设置网页行为

Dreamweaver 为用户内置了多种网页信息行为，包括常用的窗口弹出信息、打开浏览器窗口，以及交互图像、改变属性、跳转菜单等行为。

10.2.1　设置文本信息行为

通过 Dreamweaver 内置的各种 JavaScript 脚本，用户可以方便地添加和更改各种 HTML 容器、网页浏览器状态栏等内部的文本信息。

1. 设置容器文本

容器是网页中包含内容的标签的统称，典型的容器包括各种定义 ID 的表格、层、框架、段落等块状标签。首先，在网页中插入一个包含 CSS 样式的 Div 元素，然后选择该元素，在【行为】面板中单击【添加行为】按钮，在弹出的菜单中选择【设置文本】|【设置容器的文本】选项，如图 10-2 所示。

然后，在弹出【设置容器的文本】对话框中的【容器】选项，主

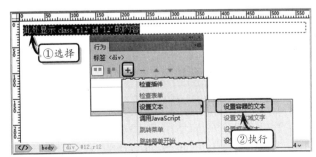
图 10-2　选择元素

要用于设置网页中可以包含文本或其他元素的任何元素，用户可通过单击其下拉按钮来选择容器。而【新建 HTML】选项，则用于输入在容器中所需显示的相关内容，如图 10-3 所示。

▶ 图 10-3 【设置容器的文本】对话框

设置【容器】和【新建 HTML】选项之后，单击【确定】按钮，即可创建一个文本信息行为。此时，在【行为】面板中将显示新创建的行为，如图 10-4 所示。

此时，用户可通过 IE 浏览器查看网页中的内容。当执行该文档时，其源内容将被【新建 HTML】文本框中所输入的内容替换，如图 10-5 所示。

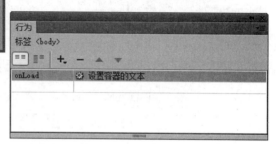

▶ 图 10-4 显示行为

2. 设置文本域文字

文本域文字行为可以将指定的内容替换表单文本域中的内容。

首先，在网页中插入一些表单元素，例如插入表单、文本和密码等表单元素，如图 10-6 所示。

然后，在【行为】面板中单击【添加行为】按钮，在弹出的菜单中选择【设置文本】|【设置文本域文字】选项。在弹出的【设置文本域文字】对话框中，单击【文本域】选项下拉按钮，设置文本域类型。同时，在【新建文本】文本框中输入所显示的文本内容，单击【确定】按钮即可，如图 10-7 所示。

▶ 图 10-5 效果显示

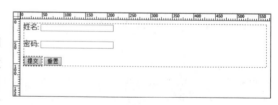

▶ 图 10-6 插入表单元素

▶ 图 10-7 【设置文本域文字】对话框

此时，用户可通过 IE 浏览器查看网页中的内容。当鼠标移动出表单时，可以看到在【新建文本】文本框中所输入的内容，如图 10-8 所示。

3. 设置状态栏文本

状态栏在浏览器窗口的底部，用于显示当前网页的打开状态、鼠标所滑过的网页对象 URL 地址等情况的一种特殊浏览器工具栏。

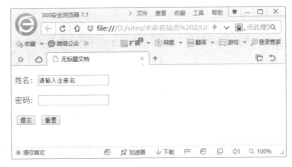

图 10-8　效果显示

在 Dreamweaver 中，选择<body>标签。然后，单击【行为】面板中的【添加行为】按钮，在弹出的菜单中选择【设置文本】|【设置状态栏文本】选项。在弹出的【设置状态栏文本】对话框中，输入所需显示的文本内容，并单击【确定】按钮，如图 10-9 所示。

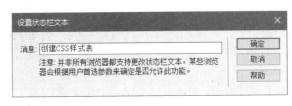

图 10-9　【设置状态栏文本】对话框

此时，在【行为】面板中将显示新创建的行为信息。其中，该行为的默认触发事件为 onMouseOver，为保证行为的正常执行，还需要单击触发事件，在其列表中选择 onLoad 事件，如图 10-10 所示。

4. 设置框架文本

设置框架文本行为主要用来设置网页框架结构中的文本、显示和内容。

在包含框架的页面中选择某个对象，单击【行为】面板中的【添加行为】按钮，在弹出的菜单中选择【设置文本】|【设置框架文本】选项。然后，在弹出的【设置框架文本】对话框中，设置各选项，单击【确定】按钮即可，如图 10-11所示。

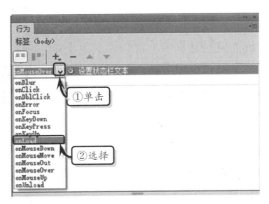

图 10-10　设置触发事件

在【设置框架文本】对话框中，主要包括下列 4 种选项：

- ❏ **框架**　用于选择用于显示设置文本的目标框架。
- ❏ **新建 HTML**　用于设置在选定框架中所要显示内容。

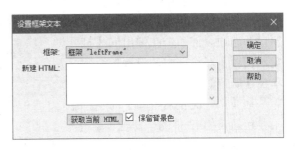

图 10-11　【设置框架文本】对话框

- ❏ **获取当前 HTML**　单击该按钮，可以复制目标框架的 body 部分的当前内容。
- ❏ **保留背景色**　启用该复选框，可以保留原有框架中的背景色。

10.2.2 设置窗口信息行为

在 Dreamweaver 内置的行为中，窗口信息行为主要包括弹出信息和打开浏览器窗口两种窗口交互行为。

1. 弹出信息

弹出信息行为的作用是显示一个包含指定文本信息的消息对话框。

一般信息对话框只要一个【确定】按钮，所以使用此行为可以强制用户提供信息，但不能为用户提供选择操作。

在 Dreamweaver 中，选择网页中的 <body> 标签。单击【行为】面板中的【添加行为】按钮，在弹出的菜单中选择【弹出信息】选项。然后，在弹出的【弹出信息】对话框中输入信息内容，并单击【确定】按钮，如图 10-12 所示。

当用户保存网页并在浏览器中打开该网页时，系统会自动弹出消息对话框。而在该对话框中，将会显示在【弹出信息】对话框中所输入的内容，如图 10-13 所示。

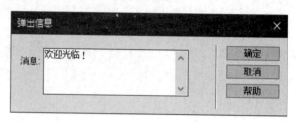

图 10-12 【弹出信息】对话框

图 10-13 弹出信息效果显示

2. 打开浏览器窗口

在 Dreamweaver 中，用户可以方便地为网页各种对象添加打开浏览器窗口的行为。

首先，选择网页中的 <body> 标签。单击【行为】面板中的【添加行为】按钮，在弹出的菜单中选择【打开浏览器窗口】选项。然后，在弹出的【打开浏览器窗口】对话框中，设置各选项，并单击【确定】按钮，如图 10-14 所示。

在【打开浏览器窗口】对话框中，主要包括表 10-3 中的一些选项。

图 10-14 【打开浏览器窗口】对话框

表 10-3 【打开浏览器窗口】对话框选项

选　项	含　义
要显示的 URL	用于输入网页文档的 URL 地址，包括文档路径和文件名，或者单击【浏览】按钮，选择网页文档

选 项		含 义
窗口宽度		以像素为单位指定新窗口的宽度
窗口高度		以像素为单位指定新窗口的高度
属性	导航工具栏	启用该复选框，可在浏览器上显示后退、前进、主页和刷新等标准按钮的工具栏
	菜单条	启用该复选框，可在新窗口中显示菜单栏
	地址工具栏	启用该复选框，可在新窗口中显示地址栏
	需要时使用滚动条	启用该复选框，可在页面的内容超过窗口大小时，浏览器会自动显示滚动条
	状态栏	启用该复选框，可在新窗口底部显示状态栏
	调整大小手柄	启用该复选框，可以显示调整窗口大小的手柄
窗口名称		用于设置新窗口的名称

10.2.3 设置图像信息行为

在 Dreamweaver 内置的行为中，图像信息行为主要包括交换图像、恢复交换图像、预先载入图像 3 种图像交互行为。

1. 交换图像

Dreamweaver 行为中的"交换图像"行为比鼠标经过图像的功能更加强大。不仅能够制作鼠标经过图像，而且还可以使图像交换的行为响应任意一种网页浏览器支持的事件，包括各种焦点事件、键盘事件、鼠标事件等。

图 10-15 【交换图像】对话框

选择页面中的图像，单击【行为】面板中的【添加行为】按钮，在弹出的菜单中选择【交换图像】选项。然后，在弹出的【交换图像】对话框中单击【设置原始档为】选项右侧的【浏览】按钮，如图 10-15 所示。

在弹出的【选择图像源文件】对话框中选择图像文件，并单击【确定】按钮，如图 10-16 所示。

最后，在【交换图像】对话框中单击【确定】按钮即可。

图 10-16 选择图像源文件

2. 恢复交换图像

"恢复交换图像"行为是将最后一组交换的图像恢复为未交换之前的原状态，它只能在应用"交换图像"行为后才可以使用。

在【行为】面板中，单击【添加行为】按钮，在弹出的菜单中选择【恢复交换图像】选项。然后，在弹出的【恢复交换图像】对话框中单击【确定】按钮即可，如图 10-17 所示。

3. 预先载入图像

"预先载入图像"是对在页面打开之处不会立即显示的图像（例如通过行为或 JavaScript 换入的图像）进行缓存，从而缩短显示时间。

图 10-17　【恢复交换图像】对话框

单击【行为】面板中的【添加行为】按钮，在弹出的菜单中选择【预先载入图像】选项。然后，在弹出的【预先载入图像】对话框中单击【浏览】按钮，选择需要载入的图像文件。最后，单击对话框中的【添加项】按钮，可以继续添加需要预先载入的图像文件。设置所有选项之后，单击【确定】按钮即可，如图 10-18 所示。

图 10-18　【预先载入图像】对话框

10.2.4　设置跳转信息行为

在 Dreamweaver 内置的行为中，跳转信息行为主要包括跳转菜单、跳转菜单开始、转到 URL 3 种图像交互行为。

1. 跳转菜单

"跳转菜单"是链接的一种形式，它是从表单中发展而来的。首先，将光标定位在表单域中，单击【行为】面板中的【添加行为】按钮，在弹出的列表中选择【跳转菜单】选项。然后，在弹出的【跳转菜单】对话框中设置各选项，单击【确定】按钮即可，如图 10-19 所示。

图 10-19　【跳转菜单】对话框

在【跳转菜单】对话框中，主要包括下列一些选项：

- ❑ **添加项**　单击该按钮，可以添加菜单项，以继续添加其余菜单项。
- ❑ **删除项**　单击该按钮，可以删除在【菜单项】列表框中已选中的菜单项。
- ❑ **在列表中下移项**　选择【菜单项】列表框中的菜单项，单击该按钮可向下移动该选项的顺序。
- ❑ **在列表中上移项**　选择【菜单项】列表框中的菜单项，单击该按钮可向上移动该选项的顺序。
- ❑ **菜单项**　用于显示所添加的菜单项。
- ❑ **文本**　用于设置菜单项中所显示的文本。

- □ **选择时，转到 URL** 用于设置所需跳转的网页地址，也可以单击【浏览】按钮，来选择所需链接的文件。
- □ **打开 URL 于** 用于设置文件打开的位置，其中【主窗口】选项表示在同一窗口中打开文件，而【框架】选项则表示在所选框架中打开文件。
- □ **更改 URL 后选中第一个项目** 启用该复选框，可以使用菜单选择提示。

2. 跳转菜单开始

"跳转菜单开始"行为所产生的下拉菜单比一般的下拉菜单多出一个跳转按钮，其跳转按钮可以为各种形式。

在网页中选择作为跳转菜单的元素，单击【行为】面板中的【添加行为】按钮，在弹出的菜单中选择【跳转菜单开始】选项。然后，在弹出的【跳转菜单开始】对话框中设置【选择跳转菜单】选项，单击【确定】按钮即可，如图 10-20 所示。

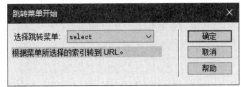

图 10-20 【跳转菜单开始】对话框

3. 转到 URL

"转到 URL"行为可在当前窗口或指定的框架中打开一个新页面，适用于通过一次单击更改两个或多个框架内容。

在页面中选择任意一个元素，单击【行为】面板中的【添加行为】按钮，在弹出的菜单中选择【转到 URL】选项。然后，在弹出的【转到 URL】对话框中设置 URL 选项，单击【确定】按钮即可，如图 10-21 所示。

提 示

在 URL 选项中，可以直接输入链接地址，也可以单击【浏览】按钮定位需要跳转的文件。另外，在【打开在】列表框中，如果页面中不存在框架，则只显示【主窗口】选项。

此时，在【行为】面板中将显示新添加的"转到 URL"行为。用户可以单击事件名称，在弹出的列表中选择 onMouseOver（鼠标经过时）选项，更改触发事件，如图 10-22 所示。

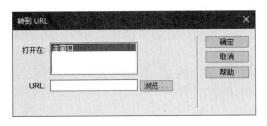

图 10-21 【转到 URL】对话框

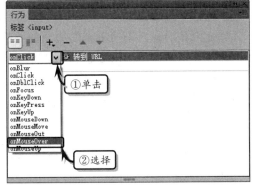

图 10-22 修改出发事件

10.2.5 设置效果行为

Dreamweaver 除了为用户内置了窗口信息、图像信息和跳转信息等行为之外，还为用户内置了一些常用的网页信息行为，包括拖动 AP 元素、改变属性、检查表单等行为。

1. 拖动 AP 元素

"拖动 AP 元素"行为可以让访问者拖动绝对定位的（AP）元素，以达到相互访问的目的。"拖动 AP 元素"行为主要用于创建平板游戏、滑块控件和其他可移动的界面元素。

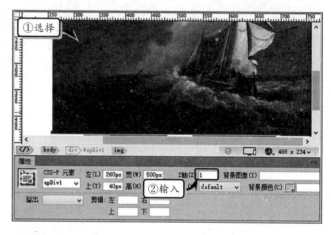

首先，在页面中插入 3 张图片，并在【代码】视图中定义图片的 div 标签的 ID。选择最上面的图片，并选中 apDiv1 标签，在【属性】面板中将【Z 轴】设置为"1"，如图 10-23 所示。

图 10-23　设置属性

使用同样的方法，设置其他图片的【Z 轴】属性值。单击【行为】面板中的【添加行为】按钮，在弹出的菜单中选择【拖动 AP 元素】选项。并在弹出的【拖动 AP 元素】对话框中的【基本】选项卡中，设置各选项，如图 10-24 所示。

在【基本】选项卡中，主要包括下列一些选项：

- **AP 元素**　用于选择页面中的 AP 元素。

图 10-24　【基本】选项卡

- **移动**　用于设置 AP 元素的移动方式，其中【不限制】选项适用于平板游戏和其他拖放游戏，而"限制"选项则适用于滑块控制和可移动布局。
- **放下目标**　用于设置相对于 AP 元素起始位置的绝对位置。
- **取得目前位置**　单击该按钮，可以使用 AP 元素的当前放置位置自动填充文本框。
- **靠齐距离**　用于确定访问者必须将 AP 元素拖到距离拖放目标多近时，才能使 AP 元素靠齐到目标。

然后，激活【高级】选项卡，定义 AP 元素的拖动控制点、跟随触发动作、移动触发动作等选项，并单击【确定】按钮，如图 10-25 所示。

在【高级】选项卡中，主要包括下列一些选项：

- **拖动控制点**　用于设置元素的拖动方式，当选择【整个元素】选项时，表示可以通过单击 AP 元素中的任意位置来拖动 AP 元素；而选择【元素内的区域】选项时，则表示只有单击 AP 元素的特定区域才能拖动 AP 元素，而且设置左和上坐标以及拖动控制点的宽度和高度值。

❑ **拖动时**　如果 AP 元素在拖动时应该移动到堆叠顺序的最前面，则需要启用

图 10-25　【高级】选项卡

【将元素置于顶层】复选框，并在其后的菜单中设置 AP 元素所保留的堆叠顺序中的原位置。

❑ **呼叫 JavaScript**　用于输入在拖动 AP 元素时反复执行的 JavaScript 代码或函数。

❑ **放下时，呼叫 JavaScript**　用于输入在放下 AP 元素时执行的 JavaScript 代码或函数。

❑ **只有在靠齐时**　启用该复选框，表示只有在 AP 元素到达拖放目标时才执行 JavaScript。

2. 改变属性

"改变属性"行为可更改某个属性（例如 div 的背景颜色或表单的动作）的值。

在网页中选择某个元素，单击【行为】面板中的【添加行为】按钮，在弹出的菜单中选择【改变属性】选项。然后，在弹出的【改变属性】对话框中设置各选项，单击【确定】按钮即可，如图 10-26 所示。

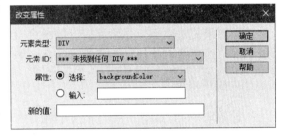

其中，在【改变属性】对话框中，主要包括下列 4 种选项。

图 10-26　【改变属性】对话框

❑ **元素类型**　用于选择需要修改属性的元素类型，以显示该类型的所有标识的元素。

❑ **元素 ID**　用来选择需要修改属性的元素名称。

❑ **属性**　用来设置改变元素的属性值，如选中【选择】选项，则可以在其下拉列表中选择属性值；如选中【输入】选项，则可以在文本框中输入属性。

❑ **新的值**　用于设置属性的新值。

3. 显示-隐藏元素

"显示-隐藏元素"行为可以显示、隐藏或恢复一个或多个页面元素的默认可见性，主要用于在用户与页面进行交互时所显示的信息。例如，当用户将鼠标指针移到一个图像上时，可以显示一个页面元素，该页面元素给出有关该图像的基本信息。

在【行为】面板中，单击【添加行为】按钮，在弹出的菜单中选择【显示-隐藏元素】选项。然后，在弹出的【显示-隐藏元素】对话框中，选择元素，单击【显示】或【隐藏】按钮，并单击【确定】按钮，如图 10-27 所示。

■ 图 10-27 【显示-隐藏元素】对话框

4. 检查插件

"检查插件"行为可根据访问者是否安装了指定的插件这一情况将它们转到不同的页面。

在【行为】面板中,单击【添加行为】按钮,在弹出的菜单中选择【检查插件】选项。然后,在弹出的【检查插件】对话框中设置相应选项,单击【确定】按钮即可,如图 10-28 所示。

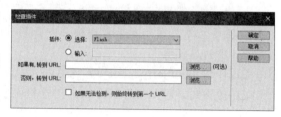

■ 图 10-28 【检查插件】对话框

其中,在【检查插件】对话框中,主要包括下列一些选项:

❑ **插件** 用于设置检测插件类型,选中【选择】选项则可以在列表中选择内置插件,而选中【输入】选项则需要在文本框中输入插件名称。

❑ **如果有,转到 URL** 用于设置为安装指定插件的访问者指定(跳转)一个 URL。

❑ **否则,转到 URL** 用于设置为未安装指定插件的访问者指定(跳转)一个 URL。

❑ **如果无法检测,则始终转到第一个 URL** 启用该选项,当浏览器无法检测插件时则直接跳转到上面所设置的第一个 URL 中。

5. 检查表单

"检查表单"行为可检查指定文本域的内容以确保用户输入的数据类型正确,以防止在提交表单时出现无效数据。

在【行为】面板中,单击【添加行为】按钮,在弹出的菜单中选择【检查表单】选项。然后,在弹出的【检查表单】对话框中设置各项选项,单击【确定】按钮即可,如图 10-29 所示。

其中,在【检查表单】对话框中,主要包括下列一些选项:

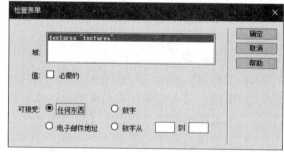

■ 图 10-29 【检查表单】对话框

❑ **域** 用于显示页面中的所有文本域,便于用户进行选择。

❑ **值** 启用【必需的】复选框,表示浏览者必须填写此项目。

❑ **可接受到** 用于设置用户填写内容的要求,当选中【任何东西】选项,表示检查域中包含数据,数据类型不限;选中【数字】选项,表示检查域中只包含数字;选中【电子邮件地址】选项,表示检查域中包含一个@符号;选中【数字从】选项,表示检查域中包含特定范围的数字。

6. 调用 JavaScript

"调用 JavaScript"行为可以在事件发生时执行自定义的函数或 JavaScript 代码行。

在【行为】面板中，单击【添加行为】按钮，在弹出的菜单中选择【调用 JavaScript】
选项。然后，在弹出的【调用 JavaScript】对话框中，准确地输入所需执行的 JavaScript
或函数名称。

例如，若要创建一个【后退】按钮，可
以输入 if (history.length>0){history.back()}。
如果用户已将代码封装在一个函数中，则只
需输入该函数的名称（例如 hGoBack()）。完
成输入之后，单击【确定】按钮即可，如图
10-30 所示。

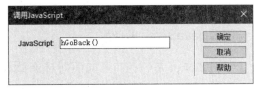

图 10-30　【调用 JavaScript】对话框

10.3　JavaScript 语言

在互联网中，很多网站设计者都会通过脚本语言编写行为，控制网页中的对象，实
现动态的效果，这些动态效果可以使网页更加丰富多彩。在制作动态效果时，可使用两
种语言：一种是 JavaScript 语言，另一种则是 VBScript 语言。在这两种脚本语言中，
JavaScript 语言使用最为广泛。

10.3.1　JavaScript 概述

在网页设计领域，特效发挥着非常重要的作用。使用网页特效，可以使网页具备更
强的交互性、欣赏性，也可使网页更加智能化。在编写各种特效时，最流行的脚本语言
就是 JavaScript 脚本语言。

1. JavaScript 简介

JavaScript 是一种面向网络应用的、面向对象编程的脚本语言，是互联网中最流行且
应用最广泛的脚本语言。

在目前所有的主流浏览器中，几乎都支持这一脚本语言。JavaScript 的语法规范和语
义目前由 ECMA（欧洲计算机制造商协会）国际维护，当前标准为 ECMA-262。

最新的 JavaScript 标准为 ECMA-357，已被一些 JavaScript 衍生的语言使用，但目前
尚未有浏览器支持。由于 JavaScript 的标准被 ECMA 国际维护，因此，JavaScript 脚本语
言又被称作 ECMAScript。

由 JavaScript 衍生的脚本语言包括微软的 JScript 以及 Adobe 的 ActionScript 等。前
者语法语义和 JavaScript 非常相似，主要应用于微软的 IE 浏览器及各种服务器端程序中。
后者语法与 JavaScript 有略微的区别，主要应用于 Flash 动画中。

JavaScript 被设计来为网页添加交互行为,因此其可直接被嵌入到 HTML 页面中,被各种浏览器解析,无须编译即可执行。同时,JavaScript 是一种免费语言,任何人无须购买许可证即可使用。

2. 与 Java 的区别

JavaScript 与 Java 语言的名称非常类似,很多人都会认为 JavaScript 是 Java 的衍生品,类似 Visual Basic 与 VBScript 的关系。事实上,JavaScript 与 Java 完全没有关系。

Java 语言是升阳计算机拥有版权的一种服务器端高级语言,而 JavaScript 最早由网景公司开发,并免费发布。JavaScript 的语法和语义更接近于 C 语言。

3. JavaScript 的应用

JavaScript 是一种简单的面向对象脚本语言,其使用者无须了解太多的编程理论和编译方法,即可将代码嵌入到网页中。JavaScript 最主要的用途包括 6 种。

- ❏ **输出动态文本** JavaScript 可以通过程序将文本内容输出到网页文档流中。
- ❏ **响应交互事件** JavaScript 可以作为事件的监听者,获取用户交互事件的触发,并对其进行处理,实现简单用户交互。
- ❏ **读写 XHTML 文档对象** JavaScript 可以通过 DOM(文档对象模型)读取 XHTML 文档中的各种对象,并写入数据。
- ❏ **验证数据** JavaScript 可以通过正则表达式等方法检测数据是否符合要求,并根据检测结果执行各种命令。
- ❏ **检测用户端浏览器** JavaScript 可以通过简单的方法获取用户端浏览器的各种信息,并返回相应的数据。
- ❏ **读写 Cookie** JavaScript 可以读写用户本地计算机的 Cookie,掌握用户对网站的访问情况。

10.3.2 JavaScript 基础知识

JavaScript 是一种基于对象的事件驱动,并且具有较强安全性的脚本语言。它使得信息和用户之间不仅只是一种显示和浏览的关系,而是实现了一种实时的、可交互式的表达能力。

1. JavaScript 在网页中的用法

JavaScript 脚本语言可以通过嵌入或导入的方法,实现在 HTML 语言中的功能,详细介绍如下。

1) 嵌入式

JavaScript 的脚本程序需要放置在<script></script>标签之间,并且为<script>标签的 language 属性设置值为 javascript。JavaScript 脚本程序可以嵌入到 HTML 语言中的任何标签之间,代码如下所示。

```
<html>
```

```
<head>
<title>JavaScript 在网页中的用法</title>
</head>
<body>
<script language="javascript">
document.write("嵌入 JavaScript 脚本程序！");
</script>
</body>
</html>
```

提 示

<script language="javascript">标签用来告诉浏览器这是用 JavaScript 编写的程序。其中，document. write()语句表示将括号中的字符串输出到浏览器窗口中。

JavaScript 脚本程序还可以在放置到 HTML 语言中的任何标签之外，成为单独的一段程序，代码如下所示。

```
<html>
<head>
<title>JavaScript 在网页中的用法</title>
</head>
<body>
</body>
</html>
<script language="javascript">
document.write("嵌入 JavaScript 脚本程序！");
</script>
```

2）导入式

如果已经存在一个 JavaScript 源文件（以 js 为扩展名），则可以采用导入的方式应用该程序。

例如，在 HTML 网页中导入名称为 example 的 js 文件，代码如下所示。

```
<html>
<head>
<title>JavaScript 在网页中的用法</title>
</head>
<body>
<script language="javascript" src="example.js"></script>
</body>
</html>
```

2. JavaScript 的变量

变量是程序中数据的临时存放场所。使用变量之前首先进行声明，在 JavaScript 脚本程序中使用 var 关键字来声明变量，代码如下所示。

```
<script language="javascript">
```

```
var num;
//声明单个变量
var num,str,boo;
//单个 var 关键字声明多个变量
var num=10,str="声明变量",boo=true;
//一条语句中的变量声明和初始化
</script>
```

上面程序中的双斜杠（"//"）表示 JavaScript 程序的注释部分，即从"//"开始到行尾的字符都被忽略。

注　意

> JavaScript 是一种区别大小写的语言，因此在声明变量时，一定要注意变量名称的大小写。

变量的名称可以是任意长度，但是创建合法的变量名称应该遵循一定的规则，介绍如下：

❑ 第一个字符必须是一个 ASCII 字母（大小写均可），或一个下画线（_）。注意第一个字符不能是数字。
❑ 后续的字符必须是字母、数字或下画线。
❑ 变量名称一定不能是保留字。

3．JavaScript 的数据类型

数据类型是编程语言最基本的元素。在编程语言中，数据类型越多，说明处理数据的功能越强。JavaScript 有 5 种数据类型。

1）Number 类型

该类型也就是数值数据类型，包括整型和浮点型。在 JavaScript 中，整型只能是正数，浮点型数也就是通常所说的小数，其表示方法如表 10-4 所示。

表 10-4　数值数据表示方法

名　称		说　明
整型数	十进制表示法	与平常所用的数字形式相同，如 0、68、100
	十六进制表示法	在十六进制数中有 10 个数字和 6 个字母，即 0～9、A～F 或 a～f。表示十六进制时，必须以 0x 开头，如 0xF、0x10
	八进制表示法	在八进制数字中共有 8 个数字，即 0～7。表示八进制数时，必须以 0 开头，如 0168
浮点型数	普通表示法	将浮点数全部直接写出来，如 54.658、0.002
	科学计数法	通过 E 或 e 来表示浮点数，如 2.9E+5 或 2.9e+5

例如，使用 var 关键字声明 Number 类型的变量，代码如下所示。

```
<script language="javascript">
var num1 = 100;
//整型数
var num2 = 0xA;
```

```
//十六进制数
var num3 = 0147;
//八进制数
var num4 = 10.00001;
//浮点数
</script>
```

2）String 类型

String 类型也称为字符串型，它在 JavaScript 中有两种等价的表示方法。用单引号表示一个字符串，如'JavaScript'；还可以用双引号表示一个字符串，如"JavaScript"。声明 String 类型的变量，代码如下所示。

```
<script language="javascript">
var str = 'JavaScript';
//单引号表示字符串
var str = "JavaScript";
//双引号表示字符串
</script>
```

3）Boolean 类型

Boolean 类型也称为布尔型，它的数值只有两个值：真用 true 或 1 表示；假用 false 或 0 表示。声明 Boolean 类型的变量，代码如下所示。

```
<script language="javascript">
var bool = true;
//值为真
var bool = 0;
//值为假
</script>
```

注　意

为 Boolean 类型的变量赋 0 或 1 值，首先需要声明该变量值的数据类型为 Boolean 类型。

4）Undefined 类型

一个为 Undefined 类型的值就是指在变量被创建后，但未给该变量赋值。声明 Undefined 类型的变量，代码如下所示。

```
<script language="javascript">
var test;
</script>
```

5）Null 类型

Null 类型的值即为空值，也就是说该变量没有保存有效的数值、字符串、boolean 等。通过给一个变量赋 null 值可以清除变量中存储的内容，代码如下所示。

```
<script language="javascript">
var test = null;
</script>
```

4．JavaScript 的运算符

JavaScript 具有全范围的运算符，包括算术运算符、逻辑运算符、位运算符、赋值运算符、比较运算符、字符串运算符和特殊运算符。

1）算术运算符

算术运算符可以将指定的数值（常量或变量）进行计算，并返回一个数值。算术运算符的符号及描述如表 10-5 所示。

表 10-5　算术运算符

名　　称	符　号	描　　述
加法	+	将两个数相加
自增	++	将数值变量加一，并返回给原变量
减法	-	将两个数相减
自减	--	将数值变量减一，并返回给原变量
乘法	*	将两个数相乘
除法	/	将两个数相除
求余	%	求两个数相除的余数

2）逻辑运算符

逻辑运算符用 Boolean 值（布尔逻辑值）作为操作数，并返回 Boolean 值。逻辑运算符的符号及描述如表 10-6 所示。

表 10-6　逻辑运算符

名称	符号	描　　述
逻辑与	&&	如果两个操作数都是真的话则返回真，否则返回假
逻辑或	||	如果两个操作数都是假的话则返回假，否则返回真
逻辑非	!	如果其单一操作数为真，则返回假，否则返回真

3）位运算符

位运算符执行位运算时，运算符会将操作数看作一串二进制位（1 和 0），而不是十进制、十六进制或八进制数字。位运算符的符号及描述如表 10-7 所示。

表 10-7　位运算符

名　　称	符　号	描　　述
按位与	&	如果两个操作数对应位都是 1 的话，则在该位返回 1
按位异或	^	如果两个操作数对应位只有一个 1 的话，则在该位返回 1
按位或	|	如果两个操作数对应位都是 0 的话，则在该位返回 0
求反	~	反转操作数的每一位
左移	<<	将第一操作数的二进制形式的每一位向左移位，所移位的数目由第二操作数指定。右面的空位补零
算术右移	>>	将第一操作数的二进制形式的每一位向右移位，所移位的数目由第二操作数指定。忽略被移出的位
逻辑右移	>>>	将第一操作数的二进制形式的每一位向右移位，所移位的数目由第二操作数指定。忽略被移出的位，左面的空位补零

4）赋值运算符

赋值运算符会将其右侧操作数的值赋给左侧操作数。最基本的赋值运算符是等号（＝），它会将右侧操作数的值直接赋给左侧操作数。赋值运算符的符号及描述如表 10-8 所示。

表 10-8　赋值运算符

名　称	符　号	描　述
赋值	=	将第二操作数的值赋给第一操作数
和赋值	+=	将两个数相加，并将和赋值给第一操作数
差赋值	-=	将两个数相减，并将差赋值给第一操作数
积赋值	*=	将两个数相乘，并将积赋值给第一操作数
商赋值	/=	将两个数相除，并将商赋值给第一操作数
余数赋值	%=	计算两个数相除的余数，并将余数赋值给第一操作数
按位异或赋值	^=	执行按位异或，并将结果赋值给第一个操作数
按位与赋值	&=	执行按位与，并将结果赋值给第一个操作数
按位或赋值	|=	执行按位或，并将结果赋值给第一个操作数
左移赋值	<<=	执行左移，并将结果赋值给第一个操作数
算术右移赋值	>>=	执行算术右移，并将结果赋值给第一个操作数
逻辑右移赋值	>>>=	执行逻辑右移，并将结果赋值给第一个操作数

5）比较运算符

比较运算符用来比较其两边的操作数，并根据比较结果返回逻辑值。操作数可以是数值或字符串值，如果使用的是字符串值的话，比较是基于标准的字典顺序的。比较运算符的符号及描述如表 10-9 所示。

表 10-9　比较运算符

名　称	符　号	描　述
等于	==	如果操作数相等的话，则返回真
不等于	!=	如果操作数不相等的话，则返回真
大于	>	如果左侧操作数大于右侧操作数，则返回真
大于等于	>=	如果左侧操作数大于等于右侧操作数，则返回真
小于	<	如果左侧操作数小于右侧操作数，则返回真
小于等于	<=	如果左侧操作数小于等于右侧操作数，则返回真

6）字符串运算符

字符串运算符可以将两个字符串连接在一起，并返回连接的结果。字符串运算符的符号及描述如表 10-10 所示。

表 10-10　字符串运算符

名　称	符　号	描　述
字符串加法	+	连接两个字符串
字符串连接赋值	+=	连接两个字符串，并将结果赋给第一个操作数

7）特殊运算符

特殊运算符是指一些具有特殊含义的运算符，其符号及描述如表 10-11 所示。

表 10-11　特殊运算符

名称	符号	描 述
条件	?:	执行一个简单的 "if…else" 语句
删除	delete	允许删除一个对象的属性或数组中指定的元素
new	new	允许创建一个用户自定义对象类型或内置对象类型的实例
this	this	可用于引用当前对象的关键字
typeof	typeof	返回一个字符串，表明未计算的操作数类型
void	void	指定要计算一个表达式但不返回值

10.3.3　JavaScript 语句

与多数高级编程语言类似，JavaScript 也可以通过语句控制代码执行的流程。JavaScript 的语句可以分为两大类，即条件语句、循环语句等。

1. 选择结构

选择结构通常用来指明程序代码的多个运行顺序或方向，并为这些顺序或方向创建一个交叉点。选择结构的程序又可以分为以下 4 种。

1）单一选择结构

单一选择结构是指使用 JavaScript 语句测试一个条件，当条件满足测试需求时，则执行某些命令。单一选择结构需要使用 if 语句，如下所示。

```
var a =2;          //为变量a赋值为2
var b =1;          //为变量b赋值为1
if (a > b)         //当条件满足变量a大于变量b时，则执行以下语句块
{
    alert("a");    //弹出对话框，输出a的值
}
```

2）双路选择结构

双路选择结构是指用 JavaScript 测试一个条件，当条件满足测试需求时，执行一段命令。当条件不满足测试的需求时，则执行另一段命令。由于程序在测试后会出现两个选项，故被称作双路选择结构。双路选择结构需要使用 if…else 语句，如下所示。

```
var a =10;         //为变量a赋值为10
var b =12;         //为变量b赋值为12
if (a>b)           //当条件满足变量a大于b时，则执行以下语句块
{
    alert("a");    //弹出对话框，输出a的值
}
Else               //否则，执行以下语句块
{
    alert("b");    //弹出对话框，输出b的值
}
```

3）内联三元运算符

JavaScript 还支持隐式的条件格式，这类格式的条件要在之后使用一个问号（?）。这类条件如需要指定两个选项，可在两个选项之间加冒号（:）隔开，如下所示。

```
var a =2;                //为变量 a 赋值为 2
var b =1;                //为变量 b 赋值为 1
var sum =(a>b)?1:2;
//当 a 和 b 满足条件 a 大于 b 时，sum 等于 1，否则 sum 等于 2
alert(sum);              //弹出对话框，输出 sum 的值
```

4）多路选择结构

之前介绍的选择结构均是单路或双路选择结构，JavaScript 还支持多路选择结构。如果需要测试多个条件，可以为程序添加 switch…case 语句，如下所示。

```
switch (a)               //根据变量 a 进行判断
{
    case (1):            //当 a 的值为 1 时
        alert("a=1");    //弹出对话框，输出 "a=1"
        break;           //停止程序
    case (2):            //当 a 的值为 2 时
        alert("a=2");    //弹出对话框，输出 "a=2"
        break;           //停止程序
    case (3);            //当 a 的值为 3 时
        alert("a=3");    //弹出对话框，输出 "a=3"
        break;           //停止程序
}
```

2. 循环结构

在 JavaScript 中，还可以使用循环结构。循环结构的特点是根据一定的条件多次执行，直到满足一定的条件后停止。例如，打印输出九九乘法表的程序，就需要使用这种结构。

1）由计数器控制的循环

这种循环需要用 for 语句指定一个计数器变量、一个测试条件以及更新计数器的操作。在每次循环的重复之前，都将测试该条件。如果测试成功，将运行循环中的代码；如果测试不成功，则不执行循环中的代码，程序继续运行紧跟在循环后的第一行代码，如下所示。

```
for(i=0;i<10;i++)        //开始循环，循环条件为整数 i 大于等于 0 且 i 小于 10
{
    alert(i);            //弹出对话框，输出 i 的值
}
```

在执行循环后，计算机变量将在下一次循环之前被更新。如果循环条件被满足，则循环将停止执行。如果测试条件不会被满足，则将导致无限循环，即死循环。在设计程序时，应极力避免死循环的发生。

2）对对象的每个属性都进行操作

JavaScript 还提供了一种特别的循环方式来遍历一个对象的所有用户定义的属性或者一个数组的所有元素。for…in 循环中的循环计数器是一个字符串，而不是数字。它包含当前属性的名称或者当前数组元素的下标，如下所示。

```
var arr = new Array(1,2,3,4,5,6,7,8,9)    //创建数组，数组的值为 1~9 的整数
for (a in arr)                            //使用 a 遍历数组的属性值
{
    alert(arr[a]);                        //弹出对话框，输出 a 的值
}
```

3）在循环开头测试表达式

如果希望控制语句或语句块的循环执行，需要不只是"运行该代码 *n* 次"，而是更复杂的规则，则需要使用 while 循环。while 循环和 for 循环相似，其区别在于 while 循环没有内置的计数器或更新表达式，如下所示。

```
var a=0;                //为变量 a 赋值为 0
while (a !=10 )         //开始循环，循环条件为 a 的值不等于 10
{
    a=a+1;              //将变量 a 的值加 1 并返回原变量
    alert(a);           //弹出对话框，并输出 a 的值
}
```

4）在循环的末尾测试表达式

在 JavaScript 中，还有一种 do…while 语句循环，它与 while 循环相似，不同处在于它总是至少执行一次，因为它是在循环的末尾检查条件，而不是在开头。例如，上面例子的代码也可以用如下的方法编写。

```
var a=0;                //为变量 a 赋值为 0
do                      //开始循环
{
    a=a+1;              //将变量 a 的值加 1 并返回原变量
    alert(a);           //弹出对话框，并输出 a 的值
}
while (a!=10)           //检查循环条件，a 是否等于 0。如是，则停止循环
```

10.3.4　JavaScript 对象

JavaScript 的一个重要功能就是基于对象功能。通过基于对象的程序设计，可以用更直观、模块化和可重复使用的方法进行程序开发。为了能够熟练使用 JavaScript 编程，首先需要了解其中一些常用的对象。

1．String 对象

String 对象是 JavaScript 最重要的核心对象之一，所有程序只要使用字符串数据，就需要 String 对象。创建一个 String 对象最简单、有效的方法就是给一个变量赋予字符串

形式的值，代码如下所示。

```
<script language="javascript">
var str = "创建一个 String 对象";
</script>
```

另外，还有一种严格按照创建对象的方法来创建 String 对象，需要使用 new 关键字，代码如下所示。

```
<script language="JavaScript">
var str = new String("创建一个 String 对象");
</script>
```

String 对象的一个重要属性为 length，表示字符串的字符个数。该属性为只读，在程序中不可以为其赋值。length 属性的使用方法如下所示。

```
<script language="JavaScript">
var str = new String("String 对象的长度");
var num = str.length;
//将字符串的长度赋给变量 num，值为 11
</script>
```

String 对象还提供了一些方法，以便处理字符串。String 的主要方法如表 10-12 所示。

表 10–12　String 对象的主要方法

方　　法	功　　能
charAt(index)	返回位于 String 对象中由 index 确定的字符
indexOf(character)	返回特定字符在字符串中的位置
substring(start,end)	返回一个字符串的子串
toLowerCase()	将字符串中的字符转换为小写
toUpperCase()	将字符串中的字符转换为大写
contact(string)	合并两个字符串
fontcolor	设置<FONT>标签的 color 属性
fontsize	设置<FONT>标签的 size 属性
italics()	创建一个<I></I>的 HTML 代码，使字符串以斜体显示

2．document 对象

document 对象即为文档对象，用来描述当前窗口或指定窗口对象的文档，它包含文档从<head>到</body>之间的内容。

document 对象的 write()和 writeln()方法用于向文档中写入数据，所写入的数据会以标准文档 HTML 来处理，使用方法如下所示。

```
<script language="javascript">
var str = "write()和 writeln()方法";
document.writeln(str);
//将字符串写入到浏览器文档中
document.write(str);
```

```
//将字符串写入到浏览器文档中
</script>
```

document 对象还提供了 open()、close()和 clear()方法。open()方法用来打开当前的网页，并向这个网页写入指定类型的数据流；close()方法用来关闭要写入的网页；clear()则用来清除当前网页。

例如，在变量 newPage 中保存了一个新网页的 HTML 标签和文字，通过 write()方法将该内容写入到当前网页中，然后调用 close()方法关闭输出流，代码如下所示。

```
<script language="javascript">
var newPage = "<html><head><title>document 对象</title></head>";
newPage += "<body>这是创建的新网页！</body></html>";
//新网页的 HTML 标签和文字
document.write(newPage);
//将新网页的 HTML 标签和文字写入到浏览器文档中
document.close();
//关闭输出流
</script>
```

document 对象的许多属性是对 HTML 中<body>标签属性的反映，其属性如表 10-13 所示。

表 10-13 document 对象的属性

属　性	描　述
alinkColor	以十六进制表示的 alink 链接颜色值
links	包含网页中所有超链接的对象数组
bgColor	背景颜色
fgColor	前景颜色
forms	与页面中每个表单对应的数组
linkColor	表示链接 link 的颜色
location	定义网页的全部 URL 的对象
title	包含网页标题的字符串
referrer	包含当前网页 URL 的对象
vlinkColor	表示 vlink 链接的颜色

3．window 对象

window 对象是浏览器显示内容的主要容器。通过该对象的属性和方法，可以实现对窗口各部分的操作，其主要属性和方法如表 10-14 所示。

表 10-14 window 对象

属性与方法	描 述
self	当前窗口用它来区别同名的窗口
top	最顶层的窗口
status	在窗口的状态条上显示的文本
defaultStatus	状态栏内显示的默认值
alert()	显示一个对话框
open()	打开具有指定文档的新窗口或在指定的命名窗口内打开文档
close()	关闭当前文档
setTimeout()	设置定时器,当定时器完成计数时,定时器停止,程序继续运行。设定时间的单位为毫秒数
clearTimeout	取消预先设置的定时器

利用 open() 和 close() 方法可以控制打开指定窗口以及窗口中包含的 HTML 文档。其中,open() 方法的形式如下所示。

```
window.open("URL","windowName","windowStatus");
```

参数 URL 为打开的 HTML 文档;参数 windowName 为打开的文档指定一个标题名称;参数 windowStatus 指定窗口的各种状态,其包含的各项内容如表 10-15 所示。

表 10-15 窗口参数及说明

参 数	说 明
toolbar	指定工具栏是否显示
location	指定地址栏是否显示
directories	指定是否建立目录按钮
status	指定状态栏是否显示
menubar	指定菜单栏是否显示
scrollbars	指定滚动条是否显示
resizable	指定窗口是否可以更改大小
width	指定窗口的宽度
height	指定窗口的高度

注 意

windowStatus 是一个用逗号隔开参数的列表。除了 width 和 height 需要指定数值外,其他都使用 yes 或 1 设成 true,使用 no 或 0 设成 false。

例如,在新窗口中打开名称为 test.html 的文档,除设置高度和宽度外,其他状态均为不显示,代码如下所示。

```
<script language="javascript">
window.open("test.html","testName","toolbar=no,location=no,directories
=0,status=0,menubar=0,scrollbars=0,resizable=0,width=300,height=250");
</script>
```

4. Array 对象

Array 对象即为数组对象,它是一个对象的集合,而且里边的对象可以为不同类型。

数组下标可以被认为是对象的属性，用来表示其在数组中的位置。使用 new 运算符和 Array()构造器可以生成一个新的数组，代码如下所示。

```
<script language="javascript">
var arr = new Array(7);
arr[0]="Sun";
arr[1]="Mon";
arr[2]="Tue";
arr[3]="Wed";
arr[4]="Thu";
arr[5]="Fri";
arr[6]="Sat";
</script>
```

另外，还可以在定义数组时直接初始化数据，代码如下所示。

```
<script language="javascript">
var arr = new Array("Sun","Mon","Tue","Wed","Thu","Fri","Sat");
</script>
```

Array 对象的 length 属性可以返回数组的长度，即数组中包含元素的个数。它等于数组中最后一个元素的下标加一，因此添加新元素可以用到该属性，代码如下所示。

```
<script language="javascript">
var arr = new Array(7);
arr[0]="Sunday";
arr[1]="Monday";
arr[2]="Tuesday";
arr[3]="Wednesday";
arr[4]="Thursday";
arr[5]="Friday";
arr[6]="Saturday";
arr[arr.length]="Day";
//为数组添加一个新的元素，其值为"Day"
</script>
```

提 示

当向用关键字 Array 生成的数组中添加元素时，JavaScript 自动改变属性 length 的值。

5. Date 对象

Date 对象即为日期对象，可以用来表示任意的日期和时间，获取当前系统日期以及计算两个日期的间隔。使用 new 运算符创建一个新的 Date 对象，代码如下所示。

```
<script language="javascript">
var myDate = new Date();
</script>
```

上述方法使 myDate 成为日期对象，并且已有初始值（当前时间）。如果要自定义初始值，方法如下所示。

```
<script language="javascript">
var myDate = new Date(08,7,21);
//2008 年 8 月 21 日
var myDate = new Date('Aug21,2008')
//2008 年 8 月 21 日
</script>
```

Date 对象有很多方法，其中，get 表示获得某个数值，而 set 表示设定某个数值，详细方法介绍如表 10-16 所示。

表 10-16　Date 对象的方法

方　　法	说　　明
get/setYear()	返回/设置年份数。2000 年以前为 2 位,2000(包含)以后为 4 位
get/setFullYear()	返回/设置完整的 4 位年份数
get/setMonth()	返回/设置月份数（0～11）
get/setDate()	返回/设置日期数（1～31）
get/setDay()	返回/设置星期数（0～6）
get/setHours()	返回/设置小时数（0～23）
get/setMinutes()	返回/设置分钟（0～59）
get/setSeconds()	返回/设置秒数（0～59）
get/setMilliseconds()	返回/设置毫秒（0～999）
get/setTime()	返回/设置从 1970 年 1 月 1 日零时整开始计算到日期对象所指的日期的毫秒数
toGMTString()	以 GMT 格式表示日期对象
toUTCString()	以 UTC 格式表示日期对象

6．Math 对象

Math 对象即为数学对象，提供对数据的数学计算。使用 Math 对象的属性或方法时，采用"Math.<名>"这种格式，其属性和方法介绍如表 10-17 所示。

表 10-17　Math 对象的属性和方法

属性与方法	说　　明
E	返回常数 e（约为 2.718）
LN2	返回 2 的自然对数
LN10	返回 10 的自然对数
LOG2E	返回以 2 为底 e 的对数
LOG10E	返回以 10 为底 e 的对数
PI	返回 π
SQRT1_2	返回 1/2 的平方根
SQRT2	返回 2 的平方根
abs(x)	返回 x 的绝对值
acos(x)	返回 x 的反余弦值
asin(x)	返回 x 的反正弦值
atan(x)	返回 x 的反正切值
atan2(x,y)	返回复平面内点（x, y）对应的复数的幅角，用弧度表示
ceil(x)	返回大于等于 x 的最小整数

属性与方法	说　明
cos(x)	返回 x 的余弦
exp(x)	返回 e 的 x 次幂（e_x）
floor(x)	返回小于等于 x 的最大整数
log(x)	返回 x 的自然对数
max(a,b)	返回 a,b 中较大的数
min(a,b)	返回 a,b 中较小的数
pow(n, m)	返回 n 的 m 次幂（n_m）
random()	返回大于 0 小于 1 的一个随机数
round(x)	返回 x 四舍五入后的值
sin(x)	返回 x 的正弦
sqrt(x)	返回 x 的平方根
tan(x)	返回 x 的正切

10.4　课堂练习：制作动画转动效果

在网页中除了通过插入 Flash 动画及行为来创建交互动画效果之外，还可以使用 CSS 规则样式创建文字或图像动画效果。例如，CSS 中的 Animations 功能则可以定义多个关键帧，并通过每个关键帧中的标签的属性来实现复杂的动画效果。在本练习中，将通过制作一个企业首页，来详细介绍 Animations 功能的含义和应用，如图 10-31 所示。

图 10-31　动画转动效果

操作步骤：

1 打开素材文档，创建页面页头。页头被放在"top_content"Div层中，并使用ul列表为页头添加导航条，其具体代码如下所述。

```
<div id="menu"><ul>
   <li class="home"> <a href="">
   <script language="javascript" type=
   "text/javascript">
   od_displayImage('myImg1', 'images/home',
   80, 99, '', 'Variable Opacity Rules');
   </script> </a> </li>
  <li class="contact_current"> <a href="">
   <script language="javascript" type=
   "text/javascript">
   od_displayImage('myImg1', 'images/contact',
   103, 79, '', 'Variable Opacity Rules');
   </script> </a> </li></ul>
</div>
```

2 为页头添加CSS样式，包括导航列表ul和列表项li的样式，其具体代码如下所述。

```
#menu ul{
margin:0px;
padding:0px;
list-style:none;
}
#menu li.home a{width:80px;height:99px;float:
   left; margin:60px 0 0 0;}
```

3 在"middle_content"Div层中添加"intro_text"Div层，用于存放动画的介绍信息，其具体代码如下所述。

```
<div id="intro_text">
    <div style="width:300px; padding:65px 0 0 40px;">
     <h2>动画介绍</h2>
     <p>  动画是一种小孩子喜爱的东西，很灵动。英文有：animation、
      cartoon、animatedcartoon。其中，比较正式的 "Animation"
      一词源自于拉丁文字根的 anima，意思为灵魂；动词
      animate 是赋予生命，引申为使某物活起来的意思。
      所以 animation 可以解释为经由创作者的安排，使
      原本不具生命的东西像获得生命一般的活动...</p>
     </div></div>
```

4 为intro_text层添加CSS样式，包括层的高度或宽度等信息，如图10-32所示。

网页设计与网站组建标准教程（2018—2020 版）

图 10-32　制作"intro_text" Div 层

其具体代码如下所述。

```
#intro_text {
        float:left;
        width:416px;
        height:213px;
        background:url(images/paper.gif) no-repeat
    center;
        text-align:left;
}
```

5 在"container1" Div 层中，创建包含动画特效的"stage" Div 层，其具体代码如下所述。

```
<div id="stage">
    <div id="shape" class="cube backfaces">
    <div class="plane one">1</div>
    <div class="plane two">2</div>
    <div class="plane three">3</div>
    <div class="plane four">4</div>
    <div class="plane five">5</div>
    <div class="plane six">6</div>
    <div class="plane seven">7</div>
    <div class="plane eight">8</div>
    <div class="plane nine">9</div>
    <div class="plane ten">10</div>
    <div class="plane eleven">11</div>
    <div class="plane twelve">12</div>
    </div>
```

6 为 container1 层和 stage 层添加样式，其具体代码如下所述。

```
#container1 {
        margin-top:20px;
        margin-left:50px;
        background-color:#856674;
        border:none;
        border-radius:20px;
        color: white;
```

```
        width: 700px;
        height: 380px;
        -webkit-perspective: 800;
        -webkit-perspective-origin: 50% 225px;
}
#shape {
        position: relative;              top: 100px;
        margin: 0 auto;
        height: 200px;
        width: 200px;
        -webkit-transform-style: preserve-3d;
}
```

7 为 plane 添加样式，该层主要用于设置动画中的过渡效果，其具体代码如下所述。

```
.plane {
        position: absolute;
        height: 200px;
        width: 200px;
        border: 1px solid white;
        -webkit-border-radius: 12px;
        -webkit-box-sizing: border-box;
        text-align: center;
        font-family: Times, serif;
        font-size: 124pt;color: black;
        background-color: rgba(255, 255, 255, 0.6);
        -webkit-transition: -webkit-transform 2s,
    opacity 2s;
        -webkit-backface-visibility: hidden;}
```

10.5 课堂练习：编写中文时间脚本

　　在制作网站时，通常需要在网站的后台页中插入了显示当前中文时间信息的脚本。在本练习中，将运用 HTML 语言，使用时间（Date）对象功能，并通过 JavaScript 函数为网站后台插入显示当前中文时间的脚本，如图 10-33 所示。

图 10-33　网站后台页

操作步骤：

1 打开素材网页，新建 JavaScript 网页文档并保存该文档至 scripts 文件夹内。在 JavaScript 文档中，创建函数 clock()，用来获取并显示系统时间。函数内容是使用 Date()系统函数获取完整的系统时间，其具体代码如下所述。

```
function clock(){
        var date=new Date();
}
```

2 在 clock()函数中使用 getFullYear()、getMonth()、getDate()等函数获取系统时间中的年、月、日等，并使用 innerHTML 函数将获取的数据在 id 为 topbtm 的 Div 标签中显示，其具体代码如下所述。

```
document.getElementById("topbtm").innerHTML="现在时间："+date.
getFullYear
()+"年"+transtime(date.getMonth(),"month")+transtime(date.
getDate(),"date")
+" "+transtime(date.getDay(),"day")+" "+transtime(date.getHo
urs(),"hour")+": "+transtime(date.getMinutes(),"minute")+": "+
transtime(date.get3
econds(),"second");
```

3 再创建一个格式化时间的函数。该函数有两个参数，一个是转过来的时间，例如年或者日期等数值；另一个是表示第一个参数的类型，例如年、月等，其具体代码如下所述。

```
function transtime(num,numtype){
}
```

4 在格式化时间函数中，对获取的系统时间进行格式化处理，并进行返回，其具体代码如下所述。

```
var monthArray=new Array("1 月","2 月","3 月","4 月","5 月","6 月","7 月",
"8 月","9 月","10 月","11 月","12 月");
    var dateArray=new Array();
    for(var i=0;i<32;i++){
        dateArray[i]=i+"日";
    }
    var dayArray=new Array("星期日","星期一","星期二","星期三","星期四",
    "星期五","星期六");
    switch(numtype){
        case "month":
        return monthArray[num];
        break;
        case "date":
        return dateArray[num];
        break;
        case "day":
        return dayArray[num];
        break;
```

网页设计与网站组建标准教程（2018—2020 版）

```
    }
    if(numtype=="hour"||numtype=="minute"||numtype=="second"){
        if(num<10){
            return "0"+num;
        }else{
            return num+"";
        }
    }
```

5 使用 setInterval()函数来设置每秒获取一次系统时间,其具体代码如下所述。

```
setInterval(clock,1000);
```

6 打开 topFrame 框架所连接的 CSS 文件,找到 ID 为 topbtm 的 Div 标签的 CSS 样式,并在其中定义其文本颜色、文本大小、行高和首行缩进等属性,其具体代码如下所述。

```
#topbtm{
    height:27px;
    background-image:url(../images/topbotm.jpg);
    background-repeat:repeat-x;
    border:1px solid black;
    color:#777;
    font-size:12px;
    line-height:27px;
    text-indent:2em;
}
```

10.6 思考与练习

一、填空题

1. _____是用来动态响应用户操作、改变当前页面效果或者执行特定任务的一种方法,可以使访问者与网页之间产生一种交互。

2. Dreamweaver 行为将_____代码放置到文档中,这样访问者就可以通过多种方式更改网页,或者启动某些任务。

3. _____是浏览器生成的消息,它指示该页的访问者已执行了某种操作。

4. _____是一段预先编写的 JavaScript 代码,可用于执行诸如打开浏览器窗口、显示或隐藏 AP 元素、播放声音或停止播放 Adobe Shockwave 影片等任务。

5. _____是网页中包含内容的标签的统称,典型的容器包括各种定义 ID 的表格、层、框架、段落等块状标签。

6. _____是一种面向网络应用的、面向对象编程的脚本语言,是互联网中最流行且应用最广泛的脚本语言。

二、选择题

1. "_____"是链接的一种形式,它是从表单中发展而来的。
   A．跳转菜单   B．跳转开始菜单
   C．框架文字   D．转到 URL

2. 用户可以在【_____】面板中,先指定一个动作,然后指定触发该动作的事件,以此将行为添加到页面中。
   A．插件   B．行为
   C．属性   D．资源

3. JavaScript 的脚本程序需要放置在<script></script>标签之间,并且为<script>标签的 language 属性设置值为_____。

A. HTML B. CSS

C. javascript D. PHP

4. _____类型也称为布尔型，它的数值只有两个值：真用 true 或 1 表示；假用 false 或 0 表示。

A. Undefined B. Boolean

C. Null D. String

5. _____是指用 JavaScript 测试一个条件，当条件满足测试需求时，执行一段命令。

A. 单一选择结构

B. 多路选择结构

C. 双路选择结构

D. 内联三元运算符

6. _____对象是 JavaScript 最重要的核心对象之一，所有程序只要使用字符串数据，就需要 String 对象。

A. String B. document

C. window D. Array

三、问答题

1. 什么是网页行为？

2. 如何设置弹出窗口信息？

3. 如何设置跳转信息？

4. 什么是 JavaScript 语言？

四、上机练习

1. 制作产品详细介绍

在本练习中，将运用"网页行为"功能，制作一个产品详细介绍网页，如图 10-34 所示。首先打开素材文件，选择【更多详情】图像，单击【添加行为】按钮，选择【打开浏览器窗口】选项。然后，在弹出的【打开浏览器窗口】对话框中，设置相应的选项，单击【确定】按钮。最后，使用同样的方法，分别为其他【更多详情】图像添加交互行为。

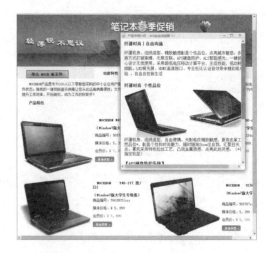

图 10-34 产品详细介绍网页

2. 制作拼图游戏

在本练习中，将运用"网页行为"功能，制作一个拼图游戏网页，如图 10-35 所示。首先设置页面属性，添加页面背景。然后，在网页中插入一个名为"apDiv1"的 Div 层，并新建该层的 CSS 样式。使用同样方法，分别插入其他 8 个类似的 Div 层和 1 个外边框 Div 层，并分别创建其 CSS 规则。最后，单击【添加行为】按钮，选择【拖动 AP 元素】选项，在弹出的对话框中设置相应的选项即可。

图 10-35 拼图游戏网页

第 11 章

ASP 及数据库基础

在当今互联网时代，网络新闻得到了快速发展，网络新闻用户也随之逐年递增。新闻网站已经无可争议成为了舆论宣传的主阵地，其作为第四媒体的地位也由受群众规模的扩大和影响力的增强而得到进一步的巩固和拓展。面对处于信息海洋中的广大网民，如何有效地为他们提供丰富、便捷的新闻信息服务，是重点新闻网站发展战略规划的重中之重。

为了有效提升网民的注意力，提高信息体验实效，首先要准确把握网民的新闻信息需求心理、阅读习惯、行为模式等，结合网站的目标定位以及所提供的特色服务，以目标网民的需求为导向，按照一定的原则，有针对性地开展设计工作。本章将使用 CSS 技术与 XHTML 技术设计一个新闻网站。

本章学习内容：

- ➤ ASP 基础
- ➤ ASP 编辑基础
- ➤ ASP 内置对象
- ➤ 数据库基础

11.1 ASP 基础

ASP（Active Server Page）是一种服务器端的网页设计技术，可以将 Script 语法直接加入到 HTML 网页中，从而轻松读取数据库的内容，也可以轻易集成现有的客户端 VBScript 和 DHTML，输出互动、具有动态内容的网页。

11.1.1 ASP 文件结构

ASP 程序文件其实是以扩展名为 asp 的纯文本形式存在于 Web 服务器上，用户可以用任何文本编辑器打开它，ASP 程序文件中可以包含纯文本、XHTML 标记以及脚本命令。

一个简单的 ASP 文件可以包括 3 个部分。

❑ 普通的 XHTML 文件，也就是普通的 Web 的页面内容。

❑ 服务器端的 Script 程序代码，位于<%…%>内的程序代码。

❑ 客户端的 Script 程序代码，位于<script>…</script>内的程序代码。

ASP 文件的约定如下。

❑ 所有的 Script 程序代码均须放在<%与%>符号之间。

❑ 在 ASP 里面，VBScript 是默认的脚本语言，如果要在 ASP 网页中使用其他的脚本语言，可以用以下方法在文件开头申明：

```
<%@Language=VBScript%>
'脚本语言为 VBScript，可以申明也可以不用申明。
<%@Language=Javascript%>
'申明所用的脚本语言为 JavaScript
```

提 示

本教材范例和实例均使用默认的脚本语言 VBScript。

在编写 ASP 代码时要注意以下几点。

❑ ASP 代码中，字母不分大小写，不过使用小写更方便阅读。

❑ ASP 代码中，所有标点符号均为英文状态下所输入的标点符号，这点请大家一定要注意。当然，字符串中的中文标点符号除外，例如：

```
<%a="Web 程序设计技术最简单易学的语言是：ASP"%>
```

代码里的冒号即是中文标点符号。

❑ ASP 代码中，可以在适当位置加入注释语句，这样方便程序的阅读。注释语句一般由 "'" 开始，例如：

```
<%
response.write "hello! Mr.wang" '输出显示
%>
```

其中的 "' 输出显示" 即是注释语句，运行时 ASP 不执行该句。

❑ ASP 代码中，定界符 "<%" 和 "%>" 的位置比较随便，可以与 ASP 语句放在一行，也可以单独成行。例如：

```
<%response.write "hello! Mr.wang "%>
```

也可以写成：

```
<%
response.write "hello! Mr.wang "
%>
```

❑ ASP 代码中，不能将一条语句分行写，也不能将多条语句写在一行内。例如下面的写法都是错误的。

网页设计与网站组建标准教程（2018—2020 版）

```
<%a=1 b=2%>
```

和

```
<%
a=
1
%>
```

11.1.2 ASP 指令

ASP 中，除了脚本语言中的指令外，还提供了一些数据输入输出、处理的指令，主要有输出指令、处理指令和包含指令（#include）。

1. ASP 输出指令

ASP 的输出指令<%=expression %>显示表达式的值，这个输出指令等同于使用 Response.Write 显示信息。例如，输出表达式<%=sport%>将文字 sport（变量当前的值）传送到浏览器。

2. 处理指令

ASP 处理指令<% @ keyword%>将有关如何处理.asp 文件的信息发送给 IIS（注意在@和 keyword 之间必须有一个空格）。在 IIS 4.0 中，Active Server Pages(ASP)支持以下 5 条@指令。

1）@ CODEPAGE 指令

可以使用@ CODEPAGE 指令为.asp 文件设置代码页。代码页是一个字符集，包括数字、标点符号及其他字符。不同的语言用不同的代码页。例如，ANSI 代码页 1252 为美国英语和大多欧洲语言所使用，而 OEM 代码页 932 为日本汉字所使用。

代码页可表示为一个字符到单字节值或多字节值的映射表。许多代码页都共享在 0x00~0x7F 之间的 ASCII 字符集。@ CODEPAGE 指令的语法格式如下所示。

```
<%@ CODEPAGE=codepage%>
```

参数 codepage 为无符号整数，代表正在运行 ASP 脚本引擎系统的有效代码页。

提 示

也可以通过 Session.CodePage 属性忽略由@ CODEPAGE 指令设置的代码页。但是，这样做的结果只适用于在会话作用域中运行的脚本。

2）@ ENABLESESSIONSTATE 指令

可以使用@ ENABLESESSIONSTATE 指令关闭网页会话跟踪。会话跟踪维护由单个客户端发布的一组请求信息。如果网页不依赖会话信息，则关闭会话跟踪可减少 IIS 处理脚本的时间，其语法格式如下所示。

```
<%@ ENABLESESSIONSSTATE=True|False %>
```

3）@ LANGUAGE 指令

用户可以用@ LANGUAGE 指令设置用于解释脚本中的命令语言，可以将脚本语言设置为任何一种已安装在 IIS 中的脚本引擎。默认设置为 VBScript。因此，如果用户在脚本中未包括@ LANGUAGE，脚本将由 VBScript 引擎解释。其语法格式如下所示。

```
<%@ LANGUAGE=scriptengine %>
```

其中，参数 scriptengine 指编译脚本的脚本引擎。IIS 装有两个脚本引擎，VBScript 和 JScript。

提 示

可以用 IIS Admin 对象的 AspscriptLanguage 属性改变默认的脚本语言。用户可将该属性应用到 Web 服务、Web 服务器、虚拟目录或 Web 目录。

4）@ LCID 指令

可以使用@ LCID 指令为脚本设置现场标识（LCID）。LCID 的数据类型是 DWORD，低字为语言标识，高字保留。LCID 标识以国际标准的数字缩写表示。LCID 有唯一标识已安装的系统定义现场所需的组件。有两个预定义 LCID 值，LOCALE_SYSTEM_DEFAULT 是系统默认现场，LOCALE_USER_DEFAULT 是当前用户现场，其语法格式如下所示。

```
<%@ LCID=localeidentifier %>
```

其中，参数 localeidentifer 指有效的现场标识。

5）@ TRANSACTION 指令

可以使用@ TRANSACTION 指令指出脚本应被当作事务来处理。若脚本被当作事务处理时，Microsoft Transaction Server（MTS）将创建一个事务来协调资源的更新，其语法格式如下所示。

```
<%@ TRANSACTION=value %>
```

其中，参数 value 指事务支持类型的字符串，其值如表 11-1 所示。

表 11-1　事务支持类型

名　　称	解　　释
Required	脚本将初始化一个事务
Requires_New	脚本将初始化一个事务
Supported	脚本将不会初始化一个事务
Not_Supported	脚本将不会初始化一个事务

提 示

若脚本包含@ TRANSACTION 指令，则它必须位于 .asp 文件中的第一行，否则将出错。必须将该指令加到要在某个事务下运行的每一页中。当脚本处理完成之后，当前事务也就结束了。

3. 应用#include 包含指令

#include 指令使用非常广泛，能最大限度地实现代码重用。当执行到该指令时，会

把#include 指令所包含的内容插到当前 ASP 页内一起执行，这也就意味着调用函数、过程等可以由它来实现。#include 的语法如下。

```
<!-- include VIRTUAL|FILE="filename"-->
```

❑ **VIRTUAL**　代表使用一个虚拟的相对或绝对路径，例如，一个文件名为 Myfirstfile．inc，位于虚拟路径／MyDirectory 下。

```
<!--#include VIRTUAL="/MyDirectory/Myfirstfile.inc"-->
<!--#include VIRTUAL="../../MyOther/Myfirstfile.inc"-->
```

❑ **FILE**　代表相对或全路径与文件名的组合，相对路径以一个目录开始并包含一个文件名。

```
<!--#include FILE= "Mysecondfile.inc"-->
```

使用 include 文件的优点如下。

❑ 可以使网页有一个连贯一致的外观，如菜单。若在每一个网页上使用菜单，通常当菜单内容变化时，必须修改每一页。在 include 文件里并没有 HTML 的起点或是终点标识，例如<html>或<body>。这是因为当#include 语句被处理的时候，这个 include 的文件内容会"融入"调用文件中，而成为它内容的一部分。一般来说，这部分的内容是在这个调用文件中间的某一段落，所以没有起点或是终点的标识。运用 include 文件，不论是菜单或是任何共同的 XHTML 内容的变动，只需修改相关的 include 文件即可，而不用去改动许多文件。

❑ include 文件可以包括一组被大多数 ASP 文件所使用的函数。include 文件是放置这些函数最理想的地方。例如，必须确认每个用户所输入的资料都是合法字符，在这种情况下，很多页面都需要使用到相同的判断合法字符的函数。但是利用 include 文件，只需要把相同的程序包含在每个文件里就可以了。

被包含的 XHTML 文件，可以包含任何 XHTML 标识，例如图片与超链接。被包含的#include 文件，还可再包含其他被包含的#include 文件。但是，这样的包含不应造成循环。例如，First.asp 包含 Second.inc，则 Second.Inc 不能再包含 First.asp。一个文件也不能包含它自己，否则的话，程序将产生错误，并停止执行 ASP 文件。

ASP 包含文件会在执行脚本命令之前被载入，因此不能使用脚本去创建包含文件。例如，下面脚本的调用将失败。

```
<!--调用失败的脚本-->
<%name=("hcadcr&.inc")%>
<!--#include file="<%name%>"-->
```

11.1.3　ASP 标点符号

很多 ASP 初学者都有可能在双引号、单引号以及&号上迷失方向。最关键的是不理解这 3 类符号的意思，当然也就不能很好地掌握它们的用法了。以下是作者对 3 类符号的看法，介绍如下。

1．双引号""

在 ASP 中处在双引号中的可以是任意的字符、字符串、XHTML 代码。例如：

```
<%response.write ("<b>cnbruce here</b>")%>
```

在上述代码中，产生的页面效果分别是：默认文字和加粗文字"cnbruce here"。

下面再想想，如果要在输出的页面文字上加一颜色效果该怎么办？大家都知道，一般文字颜色的格式是这样写的：

```
<font color="#0000ff">cnbruce</font>
```

而 response.write 格式是这样的：

```
response.write("输入显示的内容")
```

如果要将上面文字颜色的代码放到 response.write 中，就会发现 write 方法中的双引号和 color 中的双引号形成嵌套效果，如下所示。

```
response.write("<font color="#0000ff">cnbruce</font>")
```

调试结果可想而知：不容乐观。因为 color 的前引号和 write 的前引号形成匹配，内容为<font color=；同样 color 的后引号也就和 write 的后引号匹配了，内容为：>cnbruce</font>。最终结果是：中间的#0000ff 被独立了出来，不被浏览器识别。

所以为了结果正确，可以将#0000ff 当成字符串放在双引号里面，然后该字符串与前字符串<font color=和后字符串>cnbruce</font>中间的连接就采用&号，最后结果如下：

```
<%
response.write("<font color=" & "#0000ff" & ">cnbruce</font>")
%>
```

2．单引号"

正如学习语文课一样，继续放在双引号中的引号可以采用单引号。

那么上面输入语句 response.write("<font color="#0000ff">cnbruce</font>") 中的#0000ff 就可以将其双引号变为单引号，结果如下：

```
response.write("<font color='#0000ff'>cnbruce</font>")
```

3．连接字符&

ASP 中&号的主要作用是用来连接的，包括字符串-字符串、字符串-变量、变量-变量等混合连接。

例如下面语句：

```
<%
    mycolor="#0000ff"
    response.write ("<font color=' "&mycolor&" '>" & "cnbruce" & "</font>")
%>
```

网页设计与网站组建标准教程（2018—2020 版）

在上述代码中，需要注意的是：color 的单引号中又采用了双引号。

首先是定义了一个变量 mycolor，按照原则，变量放在 response.write 里面是不需要加双引号的，因为加了双引号就表示是字符串，而非变量。如果使用 response.write 要输出变量时，可以直接这样写：

```
response.write(mycolor)
```

但是，如果变量一定要放在双引号中（比如上面程序是放在单引中），那具体的 response.write 又该如何书写呢？将 ASP 中的变量添加左右的"&连接符，效果即为：

```
response.write(" "&mycolor&" ")
```

分析上述代码可以看出，其实就是前一空字符串连接 mycolor 变量再连接后一字符串。

11.2 ASP 编程基础

VBScript（Microsoft Visual Basic Scripting Edition）是基于 Microsoft 公司的 Visual Basic 语言，使用 VBScript 可以编写服务器端脚本，也可以编写客户端脚本。服务器端脚本在 Web 服务器上运行，由服务器根据脚本的运行结果生成相应的 HTML 页面发送到客户端浏览器中显示；客户端脚本由浏览器解释运行。

11.2.1 ASP 语法介绍

语法是语言表达的规则，计算机语言同样需要根据该语言语法的规则来进行编程。下面将介绍一下 ASP 脚本语言的语法规则。

1. 常量

常量是一般在整个代码的过程中，处于恒定、不可改变的值。在自然界中，常量有很多种，如圆周率 π 的值 3.14 等。在编写程序的过程中，如果遇到一些数据在整个过程中不允许改变，则可以将其声明为常量。声明常量的代码如下：

```
Const name = Value
```

其中，Const 语句的参数功能如下。
❑ **name** 表示符号常量名，一般使用大写字母表示。
❑ **Value** 该参数表示数值常数、字符串常数以及由运算符组成的表达式。
例如，声明常量 Conpi 代码如下：

```
Const Conpi=3.14
'声明一个常量 Conpi 的值为 3.14
```

在声明常量时，为防止常量和变量的混淆，通常在常量前加 vb 或 con 的前缀。除了用户自定义的常量外，VBScript 还有一些内置的常量供用户调用，例如，vbBlack，其值为&h00，用于表示颜色。

2．变量

变量是一种使用方便的占位符，用于引用计算机内存地址，该地址可以存储脚本运行时可更改的程序信息。例如，可以创建一个名为 ClickCount 的变量来存储用户单击 Web 页面上某个对象的次数。使用变量并不需要了解变量在计算机内存中的地址，只要通过变量名引用变量就可以查看或更改变量的值。在 VBScript 中只有一个基本数据类型，即 Variant，因此所有变量的数据类型都是 Variant。

声明变量的一种方式是使用 Dim 语句、Public 语句或 Private 语句在脚本中显式声明变量。例如：

```
Dim DegreesFahrenheit
```

声明多个变量时，使用逗号分隔变量。例如：

```
Dim Top, Bottom, Left, Right
```

另一种方式是通过直接在脚本中使用变量名这一简单方式隐式声明变量。这通常不是一个好习惯，因为这样有时会由于变量名被拼错而导致在运行脚本时出现意外的结果。因此，最好使用 Option Explicit 语句显式声明所有变量，并将其作为脚本的第一条语句。变量命名必须遵循 VBScript 的标准命名规则。

❑ 第一个字符必须是字母。
❑ 不能包含嵌入的句点。
❑ 长度不能超过 255 个字符。
❑ 在被声明的作用域内必须唯一。

创建如下形式的表达式给变量赋值：变量在表达式左边，要赋的值在表达式右边。例如：

```
Dim B
B = 200
```

3．数据类型

VBScript 脚本语言和其他脚本语言一样，其数据是按照数据类型分类运算的。在运算的过程中，必须设置运算符。VBScript 的运算表达式通常由变量、常量、函数，以及运算符等组成。

VBScript 的数据类型即 Variant，是一种特殊的数据类型，其根据使用方式的不同，可以包含各种信息。通常 Variant 数据类型可以分为两大类，即数字类型和字符串类型。在声明数字类型的数据时，不需要做任何特殊的标记。代码如下：

```
Dim BjZipCode
BjZipCode=100010
'声明一个变量 BjZipCode，并为其赋值为 100010
```

在声明字符串类型的数据时，需要在数据的值前后加双引号""。代码如下：

```
Dim UniversityName
```

```
UniversityName="TsingHua"
'声明一个变量 UniversityName，并为其赋值为字符串 "TsingHua"
```

除了这两大类数据类型外，在 VBScript 脚本代码执行的过程中，还存在一些 Variant 类型的子数据类型，如表 11-2 所示。

表 11-2　Variant 的子数据类型

数据类型	说　　明
Empty	未初始化的 Variant。对于数值变量，值为 0；对于字符串变量，值为零长度字符串 """"
Null	不包含任何有效数据的 Variant
Boolean	包含 "True" 和 "False"
Byte	字节变量，包含 0 到 255 之间所有整数
Integer	整型数据，包含–32 768 到 32 767 之间的整数
Currency	货币型数据，包含–922 337 203 685 477.5808 到 922 337 203 685 477 5807 之间的所有浮点数
Long	单精度整数，包含–2 147 483 648 到 2 147 483 647 之间的整数
Single	单精度浮点数，包含负数范围从–3.402823E38 到–1.401298E–45，正数范围从 1.401298E–45 到 3.402823E38 的所有浮点数
Double	双精度浮点数，包含负数范围从–1.79769313486232E308 到–4.94065645841247E–324，正数范围从 4.94065645841247E–324 到 1.79769313486232E308 的所有浮点数
Date (Time)	包含表示日期的数字，日期范围从公元 100 年 1 月 1 日到公元 9999 年 12 月 31 日
String	长字符串数据，最大长度为 20 亿位
Object	对象
Error	程序的错误号

4．运算符

运算符是标识表达式中各种变量或常量运算方式的符号。VBScript 的运算符主要包括 4 种，即算术运算符、比较运算符、连接运算符和逻辑运算符，如表 11-3 所示。

表 11-3　VBScript 的运算符

运算符类型	符号	描　　述	运算符类型	符号	描　　述
算术运算符	^	求幂	比较运算符	<=	小于等于
算术运算符	-	负号	比较运算符	>=	大于等于
算术运算符	*	乘	比较运算符	Is	对象引用比较
算术运算符	/	除	连接运算符	&	强制字符串连接
算术运算符	\	整除	连接运算符	+	强制求和
算术运算符	Mod	求余	逻辑运算符	Not	逻辑非
算术运算符	+	加	逻辑运算符	And	逻辑与
算术运算符	-	减	逻辑运算符	Or	逻辑或
比较运算符	=	等于/赋值	逻辑运算符	Xor	逻辑异或
比较运算符	<>	不等于	逻辑运算符	Eqv	逻辑等价
比较运算符	<	小于	逻辑运算符	Imp	逻辑隐含
比较运算符	>	大于			

当乘号与除号同时出现在一个表达式中时，按从左到右的顺序计算乘、除运算符。同样当加与减同时出现在一个表达式中时，按从左到右的顺序计算加、减法运算符。

字符串连接（&）运算符不是算术运算符，但是在优先级顺序中，它排在所有算术运算符之后和所有比较运算符之前。Is 运算符是对象引用比较运算符。它并不比较对象或对象的值，而只是进行检查，判断两个对象引用是否引用同一个对象。

11.2.2 ASP 控制语句

VBScript 脚本语言的控制语句与其他编程语言的控制语句的作用和含义相同，都是用于控制程序的流程，以实现程序的各种结构方式。它们由特定的语句定义符组成。

1. 条件语句

条件语句的作用是对一个或多个条件进行判断，根据判断的结果执行相关的语句。VBScript 的条件语句主要有两种，即 If Then…Else 语句和 Select…Case 语句。

1）If Then…Else 语句

If Then…Else 语句根据表达式是否成立执行相关语句，因此又被称作单路选择的条件语句。使用 If Then…Else 语句的方法如下所示。

```
IF Condition Then
[statements]
End If
或者，
IF Condition Then [statements]
```

在 If…Then 语句中，包含两个参数，分别为 Condition 和 statements 参数。

❑ **Condition 参数**　为必要参数，即表达式（数值表达式或者字符串表达式），其运算结果为 True 或 False。另外，当参数 condition 为 Null，则参数 condition 将视为 False。

❑ **statements 参数**　由一行或者一组代码组成，也称为语句块。但是在单行形式中，且没有 Else 子句时，则 statements 参数为必要参数。该语句的作用是表达式的值为 True 或非零时，执行 Then 后面的语句块（或语句），否则不作任何操作。

If…Then…Else 语句的一种变形允许从多个条件中选择，即添加 ElseIf 子句以扩充 If…Then…Else 语句的功能，使其可以控制基于多种可能的程序流程。详细的使用方法如下：

```
Sub ReportValue(value)
  If value = 0 Then
    MsgBox value
  ElseIf value = 1 Then
    MsgBox value
  ElseIf value = 2 then
    Msgbox value
  Else
```

网页设计与网站组建标准教程（2018~2020 版）

```
        Msgbox "数值超出范围！"
    End If
```

可以添加任意多个 ElseIf 子句以提供多种选择。使用多个 ElseIf 子句经常会变得很累赘，在多个条件中进行选择的更好方法是使用 Select…Case 语句。

除上述常用的 If Then…Else 语句以外，还有 If Then…ElseIf…Then…Else 语句。

2）Select…Case 语句

Select…Case 语句的作用是判断多个条件，根据条件的成立与否执行相关的语句，因此又被称作多路选择的条件语句。使用 Select…Case 的格式如下。

```
Select Case testexpression
[Case expressionlist-n
[statements-n]] ...
[Case Else
[elsestatements]]
End Select
```

Select Case 语句的语法具有以下几个部分。

❑ **testexpression**　必要参数，任何数值表达式或字符串表达式。

❑ **expressionlist-n**　Case 语句的必要参数。其形式为 expression，expression To expression，Is comparisonoperator expression 的一个或多个组成的分界列表。To 关键字可用来指定一个数值范围。如果使用 To 关键字，则较小的数值要出现在 To 之前。使用 Is 关键字时，则可以配合比较运算符（除 Is 和 Like 之外）来指定一个数值范围。

❑ **statements-n**　可选参数。一条或多条语句，当 testexpression 匹配 expressionlist-n 中的任何部分时执行。

❑ **elsestatements**　可选参数。一条或多条语句，当 testexpression 不匹配 Case 子句的任何部分时执行。

在 Select…Case 语句中，每个 Case 语句都会判断表达式的值是否符合该语句后面条件的要求。如果条件值为 true 时，则执行相关的语句并自动跳出条件选择语句结构，否则继续查找与其匹配的值。当所有列出的条件都不符合表达式的值时，将执行 Case Else 下的语句然后再跳出条件选择语句结构。

2．循环语句

使用循环语句可以重复执行一组语句。循环可以分为 3 类：第一类是在条件变为假（false）之前重复执行语句；第二类是在条件变为真（true）之前重复执行语句；第三类是按照指定的次数重复执行语句。

1）使用 Do 循环

使用 Do…Loop 循环语句可以多次（次数不定）执行语句块，在条件为真（true）时或条件为真（true）之前，重复执行指定的语句块，使用方法如下所示。

```
<%
Dim Num1,Num2
Num1=0
Num2=10
Do While Num2 > 1
'当变量 Num2 的值大于 1 时，执行循环
Num1=Num1 + 1
Num2=Num2 - 1
Loop   '返回到循环开始处
%>
```

另外，在 Do…Loop 循环语句中，还可以将 While 关键字放到循环语句的后面对条件进行判断。这样，该循环语句至少要执行一次指定的程序块，使用方法如下所示。

```
<%
Dim Num1, Num2
Num1 = 0
Num2 = 10
Do
Num1 = Num1 + 1
Num2 = Num2 - 1
Loop While Num1 < 10
'当变量 Num1 的值小于 10 时，继续执行循环
%>
```

提 示

While 关键字用于检查 Do…Loop 语句中的条件。该关键字有两种方法检查条件，一种是在进行循环之前检查条件，另一种是在循环至少执行完一次之后检查条件。

使用 Until 关键字，可以用于检查 Do…Loop 语句中的条件。只要条件为假（false），就会一直进行循环，使用方法如下所示。

```
<%
Dim Num1, Num2
Num1 = 0
Num2 = 10
Do Until Num2 = 5
'当变量 Num2 的值不等于 5 时，执行循环
Num1 = Num1 + 1
Num2 = Num2 - 1
Loop   '返回到循环开始处
%>
```

另外，在 Do…Loop 循环语句中，同样可以将 Until 关键字放到循环语句的后面对条件进行判断。这样，该循环语句至少也要执行一次指定的程序块，使用方法如下所示。

```
<%
```

```
Dim Num1, Num2
Num1 = 0
Num2 = 10
Do
Num1 = Num1 + 1
Num2 = Num2 - 1
Loop Until Num1 = 5
'当变量 Num1 的值不等于 5 时，继续执行循环
%>
```

提 示

While…Wend 语句与 Do While…Loop 语句相似，但是由于 While…Wend 语句缺少灵活性，所以建议使用 Do…Loop 语句。

Exit Do 语句用来退出 Do…Loop 循环。通常，只有在某些特殊情况下才需要退出循环，所以可以在 If Then…Else 语句的 True 语句块中使用 Exit Do 语句，使用方法如下所示。

```
<%
Dim Num1, Num2
Num1 = 0
Num2 = 10
Do Until Num1 = -1    '导致死循环
Num1 = Num1 + 1
Num2 = Num2 - 1
If Num1 =5 Then Exit Do
'如果变量 Num1 的值为 5，则强制退出循环
Loop
%>
```

在上面的脚本命令中，变量 Num1 的初始值将导致死循环。If Then…Else 条件语句将检查此条件，防止出现死循环。

2）使用 For…Next 循环

For…Next 语句可以按照指定的次数来重复执行语句。在该循环中使用计数器变量，该变量的值会随每一次循环增加或减少。

例如，使用 For…Next 语句将程序块中的内容重复执行 100 次。其中，For 语句指定计数器变量 i 及其起始值与终止值；Next 语句使计数器变量每次增加 1，代码如下所示。

```
<%
Dim i
For i = 1 to 100
'指定计数器变量 i 的起始值与终止值
Response.Write ("For...Next 循环语句")
Next    '使计数器变量 i 的值增加 1
%>
```

在 For…Next 循环语句中使用 Step 关键字，可以指定计数器变量每次增加或减少的值。例如，将上例中计数器变量的值每次增加 2，这样，程序块中的内容会重复执行 50 次，代码如下所示。

```
<%
Dim i
For i = 1 to 100 Step 2
'指定计数器变量 i 的起始值、终止值和递增的值
Response.Write ("For...Next 循环语句")
Next   '使计数器变量 i 的值增加 2
%>
```

如果想使计数器变量递减，则可以将 Step 设置为负值。但是，计数器变量的终止值必须小于起始值。例如，将计数器变量 i 的值每次减少 2，代码如下所示。

```
<%
Dim i
For i = 100 to 1 step -2
'指定计数器变量 i 的起始值、终止值以及递减的值
Response.Write ("For...Next 循环语句")
Next   '使计数器变量 i 的值减少 2
%>
```

Exit…For 语句可以用于在计数器达到其终止值之前退出 For…Next 语句。通常，只有在某种特殊情况下才要退出循环，例如在发生错误时，所以可以在 If Then…Else 语句的 true 语句块中使用 Exit…For 语句强制退出循环，使用方法如下所示。

```
<%
Dim i
For i = 100 to 1 step -2
'指定计数器变量 i 的起始值、终止值以及递减的值
Response.Write ("For...Next 循环语句")
If Err.Number <> 0 Then Exit For
'如果产生错误，则强制退出循环
Next   '使计数器变量 i 的值减少 2
%>
```

3）For Each…Next 循环

For Each…Next 循环与 For…Next 循环类似，但它不指定程序执行的次数，而是对于数组中的每个元素或对象集合中的每一项重复一组程序，这在不知道集合中元素的数目时非常有用，使用方法如下所示。

```
<%
Dim myArray(10),anyElement,Sum
Sum=0
For i = 0 To 10
myArray(i)=2*i
```

```
Next
'通过循环语句为数组中的每个元素赋值
For Each anyElement In myArray
'根据数组元素的个数进行循环
Sum=anyElement+Sum
Next
'读取数组中下一个元素
%>
```

11.3 ASP 内置对象

ASP 提供 6 种内置对象，这些对象可以使用户通过浏览器实现请求发送信息、响应浏览器以及存储用户信息等功能。

11.3.1 Request 对象

Request 对象用于访问用 HTTP 请求传递的信息，也就是客户端用户向服务器请求页面或者提交表单时所提供的所有信息，包括 HTML 表格用 POST 方法或 GET 方法传递的参数、客户端用户浏览器的相关信息、保存在这些域中浏览器的 Cookies、附加在页面 URL 后的参数信息。

1．Request 对象成员

Request 对象的属性和方法分别各有一个，而且都不经常使用。但是，Request 对象还提供了若干个集合，这些集合可以用于访问客户端请求的各种信息。Request 对象成员介绍如表 11-4 所示。

表 11-4 Request 对象成员

Request 对象成员	说　明
属性 TotalBytes	返回由客户端发出请求的字符流的字节数量，是一个只读属性
方法 BinaryRead(count)	当使用 POST 方法发送请求时，从请求的数据中获得 count 字节的数据，并返回一个数组
集合 QueryString	读取使用 URL 参数方式提交的各值对数据或者以 GET 方式提交表单 \<form\>中的数据
集合 Form	读取使用 POST 方式提交的表单\<form\>中的数据
集合 ServerVariables	客户端请求的 HTTP 报头值，以及一些 Web 服务器环境变量值的集合
集合 Cookies	用户系统发送的所有 Cookies 值的集合
集合 ClientCertificate	客户端访问页面或其他资源时表明身份的客户证书的所有字段或条目的数据集合

在 Request 对象的所有集合中，最经常使用的 Form 集合和 QueryString 集合，它们分别包含客户端使用 POST 方法发出的信息和使用 GET 方法发出的信息。

2．使用 Request 对象

当用户在浏览器地址栏中输入网页的 URL 地址访问网页，就是通过 GET 方法向服务器发布信息，而发送的信息可以从浏览器地址栏的 URL 地址中看到。POST 方法只有通过定义<form>标签的 method 属性为 post 时才会被使用。

1）访问 Request.QueryString 集合

当用户使用 GET 方法传递数据时，所提交的数据会被附加在查询字符串（QueryString）中一起提交到服务器端。QueryString 集合的功能就是从查询字符串中读取用户提交的数据。访问 QueryString 集合中项的语句如下所示：

```
Value = Request.QueryString(Key)
```

其中，参数 Key 的数据类型为 String，表示要提取的 HTTP 查询字符串中变量的名称。如果该键值被设定，QueryString 集合将返回与该键值相关的项，否则将返回完整的查询字符串。

QueryString 集合包含有 3 个属性，即 Count、Item 和 Key，它们的功能及使用方法如表 11-5 所示。

表 11-5　QueryString 集合的属性

名　称	功　能	使　用　方　法
Count	返回 QueryString 中键值的数量	Request.QueryString.Count([Variable])
Item	返回特定键对应的值	Request.QueryString.Item(Variant)
Key	返回相应项的键	Request.QueryString.Key(Index)

2）访问 Request.Form 集合

GET 方法有一个缺点就是 URL 字符串的长度在被浏览器及服务器使用时有一些限制，而且会将某些希望隐藏的数据暴露出来。所以，为了避免以上问题，可以设置表单使用 POST 方法传递数据，代码如下所示：

```
<form name="form1" method="post" action="Check.asp">
```

在上面的语句中，键值被存储在 HTTP 请求主体内发送，这样就可以使用 Request.Form 集合获取 HTML 表单中的信息，其使用方法如下：

```
Value = Request.Form(name)
```

Form 集合同样包含有 3 个属性，即 Count、Item 和 Key，它们的功能及使用方法如表 11-6 所示。

表 11-6　Form 集合的属性

名　称	功　能	使　用　方　法
Count	返回集合中项的数量	Request.Form.Count
Item	返回特定键或索引数确定的值	Request.Form.Item(Index)
Key	获取 Form 集合中只作为可读变量的对象的名称	Request.Form.Key(Index)

11.3.2　Response 对象

Response 对象用于向客户端浏览器发送数据，用户可以使用该对象将服务器的数据以 HTML 的格式发送到用户端的浏览器，Response 与 Request 组成了一对接收、发送数据的对象，这也是实现动态的基础。

1. Response 对象属性

Response 对象也提供一系列的属性，可以读取和修改，使服务器端的响应能够适应客户端的请求，这些属性通常由服务器设置。

1）Buffer 属性

该属性用于指示是否是缓冲页输出，Buffer 属性的语法格式如下：

```
Response.Buffer = Flag
```

其中，Flag 值为布尔类型数据。若当 Flag 为 false 时，服务器在处理脚本的同时将输出发送给客户端；当 Flag 为 true 时，服务器端 Response 的内容先写入缓冲区，脚本处理完后再将结果全部传递给用户。Buffer 属性的默认值为 false。

提 示

设置 Buffer 属性为 TRUE 时，如果在中途调用了 Response 对象的 Flush 或者 End 方法则立即将已经处理的数据输出。

2）CacheControl 属性

该属性指定了一个脚本生成的页面是否可以由代理服务器缓存。为这个属性分配的选项，可以是字符串 Public 或者是 Private。启用脚本生成页面的缓存和禁止页面缓存，可分别使用如下代码：

```
<%
Response.CacheControl="public"    '启用缓存
Response.CacheControl="Private"   '禁止缓存
%>
```

3）Charset 属性

该属性将字符集名称附加到 Response 对象中的 Content-type 标题的后面，用来设置 Web 服务器响应给客户端的文件字符编码。其语法如下：

```
Response.Charset(字符集名称)
```

例如：

```
Response.Charset="GB2312"      '简体中文显示
```

4）ContentType 属性

ContentType 属性用来指定响应的 HTTP 内容类型。如果未指定，则默认是 text/HTML。其语法格式如下：

```
Response.ContentType = 内容类型
```

一般来说，ContentType 都以"类型/子类型"的字符串来表示，通常有 text/HTML、image/GIF、image/JPEG、text/plain 等。

5）Expires 属性

该属性指定浏览器上缓冲存储的页还有多少时间过期。如果用户在某个页过期之前又回到此页，就会显示缓冲区中的版本，这种设置有助于数据的保密。语法格式如下：

```
Response.Expires=分钟数
```

6）ExpiresAbsolute 属性

该属性指定缓存于浏览器中的页的到期日期和时间。在未到期之前，若用户返回到该页，该缓存就显示；如果未指定时间，该主页当天午夜到期；如果未指定日期，则该主页在脚本运行当天的指定时间到期。语法格式如下：

```
Response.ExpiresAbsolute = 日期 时间
```

7）IsClientConnected 属性

该属性为只读，返回客户是否仍然连接和下载页面的状态标志。有时候程序脚本要花比较长的时间去处理，如果客户端用户没有耐心等待而离去，服务器端将脚本执行下去显然没有任何意义，这时候就可以通过 IsClientConnected 属性判断客户端是否仍然与服务器连接来决定程序是否继续执行。该属性返回一个布尔值。

8）PICS 属性

PICS 属性用来设置 PICS 标签，并把响应添加到标头（Response Header）。PICS 是一个负责定义互联网网络等级及等级数据的 W3C 团队。该属性的语法格式如下：

```
Response.PICS （PICS 字符串）
```

9）Status 属性

Status 属性用来设置 Web 服务器要响应的状态行的值。HTTP 规格中定义了 Status 值。该属性设置语法如下：

```
Response.Status = "状态描述字符串"
```

警 告

Expires 属性和 Status 属性必须把该属性放在<HTML>标签之前，否则将会出错。

2．Response 对象方法

Response 对象提供了一系列的方法，用于直接处理返回给客户端而创建的页面内容。

1）Write 方法

Response.Write 是 Response 对象最常用的方法，该方法可以向浏览器输出动态信息，其语法格式如下：

```
Response.Write 任何数据类型
```

只要是 ASP 中合法的数据类型，都可以用 Response.Write 方法来显示。由于前面多次使用该方法，这里就不再详细介绍。

2）Redirect 方法

Response.Redirect 可以用来将客户端的页面重定向到一个新的页面，有页面转换时常用到的就是这个方法。具体语法格式如下：

```
Response.Redirect URL
```

URL 是指需要转到的相应的页面。例如下面的代码是一个简单的登录模块，当用户名和密码正确时转向欢迎页面，否则转向错误信息页面。

```
If UName<>"Admin"Or PassWord<>"Admin"Then
Response.Redirect"Error.asp"
Response.End
Else
Response.Redirect"Welcome.asp"
Response.End
```

3）Flush 方法

如果将 Response.Buffer 设置为 TRUE，那么使用 Response.Flush 方法可以立即发送 IIS 缓冲区中的所有当前页。如果没有将 Response.Buffer 设置为 TRUE，使用该方法将导致运行时错误。

4）Clear 方法

如果将 Response.Buffer 设置为 TRUE，那么使用 Response.Clear 方法可以删除缓冲区中的所有 HTML 输出。如果没有将 Response.Buffer 设置为 TRUE，使用该方法将导致运行时错误。

5）End 方法

Response.End 方法使 Web 服务器停止处理脚本并返回当前结果，文件中剩余的内容将不执行。

当 Buffer 属性值为 true 时，服务器将不会向客户端发送任何信息，直到所有程序执行完成或者遇到 Response.Flush 或者 Response.End 方法，才将缓冲区的信息发送到客户端。

有时可能希望在页面结束之前的某些点上停止代码的执行，这可以通过调用 Response.End 方法刷新所有的当前内容到客户端并中止代码进一步的执行。

6）BinaryWrite 方法

Response.BinaryWrite 方法主要用于向客户端写非字符串信息（如客户端应用程序所需要的二进制数据等）。语法格式如下：

```
Response.BinaryWrite 二进制数据
```

7）AppendTolog 方法

Response.AppendTolog 方法将字符串添加到 Web 服务器日志条目的末尾。由于 IIS 日志中的字段用逗号分隔，所以该字符串中不能包含逗号（","），而且字符串的最大长度为 80 个字符。语法格式如下：

```
Response.AppendTolog "要记录的字符串"
```

提 示

要使指定的字符串被记录到日志文件中，必须启用站点 Extended Logging 属性页的 URL Query 选项，该站点是要登录的活动站点。

8）AddHeader 方法

Response.AddHeader 方法用指定的值添加 HTTP 标题，该方法常常用来响应要添加新的 HTTP 标题。它并不代替现有的同名标题。一旦标题被添加，将不能删除，具体语法格式如下：

```
Response.AddHeader Name,Value
```

在该语句中，包含两个参数内容，其含义如下。
- **Name**　新头部变量的名称。
- **Value**　新头部变量的初始值。

警　告

> 在定义 AddHeader 方法的时候，为了避免命名不明确，Name 中不能包含任何下画线字符"_"。

3．Cookie 集合

在上述的 Request 对象中，已经介绍过通过 Cookie 集合，来读取存储在客户端的信息，然后，通过 Response 对象的 Cookie 集合送回给用户端浏览器。如果指定的 Cookie 不存在，则系统会自动在客户端的浏览器中建立新的 Cookie。使用 Response.Cookies 的语法如下：

```
Response.Cookies(name)[(key)|.attribute]=value
```

各参数的意义如下：
- **name**　表示 Cookie 的名称。为 Cookie 指定名称后就可以在 Request.Cookie 中使用该名称获得相应的 Cookie 值。
- **key**　表示该 Cookie 会以目录的形式存放数据。如果指定了 key，则 Cookie 形成了一个字典，而 key 的值将被设为 CookieValue。
- **attribute**　定义了与 Cookie 自身有关的属性。参数 attribute 定义的 Cookies 集合属性如表 11-7 所示。

表 11-7　attribute 参数列表

名　称	说　明
Domain	只写。若被指定，则 Cookie 将被发送到该域的请求中
Expires	只写。此属性用来给 Cookie 设置一个期限，在期限内只要打开网页就可以调用被保存的 Cookie，如果过了此期限，Cookie 就自动被删除。如果没有为一个 Cookie 设定有效期，则其生命期从打开浏览器开始，到关闭浏览器结束，下次打开浏览器将重新开始
HasKeys	只写。指定 Cookie 是否包含关键字
Path	只写。若定义该属性，则 Cookie 只发送到对该路径的请求中。如果未设置该属性，则使用应用程序的路径
Secure	只写。指定 Cookie 能否被用户读取

例如，创建了一个名为"firstname"的 Cookie 并为它赋值"Murphy"，可以使用如下代码：

```
<%
```

```
Response.Cookies("firstname")="Murphy"
%>
```

Cookie 其实是一个标签。当访问一个需要唯一标识的 Web 站点时，会在用户的硬盘上留下一个标记，下一次访问该站点时，该站点的页面就会查找这个标记，以确定该浏览者是否访问过本站点。每个站点都可以有自己的标记 Cookie，并且标记的内容可以由该站点的页面随时读取。

使用 Response.Cookies 创建 Cookie 并设置其属性可以使用如下代码：

```
<%
Response.Cookies("LastVisitCookie") = FormatDateTime(Now)
Response.Cookies("LastVisitCookie").Domain="www.MyWeb.com"
Response.Cookies("LastVisitCookie").Path="/"
Response.Cookies("LastVisitCookie").Secure=True
Response.Cookies("LastVisitCookie").Expires=Date( )+20
%>
```

上述代码创建名为 LastVisitCookie 的 Cookie，值为代码运行时的当前系统时间；其有效期为 20 天，并且当客户端浏览器请求 www.MyWeb.com 站点时，该 Cookie 随同请求被发送到站点。

通常情况下，客户端浏览器只对创建 Cookie 的目录中的页面提出请求时，才将 Cookie 随同请求发往服务器。通过指定 Path 属性，可以指定站点中何处的 Cookie 合法，并且这个 Cookie 将随同请求被发送。如果 Cookie 随同对整个站点的页面请求发送，则应设置 Path 为 "/"。

如果设置了 Domain 属性，则 Cookies 将随同对域的请求被发送。域属性表明 Cookie 由哪个网站创建和读取，默认情况下，Cookie 的域属性设置为创建 Cookie 的网站。

有时在一个页面中可能需要定义很多个 Cookie 变量，为了更好地管理，在 Cookie 集合中常引入一个概念 "子键"。引用它的语法如下：

```
Request.Cookies("CookieName")("KeyName")=CookieValue
```

例如，下面创建一个名为"Information"的 Cookie，其中保存了两个子键值：

```
Response.Cookies("Information")("User")="Admin"
Response.Cookies("Information")("Password")="Admin"
```

如果没有指定"子键"名而直接引用 Cookie 中的数据，将会返回一个包含所有的"子键"名及值的字符串。例如，上面这个例子包含两个 "子键"：User 和 Password。当用户没有指定其 "子键" 名，而直接通过 Request.Cookies("Information") 来引用其值时，则会得到下列字符串：

```
Information=User=Admin&Password=Admin
```

正确获取其中数据的方法为：

```
Name=Requset.Cookies("Information").("User")
Password=Requset.Cookies("Information").("Password")
```

11.3.3 Application 对象

Application 对象是一个应用程序级的对象,在同一虚拟目录及其子目录下的所有.asp 文件构成了 ASP 应用程序。使用 Application 对象可以在给定的应用程序的所有用户之间共享信息,并在服务器运行期间持久地保存数据。而且,Application 对象还有控制访问应用层数据的方法和可用于在应用程序启动和停止时触发过程的事件。

1. Application 对象成员

Application 对象没有属性,但是提供了一些集合、方法和事件。Application 对象成员介绍如表 11-8 所示。

表 11-8 Application 对象成员

Application 对象成员	说　　明
集合 Contents	没有使用\<object\>元素定义的存储于 Application 对象中的所有变量的集合
集合 StaticObject	使用\<object\>元素定义的存储于 Application 对象中的所有变量的集合
方法 Content.Remove()	移除 Contents 集合中的某个变量
方法 Content.RemoveAll()	移除 Contents 集合中的所有变量
方法 Lock()	锁定 Application 对象,只有当 ASP 页面对内容能够进行访问,解决并发操作问题
方法 Unlock()	解锁 Application 对象
事件 OnStart	当 ASP 启动时触发,在网页执行之前和任何 Session 创建之前发生
事件 OnEnd	当 ASP 应用程序结束时触发

2. 使用 Application 对象

在改变 Application 对象中的变量之前,需要使用 Lock()方法阻止其他用户修改存储在 Application 对象中的变量,以确保在同一时间只有一个用户可以修改和存取 Application 对象。

例如,通过将 Application 对象中变量 OnLine_Num 的值加 1 并返回给原变量,可以实现一个简单的网页计数器功能,代码如下所示。

```
<%
Application.Lock()
Application("OnLine_Num")=Application("OnLine_Num")+1
Application.Unlock()
%>
本网页共访问了<%=Application("OnLine_Num")%>次!
```

当用户浏览包含以上代码的页面时,首先锁定 Application 对象,然后将 Application 对象中变量 OnLine_Num 的值加 1,最后解除对 Application 对象的锁定,以便让其他用户访问此变量。

网页设计与网站组建标准教程（2018—2020 版）

11.3.4 Server 对象

Server 对象提供对服务器上的方法和属性进行访问，最常用的方法是创建 ActiveX 组件的实例。其他的方法用于将 URL 或 HTML 编码成字符串、将虚拟路径映射到物理路径以及设置脚本的超时时限。

1. Server 对象成员

Server 对象只提供了一个属性，但是它提供了 7 种方法用于格式化数据、管理网页执行、管理外部对象和组件执行以及处理错误，这些方法为 ASP 的开发提供了很大的方便。Server 对象成员介绍如表 11-9 所示。

表 11-9　Server 对象成员

Server 对象成员	说　　明
属性 ScriptTimeout	脚本在服务器退出执行和报告一个错误之前执行的时间
方法 CreateObject()	创建组件、应用程序或脚本对象的一个实例，使用组件的 ClassID 或者 ProgID 为参数
方法 MapPath()	将虚拟路径映射为物理路径，多用于 Access 数据库文件
方法 HTMLEncode	将输入字符串值中所有非法的 HTML 字符转换为等价的 HTML 条目
方法 URLEncode("url")	将 URL 编码规则，包括转义字符，应用到字符串
方法 Execute("url")	停止当前页面的执行，把其转到 URL 指定的网页
方法 Transfer("url")	当新页面执行完成时，结束执行过程而不返回到原来的页面
方法 GetLastError	返回 ASPError 对象的一个引用，包含该页面在 ASP 处理过程中发生的最近一次错误的详细数据

2. 使用 Server 对象

ScriptTimeout 属性用于 ASP 页面超时的时间限制。当一个 ASP 页面在脚本超时期限之内仍然没有执行完毕，则 ASP 将终止执行并显示超时错误。默认脚本超时时限为 90s，通常该期限值足够让 ASP 页面执行完毕。

例如，通过 ScriptTimeout 属性设置脚本超时期限为 10s，然后创建一个持续 20s 的循环，这显然超出了脚本运行的时间期限，因此执行该页面时会出现脚本超时错误，代码如下所示。

```
<%
Server.ScriptTimeout=10
Dim myTime
mtTime=time()
Do while DateDiff("s",myTime,time()) < 10
Loop
Response.Write "对不起，该页面的脚本程序已经超过 20 秒的时间限制"
%>
```

11.3.5 Session 对象

使用 Session 对象可以存储特定的用户会话所需的信息。当用户在应用程序的不同页面之间切换时,存储在 Session 对象中的变量不被清除,而用户在应用程序中访问页时,这些变量始终存在。也可以使用 Session 方法显式地结束一个会话和设置空闲会话的超时时限。

1. Session 对象成员

Session 对象拥有与 Application 对象相同的集合,并具有一些其他属性。Session 对象成员介绍如表 11-10 所示。

表 11-10 Session 对象成员

Session 对象成员	说　明
集合 Contents	没有使用\<object>元素定义的存储于 Application 对象中的所有变量的集合
集合 StaticObject	使用\<object>元素定义的存储于 Application 对象中的所有变量的集合
属性 CodePage	定义用于浏览器中显示页内容的代码页
属性 SessionID	返回会话标识符,创建会话时由服务器产生
属性 Timeout	定义会话超时周期（以分钟为单位）
方法 Content.Remove()	移除 Contents 集合中的某个变量
方法 Content.RemoveAll()	移除 Contents 集合中的所有变量
方法 Abandon()	网页执行完时结束会话并撤销当前的 Session 对象
事件 OnStart	当 ASP 启动时触发,在网页执行之前和任何 Session 创建之前发生
事件 OnEnd	当 ASP 应用程序结束时触发

Session 对象多用于保存用户会话级的变量。当一个未创建 Session 对象的用户访问 Web 站点的 ASP 页面时,ASP 就会自动生成一个新的 Session 对象,并指定唯一的 SessionID 编号。

2. 使用 Session 对象

Session 对象是附属于用户的,所以每位用户都可以拥有其专用的 Session 变量。虽然每位用户的 Session 变量名称相同,但是其值是不相同的,并且只有该用户有权对自己的 Session 变量进行读写操作。

例如,在 File1.asp 动态页面中使用 Session 对象创建 5 个变量,这 5 个变量用于存储商品的信息,包括商品的编号、名称、规格、数量和类别,代码如下所示。

```
<%
Session("CNum") = "X001"
Session("CName") = "男式衬衫"
Session("CSpecification ") = "175"
Session("CTotal") = 100
Session("CType") = "衬衫"
```

网页设计与网站组建标准教程（2018—2020 版）

```
%>
```

然后，在另一个动态页面 File2.asp 中，不需要使用 Request 对象即可获取 Session 变量中的值，就可以使用 Response.Write()方法将获取的值输出到浏览器上，代码如下所示。

```
商品介绍：
编号：<%= Session("CNum ")%>
名称：<%= Session("CName ")%>
规格：<%= Session("CSpecification ")%>
数量：<%= Session("CTotal ")%>
类别：<%= Session("CType ")%>
```

● - - 11.3.6　ObjectContext 对象 - ,

使用 ObjectContext 对象可以提交或放弃一项由 Microsoft Transaction Server（MTS）管理的事务。MTS 是以组件为主的事务处理系统，可用来进行开发、拓展及管理高效能、可伸缩及功能强大的服务器应用程序，所以 Microsoft 也在 ASP 中增加了新的内部对象 ObjectContext，以使编程人员在设计 Web 页面程序中直接应用 MTS 的形式。

1. ObjectContext 对象成员

ObjectContext 对象用于中止或者提交当前的事务，该对象没有属性，只有用于中止或提交事务的方法及所触发的事件。ObjectContext 对象成员介绍如表 11-11 所示。

表 11-11　ObjectContext 对象成员

ObjectContext 对象成员	说　　明
方法 SetAbort	将当前的事务标记为中止，当脚本结束时将取消参与此事物的全部操作
方法 SetCommit	将当前事务标记为提交，在脚本结束时如果没有其他的 COM+ 对象中止事务，参与事务的操作将全部提交
事件 OnTransactionAbort	当脚本创建的事务中止后，将触发 OnTransactionAbort 事件
事件 OnTransactionCommit	当脚本所创建的事务成功提交后，将触发 OnTransactionCommit 事件

2. 使用 ObjectContext 对象

ObjectContext 对象提供的 SetAbort 方法将立即终止目前网页所进行的事务处理，但该次事务处理被声明为失败，所有处理的数据都无效；SetComplete 方法将终止目前网页所进行的事务处理，如果事务中的所有组件都调用 SetComplete 方法，事务将完成，所有处理的数据都有效。SetComplete 方法和 SetAbort 方法的使用方法如下所示。

```
ObjectContext.SetComplete
'SetComplete 方法
ObjectContext.SetAbort
'SetAbort 方法
```

ObjectContext 对象提供了 OnTransactionCommit 和 OnTransactionAbort 两个事件处理

程序，前者是在事务完成时被激活，后者是在事务失败时被激活，其使用方法如下所示。

```
Sub OnTransactionCommit()
 '处理程序
End Sub
Sub OnTransactionAbort()
 '处理程序
End Sub
```

11.4 数据库基础

ASP 是编写数据库应用程序的杰出语言，它提供了方便访问数据库的技术。利用 ADO 组件技术，用户能方便地开发不同的应用程序，对数据进行管理和维护操作。本节将以 Access 数据库为例，使用 ADO 组件技术对数据库进行管理和维护操作。

11.4.1 ADO 概述

ActiveX Data Objects（ADO）是一项容易使用，并且可扩展的将数据库访问添加到 Web 页的技术。可以使用 ADO 去编写紧凑简明的脚本以便连接到 Open DataBase Connectivity（ODBC）兼容的数据库和 OLE DB（OLE DB 是一种技术标准，目的是提供一种统一的数据访问接口）。

1. ASP 与数据库

ASP 程序对数据库的整个访问过程：客户端的浏览器向 Web 服务器提出 ASP 页面文件请求，服务器对该页面进行解释，并在服务器端运行，完成数据库的操作，再把数据库操作的结果生成的网页返回给浏览器，浏览器再将该网页内容显示在客户端，如图 11-1 所示。

ASP 是通过一组被称为 ADO 的对象模块来访问数据库的，而 ADO 是在 OLE DB 技术的基础上实现的。在 OLE DB 中，数据的交换是在数据使用者（Data Consumers）和数据提供者（Data Provider）之间进行的。

连接应用程序和 OLE DB 的桥梁就是 ADO 对象。ADO 是一个 OLE DB 的使用者，它提供了对 OLE DB 数据源的应用程序级访问。

2. ADO 组件简介

ADO 组件主要由 Connection 对象、Command 对象、Parameter 对象、Recordset 对象、Field 对象、Property 对象及 Error 对象 7 个对象与 Fields 数据集合、Properties 数据集合、Parameters 数据集合及 Error 数据集合 4 个数据集合组成，如图 11-2 所示。

ADO 组件的具体功能简述如下所示。

❑ **Connection** 对象负责与指定的数据源进行连接，还可以通过一些方法对数据源进行事务管理。

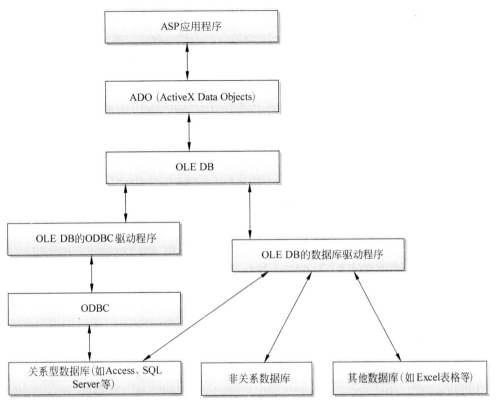

■ 图 11-1 ASP 访问数据库流程图

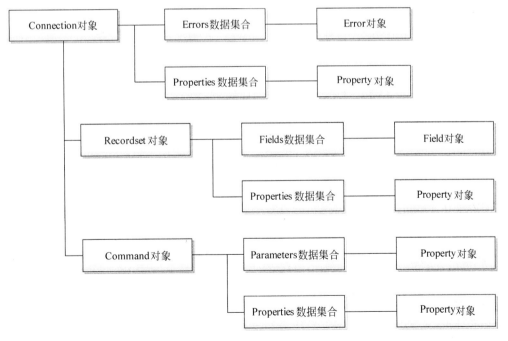

■ 图 11-2 ADO 组件简介

❑ **Command** 对象负责对数据库提出请求，传递指定的 SQL 命令。

□ **Parameter** 对象负责传递 Command 对象所需要的命令参数。

□ **Recordset** 对象负责浏览从数据库取出的数据。

□ **Field** 对象指定 Recordset 对象的数据字段。

□ **Property** 对象表示 ADO 的各项对象属性值。

□ **Error** 对象负责记录连接过程所发生的错误信息。

虽然 ADO 组件提供了 7 个对象和 4 个数据集合，但是从实际的应用中，最常用的对象只有 3 个，那就是 Connection 对象、Recordset 对象和 Command 对象，这些对象涵盖了数据库连接、简单查询、控制查询数据、增加记录、修改记录和删除记录等主要功能的使用。

11.4.2 ADO 对象

ADO 被设计来继承微软早期的数据访问对象层，包括 RDO（Remote Data Objects）和 DAO（Data Access Objects）。ADO 包含一些顶层的对象，如连接、记录集、命令、记录等。

1. Command 对象

ADO Command 对象用于执行面向数据库的一次简单查询，此查询可执行诸如创建、添加、取回、删除或更新记录等操作。

使用 Command 对象查询数据库并返回 Recordset 对象中的记录，以便执行大量操作或处理数据库结构。Command 对象的主要特性是有能力使用存储查询和带有参数的存储过程，其创建方法如下所示：

```
set objCommand=Server.CreateObject("ADODB.Command")
```

使用 Command 对象的集合、方法和属性可以进行下列操作。

□ 使用 CommandText 属性定义命令（例如，SQL 语句）的可执行文本。

□ 通过 Parameter 对象和 Parameters 集合定义参数化查询或存储过程参数。

□ 可使用 Execute 方法执行命令并在适当的时候返回 Recordset 对象。

□ 执行前应使用 CommandType 属性指定命令类型以优化性能。

□ 使用 Prepared 属性决定提供者是否在执行前保存准备好(或编译好)的命令版本。

□ 使用 CommandTimeout 属性设置提供者等待命令执行的秒数。

□ 通过设置 ActiveConnection 属性使打开的连接与 Command 对象关联。

□ 设置 Name 属性将 Command 标识为与 Connection 对象关联的方法。

□ 将 Command 对象传送给 Recordset 的 Source 属性以便获取数据。

提 示

> 如果不想使用 Command 对象执行查询，请将查询字符串传送给 Connection 对象的 Execute 方法或 Recordset 对象的 Open 方法。但是，当需要使命令文本具有持久性并重新执行它，或使用查询参数时，则必须使用 Command 对象。

2. Connection 对象

ADO Connection 对象用于创建一个到达某个数据源的开放连接。通过该连接,可以对一个数据库进行访问和操作。

如果需要多次访问某个数据库,则应当使用 Connection 对象建立一个连接。当然,也可以由一个 Command 或 Recordset 对象传递一个连接字符串来创建某个连接。不过,此连接仅仅适合一次具体的简单查询。Connection 对象创建方法如下所示:

```
set objConnection=Server.CreateObject("ADODB.Connection")
```

使用 Connection 对象的集合、方法和属性可以执行下列操作。

- ❏ 在打开连接前使用 ConnectionString、ConnectionTimeout 和 Mode 属性对连接进行配置。
- ❏ 设置 CursorLocation 属性以便设置或返回游标服务的位置。
- ❏ 使用 DefaultDatabase 属性设置连接的默认数据库。
- ❏ 使用 IsolationLevel 属性为在连接上打开的事务设置隔离级别。
- ❏ 使用 Provider 属性指定 OLE DB 提供者的名称。
- ❏ 使用 Open 方法建立到数据源的物理连接。使用 Close 方法将其断开。
- ❏ 使用 Execute 方法执行对连接的命令,并使用 CommandTimeout 属性对执行进行配置。
- ❏ 可使用 BeginTrans、CommitTrans 和 RollbackTrans 方法以及 Attributes 属性管理打开的连接上的事务 (如果提供者支持则包括嵌套的事务)。
- ❏ 使用 Errors 集合检查数据源返回的错误。
- ❏ 通过 Version 属性读取使用中的 ADO 执行版本。
- ❏ 使用 OpenSchema 方法获取数据库模式信息。

提 示

如果不使用 Command 对象执行查询,则可以向 Connection 对象的 Execute 方法传送查询字符串。但是,当需要使命令文本具有持久性并重新执行,或使用查询参数时,则必须使用 Command 对象。

3. Recordset 对象

ADO Recordset 对象表示来自基本表或命令执行结果的记录全集。无论何时,Recordset 对象所指的当前记录均为集合内的单个记录。一个 Recordset 对象由记录(行)和字段(列)组成。

在 ADO 中,Recordset 对象是最重要且最常用于对数据库的数据进行操作的对象,其创建方法如下所示:

```
set objRecordset=Server.CreateObject("ADODB.Recordset")
```

当首次打开一个 Recordset 时,当前记录指针将指向第一个记录,同时 BOF 和 EOF 属性为 false。如果没有记录,BOF 和 EOF 属性为 true。Recordset 对象能够支持两种更新类型。

- ❑ **立即更新**　一旦调用 Update 方法，所有更改被立即写入数据库。
- ❑ **批更新**　Provider 将缓存多个更改，然后使用 UpdateBatch 方法把这些更改传送到数据库。

在 ADO 中，定义了 4 种不同的游标类型。

- ❑ **动态游标**　用于查看其他用户所做的添加、更改和删除。
- ❑ **键集游标**　类似动态游标，不同的是无法查看由其他用户所做的添加，并且会禁止访问其他用户已删除的记录，其他用户所做的数据更改仍然是可见的。
- ❑ **静态游标**　提供记录集的静态副本，以查找数据或生成报告。此外，由其他用户所做的添加、更改和删除将不可见。这是打开客户端 Recordset 对象时唯一允许使用的游标类型。
- ❑ **仅向前游标**　只允许在 Recordset 中向前滚动。此外，由其他用户所做的添加、更改和删除将不可见。

提 示

在打开 Recordset 之前设置 CursorType 属性可以选择游标类型，或使用 Open 方法传递 CursorType 参数。另外，部分提供者不支持所有游标类型。如果没有指定游标类型，ADO 将默认打开仅向前游标。

4. Field 对象

ADO Field 对象包含有关 Recordset 对象中某一列信息。每个 Field 对象对应于 Recordset 中的一列。Field 对象的创建方式如下所示：

```
set objField=Server.CreateObject("ADODB.Field")
```

使用 Field 对象的集合、方法和属性可进行如下操作。

- ❑ 使用 Name 属性可返回字段名。
- ❑ 使用 Value 属性可查看或更改字段中的数据。
- ❑ 使用 Type、Precision 和 NumericScale 属性可返回字段的基本特性。
- ❑ 使用 DefinedSize 属性可返回已声明的字段大小。
- ❑ 使用 ActualSize 属性可返回给定字段中数据的实际大小。
- ❑ 使用 Attributes 属性和 Properties 集合可决定对于给定字段哪些类型的功能受到支持。
- ❑ 使用 AppendChunk 和 GetChunk 方法可处理包含长整型二进制或长字符数据的字段值。
- ❑ 如果提供者支持批更新，可使用 OriginalValue 和 UnderlyingValue 属性在批更新期间解决字段值之间的差异。

在打开 Field 对象的 Recordset 前，所有元数据属性（Name、Type、DefinedSize、Precision 和 NumericScale）都是可用的，在此时设置这些属性将有助于动态构造其格式。

5. Error 对象

ADO Error 对象包含与单个操作（涉及提供者）有关的数据访问错误的详细信息。ADO 会因为每次错误产生一个 Error 对象，每个 Error 对象包含具体错误的详细信息，且 Error 对象被存储在 Errors 集合中。当另一个 ADO 操作产生错误时，Errors 集合将被清空，并在其中存储新的 Error 对象集。通过 Error 对象的属性可获得每个错误的详细信息，其中包括以下内容。

❑ **Description 属性**　包含错误的文本。

❑ **Number 属性**　包含错误常量的长整型整数值。

❑ **Source 属性**　标识产生错误的对象。在向数据源发出请求之后，如果 Errors 集合中有多个 Error 对象，则将会用到该属性。

❑ **SQLState 和 NativeError 属性**　提供来自 SQL 数据源的信息。

ADO 支持由单个 ADO 操作返回多个错误，以便显示特定提供者的错误信息。如果要在错误处理程序中获得丰富的错误信息，可使用相应的语言或所在工作环境下的错误捕获功能，然后使用嵌套循环枚举出 Errors 集合的每个 Error 对象的属性，代码如下。

```
<%
For Each objErr In objConn.Errors
Response.Write("<p>")
Response.Write("Description: ")
Response.Write(objErr.Description & "<br />")
Response.Write("Help context: ")
Response.Write(objErr.HelpContext & "<br />")
Response.Write("Help file: ")
Response.Write(objErr.HelpFile & "<br />")
Response.Write("Native error: ")
Response.Write(objErr.NativeError & "<br />")
Response.Write("Error number: ")
Response.Write(objErr.Number & "<br />")
Response.Write("Error source: ")
Response.Write(objErr.Source & "<br />")
Response.Write("SQL state: ")
Response.Write(objErr.SQLState & "<br />")
Response.Write("</p>")
Next
%>
```

6. Parameter 对象

ADO Parameter 对象可提供有关被用于存储过程或查询中的一个单个参数的信息。

Parameter 对象在其被创建时被添加到 Parameters 集合。Parameters 集合与一个具体的 Command 对象相关联，Command 对象使用此集合在存储过程和查询内外传递参数。

参数被用来创建参数化的命令，这些命令（在它们已被定义和存储之后）使用参数在命令执行前来改变命令的某些细节。例如，SQL SELECT 语句可使用参数定义 WHERE 子句的匹配条件，而使用另一个参数来定义 SORT BY 子句的列名称。使用 Parameter 对象的集合、方法和属性可进行如下操作。

❑ 使用 Name 属性可设置或返回参数名称。

❑ 使用 Value 属性可设置或返回参数值。

- □ 使用 Attributes 和 Direction、Precision、NumericScale、Size 以及 Type 属性可设置或返回参数特性。
- □ 使用 AppendChunk 方法可将长整型二进制或字符数据传递给参数。

7. Property 对象

ADO 对象有两种类型的属性，即内置属性和动态属性。ADO Property 对象用来代表由提供者定义的 ADO 对象的动态特征。

内置属性是在 ADO 中实现并立即可用于任何新对象的属性，此时使用 MyObject.Property 语法。它们不会作为 Property 对象出现在对象的 Properties 集合中，因此，虽然可以更改它们的值，但无法更改它们的特性。

动态属性由基本的数据提供者定义，并出现在相应 ADO 对象的 Properties 集合中。例如，指定给提供者的属性可能会指示 Recordset 对象是否支持事务或更新。这些附加的属性将作为 Property 对象出现在该 Recordset 对象的 Properties 集合中。动态 Property 对象有 4 个内置属性。

- □ Name 属性是标识属性的字符串。
- □ Type 属性是用于指定属性数据类型的整数。
- □ Value 属性是设置或返回一个 Property 对象的值。
- □ Attributes 属性是指示特定于提供者的属性特征的长整型值。

11.4.3 连接数据库

动态网页最重要的是后台数据库。更新网页信息，都需要从后台数据库调用。对于网页内容的添加、修改、删除等操作，都建立在网页与后台数据库连接的基础上。所以连接数据库在网站制作过程中占有很重要的位置。

1. ASP 脚本连接 Access 数据库

利用 ASP 可以非常容易地把 HTML 文本、脚本命令以及 ActiveX 组件混合在一起构成 ASP 页，以此来生成动态网页，创建交互式的 Web 站点，实现对 Web 数据库的访问和管理。下面使用 ASP 脚本命令连接名称为 data.accdb 数据库，代码如下所示。

```
<%
dim conn,connstr,db        '声明变量
db = "data.accdb"          '数据库文件地址
Set conn = Server.CreateObject("ADODB.Connection")
'创建 ADODB.Connection 对象
connstr = "Provider=microsoft.ACE.oledb.12.0;Data Source="& Server.
MapPath(""&db&"")
'声明变量 connstr 的值为数据库驱动程序和数据库文件地址
conn.Open connstr          '使用 Open 方法连接数据库
If Err Then
'如果连接数据库过程出现错误
    err.Clear              '将错误清除
```

网页设计与网站组建标准教程（2018—2020 版）

```
    Call CloseConn              '调用 CloseConn 过程
    Response.Write              "数据库连接出错，请检查 Conn.asp 中的数据库指向。"
    '在浏览器窗口中输出字符串
    Response.End()              '停止输出结果
End If
sub CloseConn()
'创建 CloseConn 过程
    conn.close                  '关闭连接数据库
    set conn=nothing            '设置变量 conn 的值为空

end sub
%>
```

上面代码连接的 Access 数据库为 2007 版，因此，需要使用应用于该版本数据库的
"microsoft.ACE.oledb.12.0" 驱动程序。

2. ASP 脚本连接 SQL Server 数据库

ASP 脚本除了可以连接 Access 数据库之外，还可以连接大型的 SQL Server 数据库。
与连接 Access 数据库的方法基本相同，只是改变了数据库的连接驱动。下面使用 ASP
脚本命令连接名称为 data 数据库，代码如下所示。

```
<%
dim conn,connstr,db
'声明变量
Set conn = Server.CreateObject("ADODB.Connection")
'创建 ADODB.Connection 对象
connstr = "driver={SQL Server};server=MFJ;uid=sa;pwd=;database=bbs"
'声明变量 connstr 的值为数据库驱动程序、服务器名称、用户名、密码和数据库名称
conn.Open connstr
'使用 Open 方法连接数据库
%>
```

在 connstr 变量中存储的值是连接 SQL Server 数据库的重要信息，其各个参数如下
所示。

❑ **driver**   指定数据库连接驱动。

❑ **server**   指定要连接 SQL Server 服务器的名称。

❑ **uid**   输入服务器用户名。

❑ **pwd**   输入服务器密码。

❑ **database**   指定数据库名称。

11.5 课堂练习：制作简单留言簿

通常，在制作留言簿网页时，需要将表单数据提交到数据库，再从数据库中读取出
来。这样一来，制作起来相对复杂一些。此时，可以使用 HTML 代码，直接通过本地存
储的优势创建简单的留言簿，如图 11-3 所示。

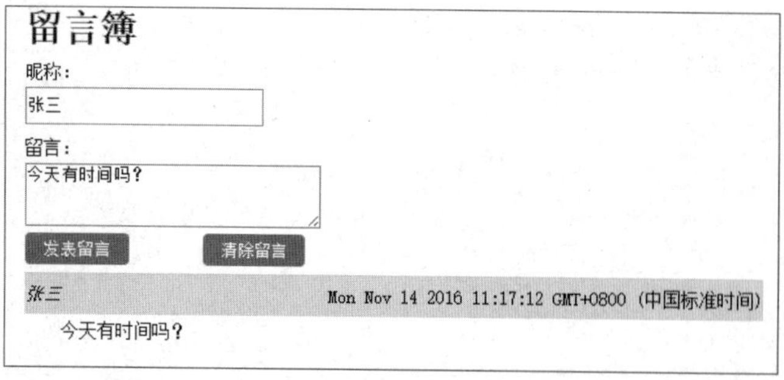

图 11-3　简单留言簿网页

操作步骤：

1 创建 index.html 文件，在`<body>`标签中插入`<h1>`和`<form>`标签，以及标签内容，其具体代码如下所述。

```
<h1>留言簿</h1>
<form action="#" method="get" accept-charset=
"utf-8">
  <p class="form_item">
    <label for="">昵称：</label>
    <input type="text" name="" value="" id=
    "name" required/>
  </p>
  <p class="form_item">
    <label for="">留言：</label>
    <textarea rows="3" cols="30" name="" value=
    "" id="msg" required></textarea>
  </p>
  <p class="form_item">
    <input type="submit" id="save" value="发表留
    言"/>
    <input type="button" id="clear" value="清除
    留言"/>
  </p>
</form>
```

2 在`<style>`标签中，添加对`<form>`表单的样式设置，如文本、定位、label 标签样式、input 样式等，其具体代码如下所述。

```
.form_item {
    min-height: 30px;
    margin-top: 5px;
    text-indent:0;
}
.form_item label {
    display: block;
    line-height: 24px;
```

```
    }
    .form_item input[type="text"] {
        width: 180px;
        height:24px;
        line-height: 24px;
    }
    .form_item textarea {
        vertical-align: top;
    }
    .form_item input[type="submit"], input[type=
    "button"] {
        width: 80px;
        height:24px;
        line-height: 24px;
        border:1px solid #ff6600;
        border-radius:4px;
        background:#ff6600;
        outline:none;
        color:#fff;
        cursor: pointer;
    }
    .form_item input[type="submit"] {
        margin-right: 50px;
    }
    .form_item input[type="submit"]:hover {
        position: relative;
        top:1px;
    }
```

3 在<form>标签下面，添加对本地存储的 JavaScript 代码。并将表单提交的内容添加到本地存储数据库中，然后，再读取数据，并显示到网页中。具体代码如下所述。

```
<script type="text/javascript" charset=
"utf-8">
    (function(){
        var datalist = getE('datalist');
        if(!datalist){
            datalist = document.createElement
            ('dl');
            datalist.className = 'datalist';
            datalist.id = 'datalist';
            document.body.appendChild
            (datalist);
        }
        var result = getE('result');
        var db = openDatabase('myData','1.0',
```

319

第 11 章 ASP 及数据库基础

```
                    'test database',1024*1024);
        showAllData()
        db.transaction(function(tx){
            tx.executeSql('CREATE TABLE IF NOT
            EXISTS MsgData(name TEXT,msg TEXT,
            time INTEGER)',[]);
        })
        getE('clear').onclick = function(){
            db.transaction(function(tx){
                tx.executeSql('DROP TABLE
                MsgData',[]);
            })
            showAllData()
        }
        getE('save').onclick = function(){
            saveData();
            return false;
        }
        function getE(ele){
            return document.getElementById(ele);
        }
        function removeAllData(){
            for (var i = datalist.children.
            length-1; i >= 0; i--){
                datalist.removeChild(datalist.
                children[i]);
            }
        }
        function showData(row){
            var dt = document.create-
            Element('dt');
            dt.innerHTML = '<time>' + row.time +
            '</time>' + '<address>' + row.name +
            '</address>';
            var dd = document.createElem-
            ent('dd');
            dd.innerHTML = row.msg;
            datalist.appendChild(dt);
            datalist.appendChild(dd);
        }
        function showAllData(){
            db.transaction(function(tx){
                tx.executeSql('CREATE TABLE IF NOT
                EXISTS MsgData(name TEXT,msg TEXT,
                time INTEGER)',[]);
```

```
                  tx.executeSql('SELECT * FROM
            MsgData',[],function(tx,result){
                  removeAllData();
                  for(var i=0; i < result.rows.
                  length; i++){
                        showData(result.rows.
                           item(i));
                  }
            });
        })
    }
    function addData(name,msg,time){
        db.transaction(function(tx){
            tx.executeSql('INSERT INTO MsgData
            VALUES(?,?,?)',[name,msg,time],
            function(tx,result){

            },function(tx,error){
                result.innerHTML= error.
                source + ':' + error.message;
            })
        })
    }
    function saveData(){
        var name =getE('name').value;
        var msg = getE('msg').value;
        var time = new Date();
        timetime = time.toLocaleDateString()
        + ':' + time.toLocaleTimeString();
        addData(name,msg,time);
        showAllData();
    }
})();
</script>
```

4 由于在 JavaScript 代码中，通过代码添加了 id 为 datalist 的<dl>标签。所以，在<style>标签中，
可以为其标签添加样式效果。其具体代码如下所述。

```
.datalist {
    min-height:300px;
    border-top: 1px solid #e4e4e4;
}
.datalist dt {
    height: 30px;
    line-height: 30px;
    background:#e8e8e8;
}
```

```
.datalist dd {
    min-height:30px;
    line-height: 24px;
    text-indent:2em;
}
.datalist time {
    float: right;
}
}
```

11.6　课堂练习：创建学生信息数据库

　　制作一个动态网站，不仅要用 ASP 进行动态网页设计，还要利用 ASP 进行动态数据查询。通常，使用 Access 类型数据库在网页中进行查询。在本练习中，将通过创建一个关于学生信息的数据库，来详细介绍创建数据库的操作方法，如图 11-4 所示。

学号	姓名	性别	出生年月	专业编号	年级
0411002	郑晓明	女	1985-02-05	052	04专升本
0412001	周晓彬	女	1983-06-04	032	04专升本
0426001	虫虫	男	1982-04-26	012	04本
0426002	史艳娇	女	1985-05-08	021	06本
0502001	刘同斌	男	1984-11-11	031	05本
0502002	吴兆玉	女	1983-01-07	031	05本
0503001	何利	女	1987-08-05	042	05本
0504001	柳叶	女	1981-11-12	021	05本
0504002	孙明	女	1982-05-12	022	05本
0601001	史观田	男	1985-04-13	051	06本
0601002	贾庆华	男	1986-11-25	053	06本
0603001	黎明	女	1985-08-07	041	06本
0603002	孙晓红	女	1984-12-02	042	06本
0605001	孙盛	男	1983-07-05	011	06本
0606001	高升鹏	男	1983-04-06	062	06本

图 11-4　学生信息数据库

操作步骤：

1 启动 Access 组件，创建空白数据库。右击 ID 字段，执行【重命名字段】命令，如图 11-5 所示。

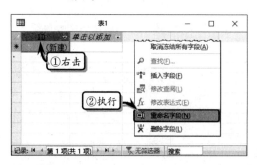

图 11-5　重命名字段

2 在字段名称框中，输入新的字段名称，单击

其他位置即可，如图 11-6 所示。

图 11-6　输入字段

3 选择【学号】字段列，执行【表格工具】|【字段】|【格式】|【数据类型】命令，在其列表中选择【短文本】选项，设置字段格式，

网页设计与网站组建标准教程（2018—2020 版）

如图 11-7 所示。

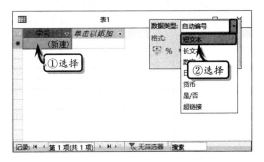

图 11-7 设置字段格式

4 单击【单击以添加】字段后的下拉按钮，在列表中选择【短文本】选项，添加一个文本字段，如图 11-8 所示。

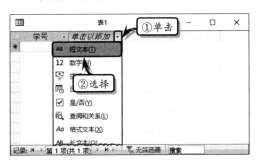

图 11-8 添加文本字段

5 此时，系统会增加一个新字段，用户只需输入新的字段名称，单击其他位置即可，如图 11-9 所示。

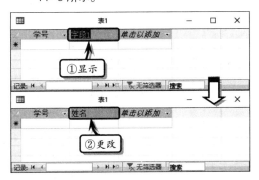

图 11-9 输入字段名称

6 使用同样的方法，依次添加性别、出生年月、专业编号和年级字段，如图 11-10 所示。

7 选择【学号】字段列中的第 1 个单元格，输入"0411002"数据，如图 11-11 所示。

图 11-10 输入其他字段

图 11-11 添加学号数据

8 按下 Tab 键，选择【姓名】字段列中的第 1 个单元格，输入学生姓名，如图 11-12 所示。使用同样方法，依次输入其他字段内容。

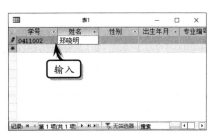

图 11-12 添加姓名数据

9 单击【快速访问工具栏】中的【保存】按钮，输入表名称，单击【确定】按钮即可，如图 11-13 所示。

图 11-13 保存数据库

一、填空题

1. _____是一种服务器端的网页设计技术，可以将 Script 语法直接加入到 HTML 网页中。

2. 会话跟踪维护由单个客户端发布的一组请求信息，可以使用_____指令关闭网页会话跟踪。

3. 用户可以用_____指令设置用于解释脚本中的命令语言，可以将脚本语言设置为任何一种已安装在 IIS 中的脚本引擎。

4. _____方法有一个缺点就是 URL 字符串的长度在被浏览器及服务器使用时有一些限制，而且会将某些希望隐藏的数据暴露出来。

5. _____对象提供了一系列的方法，用于直接处理返回给客户端而创建的页面内容。

6. 如果将_____设置为 TRUE，那么使用_____方法可以删除缓冲区中的所有HTML 输出。

7. _____被设计来继承微软早期的数据访问对象层，包括 RDO（Remote Data Objects）和 DAO（Data Access Objects）。

二、选择题

1. 在 ASP 中处在_____中的可以是任意的字符、字符串、XHTML 代码。

    A．双引号（""）

    B．单引号（"）

    C．连接字符（&）

    D．冒号

2. 在声明常量时，为防止常量和变量的混淆，通常在常量前加_____或 con 的前缀。

    A．VS   B．VB

    C．VC   D．CC

3. VBScript 的数据类型为_____，是一种特殊的数据类型，根据使用方式的不同，可以包含各种信息。

    A．Long   B．Boolean

    C．Variant   D．Double

4. _____的作用是对一个或多个条件进行判断，根据判断的结果执行相关的语句。

    A．条件语句   B．循环语句

    C．筛选语句   D．排序语句

5. _____对象用于执行面向数据库的一次简单查询，此查询可执行诸如创建、添加、取回、删除或更新记录等操作。

    A．ADO Connection

    B．ADO Command

    C．ADO Recordset

    D．ADO Field

6. _____对象用于中止或者提交当前的事务，该对象没有属性，只能用于中止或提交事务的方法及所触发的事件。

    A．Server

    B．Session

    C．ObjectContext

    D．Application

三、问答题

1. 简述 Connection 对象、Recordset 对象和 Command 对象之间的区别和联系。

2. 简述在 ASP 程序中使用 Parameter 对象向存储过程传递参数的一般步骤。

3. 简述 Request 对象的 5 个数据集合。

4. 论述 Session 与 Application 对象的区别。

四、上机练习

1．制作翻转切换开关

jQuery Mobile（JQM）已经成为 jQuery 在手机上和平板设备上的版本。jQM 不仅会给主流移动平台带来 jQuery 核心库，而且会发布一个完整统一的 jQuery 移动 UI 框架。在本练习中，将运用该功能制作翻转切换开关，如图 11-14 所示。首先在【插入】面板中的 jQurey Mobile 选项卡中，单击【页面】按钮，添加页面结构，并设置页面标题和脚注内容。然后，选中并删除"内容"文本。在 jQurey Mobile 选项卡中，单击【翻转切换开关】按钮，添加多个翻转切换开关元素。最后，在【代码】视图中，修改开关文本内容即可。

网页设计与网站组建标准教程（2018—2020 版）

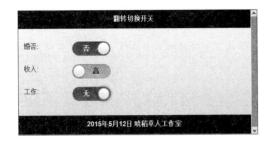

图 11-14 翻转切换开关

2. 制作按钮式选项卡

在本练习中，将运用"jQuery UI"功能，制作按钮式选项卡，如图 11-15 所示。首先新建空白文档，执行【窗口】|【插入】命令，在【插入】面板中选择 jQuery UI 选项卡，单击 checkbox

Buttons 按钮。然后，切换到【代码】视图中，修改文本内容即可。

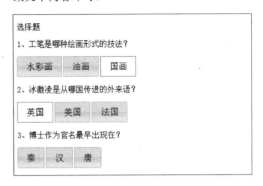

图 11-15 按钮式选项卡